图书在版编目（CIP）数据

社区营造 / 刘悦来，毛键源主编. -- 上海：同济大学出版社，2023.2
（理想空间 / 夏南凯，俞静主编；91）
ISBN 978-7-5765-0672-3

Ⅰ. ①社… Ⅱ. ①刘… ②毛… Ⅲ. ①社区－城市规划－建筑设计 Ⅳ. ① TU984.12

中国国家版本馆 CIP 数据核字（2023）第 014359 号

理想空间
2023-02(91)

编委会主任　夏南凯　俞　静
编委会成员　（以下排名顺序不分先后）
赵　民　唐子来　周　俭　彭震伟　郑　正
夏南凯　周玉斌　张尚武　王新哲　杨贵庆
主　　编　周　俭　王新哲
执行主编　管　娟
本期主编　刘悦来　毛键源
责任编辑　由爱华　朱笑黎
编　　辑　管　娟　姜　涛　顾毓涵　余启佳　舒国昌　张鹏浩　钟　皓
责任校对　徐春莲
平面设计　顾毓涵
主办单位　上海同济城市规划设计研究院有限公司
地　　址　上海市杨浦区中山北二路 1111 号同济规划大厦 1408 室
网　　址　http://www.tjupdi.com
邮　　编　200092

出版发行　同济大学出版社
经　　销　全国各地新华书店
策划制作　《理想空间》编辑部
印　　刷　上海颛辉印刷厂有限公司
开　　本　635mm x 1000mm　1/8
印　　张　16
字　　数　320 000
印　　数　1-3 500
版　　次　2023 年 2 月第 1 版
印　　次　2023 年 2 月第 1 次印刷
书　　号　ISBN 978-7-5765-0672-3
定　　价　55.00 元

本书若有印装问题，请向本社发行部调换
版权所有，侵权必究

购书请扫描二维码

本书使用图片均由文章作者提供。

编者按

党的十九大提出全面深化改革总目标——完善和发展中国特色社会主义制度，推进国家治理体系和治理能力现代化。也将社会建设放入五位一体的总体布局中，并且更加细化地提出：打造共建共治共享的社会治理格局，强化社会治理制度建设。社区建设从由上而下的管理转向着重于基层社会组织协作的社区营造治理模式。

中国在社区实践上，一方面，跟随国际趋势，全国范围内的社区实践探索如火如荼地开展，出现了很多实践成就和具体经验；另一方面，在整个社区建设的浪潮之中，存在着诸如社区发展、社区服务、社区建设、社区管理、社区营造、社区治理等新生概念。近些年，很多地方以社区营造的概念开展社区治理创新，用以推进地方社区建设实践，学界也开始对涉及社区实践的各种理论予以介绍和探讨。

“社区营造”作为一个新近的概念，包含的含义众多，与之相近的术语包括社区赋能、社区建设、社区治理、社区自治、社区发展、公众参与、公共营造、社会发育、社会共同体等。社区营造从总体上来说强调的是各类人群对社区空间的共同体生活不断营造的过程。目前英文表述多样，并没有官方统一的说法，相关的英文单词有community empowerment、community building、community renaissance、community development等。本辑在英文上选用community empowerment一词意在强调社区建设中多方人群通过各自的途径贡献各自的力量，相互协同赋能社区的本意，呼吁多方参与，共同促进社区的可持续发展。

本专辑围绕近些年国内外社区营造的优秀理论探索和实践经验，从三个层面进行推荐和介绍。第一个层面，本辑对多位社区营造的著名专家进行学术访谈，从三个方面共谈社区营造，分别是如何界定“社区营造”的概念和内涵，如何理解“社区营造”的发展阶段和特征，如何看待“社区营造”的问题与对策。这三个维度的考察可以构建关于社区营造的整体认知。 第二个层面，本辑通过于海、童明、李晴、刘悦来等专家学者的社区营造深度访谈，结合其理论和实践双向思考，从社会学、建筑学、规划学和景观学的重叠视角勾勒当下社区营造的前沿面貌。第三个层面，本辑邀请国内外来自社区营造实践前沿的设计师、学者、社会工作者共同分享其社区营造的实践所行、观察所得和学理所思，从各个典型的案例细度呈现国内外社区营造的具体情况。本辑将以上三个部分的内容汇集成册，以飨广大读者。

由衷感谢各位专家学者对本辑的贡献！

本书获得国家社会科学基金《城市微更新中居民基层治理共同体意识形成机制研究》项目资助，项目批准号：22BSH039。

上期封面：

CONTENTS 目录

大咖共谈

实践研究

Interview

Practice

大咖共谈
Interview

社区营造之共识共谈
Community Empowerment : Consensus and Dialogue

刘悦来 毛键源
Liu Yuelai Mao Jianyuan

[文章编号] 2023-91-A-004

"社区营造"的概念和内涵的界定

于海 | 社会发展培育与社区自主建设

（复旦大学社会学系 教授）

我自己不是社区营造的研究者，或者更严格地说，我不是社区营造的策划者或者实践者。社区营造有一个专门的含义，也有很丰富的实践。我现在只能站在一个社会学家的立场上来讲，我是怎么去看待社区营造。

社区营造一定会有对环境的改善和对空间的改造，然后在这些改造中，要使居民有更好的生活环境，会涉及空间的设计和改善。社区营造会有一些专业人士，包括做景观、规划和建筑等。

在我看来，我会更关心社区营造所说的一个社区和营造的概念，实际上营造的英文词叫"empowerment"，社区营造叫做"community empowerment"。所以把营造的英文词说出来了以后，就发现实际上社区营造跟空间的关系还不是最大的，它只是借助于空间的设计，达到社会的目标。

所以"empowerment"实际上是一个社区发动的过程，是社区组织的过程，是一个居民参与的过程，是一个通过居民参与能够让居民对自己社区的发展和改善做出贡献的过程，所以社区营造在我看起来，我更愿意把它定义为一个社区建设的过程，一个社会发展的过程。

这里面能够发生最大的改变就是居民从等着专业部门或政府部门提供各种各样服务的旁观者的立场，走向他们在专业组织的帮助下，能够以自己的方式来贡献自己的时间、贡献自己的智慧、贡献自己的资源，这是我认为社区营造最重要的方面。也就是社区营造最重要的是落在社区建设的发育、社会责任感的发育，这也是社区营造中最难的。

空间改造，有设计师投入就都能做出来，但是当空间改变了以后，社会改变了没有？社会动起来了没有？这是我对社区营造概念要强调的地方。要通过社区营造把这种自主的社区建设活动组织起来。

童明 | 社区营造的模糊性

（东南大学建筑学院 教授）

社区营造这个概念，就这个词语来讲，实际上有一定矛盾性。因为"社区"是一个抽象的概念，它并不是像建筑一样是一个实体物。"营造"是一个中国词，以前盖房子、修院子、进行实体建造时，会谈到营造这个事儿。如《营造法式》，它对应的肯定是一个实物。社区实际上是一个抽象体，它并不对应着一个具体的实物，而指一个空间范围或者说概念性的空间范围。所以"社区营造"这几个字放在一块，从我的角度上来讲，是有一定的矛盾。

抽象的概念怎么去营造呢？涉及营造的技术和方法。如果从技术角度来讲，会涉及一系列问题。材料是什么？工程技术是什么？反过来对"营造"这个词可能会有一定的疑问。"营造"如果指建筑的基本要素，如门、窗、砖、石块或基础、屋顶等。"营造"也可以指理论构造、思维的搭建、概念的搭接。所以"营造"这个词用在"社区"上，本身就具有模糊性，就当前的状况来说，我认为它就是这么一种状态，并不明确。

但是不明确的状况，实际上有其合理性。谈到社区环境或社区存在的状况，确实需要通过某种方式进行操作。不像盖房子，是很实体性的建造，有一个很完整的过程，有明确的阶段性，有竣工之日。而社区的事儿，没有竣工之日，它是一个永远存在的概念对象。所以说"营造"和"社区"这两个不是很合适的词放在一块，它产生的模糊性反而也比较符合这个事情的特征，去持续不断地为社区做点什么。如果说"建设"可能会更通顺一点，例如"建设社会主义"，"社会主义"也是一个抽象的词。"社区"也是，将这一抽象的愿景，通过具体的行动与工作，以一种具体的方式呈现出来。

罗家德 | 政府诱导的社区自治理

（清华大学社会科学学院、公共管理学院 合聘教授）

社区营造即是政府诱导。为什么是诱导？实际上在社区营造发展的初期，政府会提供一些公共资源（资金、空间等）来鼓励做，紧接着是民间自发。因为自组织一定是由下而上。然后就是社会团体或者社会组织的帮扶，因为往往需要从社会上吸收更多的专业力量和资金，也就是社会的帮扶。最后希望一个社区自组织、自治理、自发展。有了政府诱导和社会帮扶的条件之后，居民就可以自己组织起来，然后成为组织出来的团体，他们就能够建立自己的秩序，所以叫做自治理，就是能够建立一套治理机制，最后还能够谋求整个社区的自我发展。

这个是我最早也是我一直在使用的定义。但是还有几个很好的定义。一个是吴楠（阿甘）最喜欢讲的，叫做谁主张谁负责谁受益，避免居民七嘴八舌有了一堆主张之后，却要别人负责。因为他们还是要办由上而下的事情，搞到最后往往就不了了之。因为往往受益者就是自己，他是有动力的，所以希望每一个人有主张就要准备负责。另外一个是王本壮喜欢讲的，从你的事变成我的事，最后变成我们的事。这个是很简单的口号，却很能够体现精髓。

所以说社区营造基本上从这几个定义说下去，简单来讲，社区中有一个什么样的事物，不管是为了广场舞自娱自乐而产生的，还是为了养老育幼真正的一些公共服务而需要，只要有社群需求，并且有人愿意来做，开始聚集，自组织就开始了。社区营造的核心概念，就是从发动居民自组织、自治理开始延伸，到最后整个社区的各种发展，包括社区规划、社区的硬件、社区的公共空间，也包括了共同规划、营造方式。居民不但能够表达，而且愿意出手，然后能够来一起参与规划。

以后对建筑师会有很高的要求。像我认识的一些在中国台湾的建筑师朋友，他们的工作室里竟然有社工。因为都是存量改造，不再是增量改造或建设，所以常常都是社工先进去，花了个半年一年在那里混关系。混到一定程度的时候，再有建筑师跑去跟大家讲未来新社区的美好生活，来激发大家的想法。因此大家愿意走出家门，愿意接受改造。然后建筑师再把居民的想法变成图纸上的设计。

范文兵 | 社区成长的陪伴式建筑师

（上海交通大学设计学院 教授）

我是从建筑学发展和变化的角度来观察社区营造的。

我博士论文研究的是上海里弄的保护与更新，所以我是当时国内比较早介入城市更新的人。当时我的导师是卢济威老师，所以介入里弄改造还是蛮偏建筑学的。但是后来很快就发现建筑学在更新中的作用没那么大，历史、政治、经济这些因素作用非常大。同时发现社区居民在整个城市更新中起的作用，所以那时候开始关注到旧城更新中的人了。这个时候已经开始超出传统的建筑学角色。后来研究发现其实所谓社区营造或者叫社区建筑师、社区规划师，在英国比较早就开始出现了。这是一个比较早埋下的伏笔。

我到上海交大工作以后主要研究建筑教育。对城市更新的研究中间停过一段，因为发现城市更新很困难，尤其是里弄改造。困难更多的不是在技术或者建筑设计的问题上，是在政治前提、经济前提还有社区前提的事情上。但在我停的这一段时间，恰逢传统的建筑学发展遇到了很多的瓶颈。比如原来培养实践建筑师，只是培养大家简单地做物理操作。但是在新的时代中，尤其在中国从增量到存量的变化过程中，建筑师仅仅培养一个能力已经不行了。建筑师面临着角色转换，这是一个大时代对建筑师的要求。仅仅固守于自己所谓的本体，这和中国的现实发展是有距离的。最早建筑学的传统研究会说“program”，翻译过来其实叫“功能”。但是中国的理解是狭隘的“功能”，就是资料集里的“功能”，但是如果用英文词“program”，它就意味着建筑师要有一个介入前期的角色转变。

在发觉建筑学必须要转变的过程中，我开始重新思考当时为什么觉得城市更新做起来很难，觉得是自己太固守于建筑师的角色。结合建筑学的发展和我原来做研究的一些体会，我重新开始关注基于城市更新的社区改造。

要主动变成一个陪伴社区成长的建筑师。这个时候建筑师的职业角色可能不是简单找一个明确的甲方给个项目，社区就成为建筑师的客户，但这与接项目—付费—给方案的传统过程完全不同，是陪伴式的。

英国大概在20世纪60年代有社区建筑师，那时候上海还不多，可能时机没到。但很快，在我思考了这个事情大概一年后，上海各个区开始自上而下地推行社区规划师模式，而且我也很荣幸成了外滩街道的社区规划师。但是那时候街道也不知道怎么来用建筑师，建筑师也不知道怎么介入。到后来慢慢开始看到，比如刘悦来老师、大鱼营造，这些更加明确了：社区营造是介入居民的。比如说我参加过大鱼的一次改造，专门做他们的评委。那个时候大鱼更多像是一个组织者的角色，把各方组织在一起然后讨论。

侯晓蕾 | 公众参与是社区营造的核心

（中央美术学院建筑学院 教授）

社区营造，它的关键词有两个，分别为“社区”和“营造”。社区界定了我们研究和设计的范围和领域；营造则代表包含了从设计到建造，再到后期维护的整体性的全过程。这是我对于社区营造的一个理解。所以，我觉得社区营造，既不同于通常所说的一个设计，也不同于通常所说的某一个事件，它涵盖了物质空间和所有相关的人的参与过程，具有全过程、整体性的特征。

全过程的核心要素在于公众参与，大家一起设计，一起营造。从参与式的设计，到参与式共建，再到参与式的机制。分别对应前期设计、中期建设、后期维护三个阶段。所以公众参与是社区营造的核心，社区营造的重要的意义就是把公众参与作为切入点。社区营造由此把建设引入一个全周期、全过程的“事件”。

李晴 | 社区营造与现代化的治理

（同济大学建筑与城市规划学院 副教授）

“社区营造”这个词可以回到它的英文来解释，即“community building”。然而，由于居民往往已经就住在那里了，这时候的社区营造实际上是“community development”，即激发社区内生的动力，依托自我管理和自我服务，解决社区存在的各种社会、经济和物质性空间问题。从历史上讲，community development最早始于18世纪初期，与欧洲早期的乌托邦思想有关。到19世纪末，一些殖民者在他们的殖民地，如南非、印度等国家，开展社区营造，由于这些地区原住民在生活、就业、教育、福利等各方面遭遇到很大的问题，殖民者觉得很棘手，所以就开始推动民众自治和社区发展，自己解决自身的问题，以此减少政府的麻烦。

到20世纪60年代左右，一些发达国家的政府发现其本国内也有不少弱势群体，如芝加哥市的黑人、波士顿市的意大利人等少数族裔，这些群体所在的社区存在治安、后代教育、就业岗位和社区福利等突出的问题，很有必要从内生性视角，提升自我管理和自我服务，改善社区面貌。为了帮助这些社区更好地搞好社区营造，后来出现了“social planner”“community planner”，也就是社区规划师等职业类型。由社区规划师加持，帮助没有经验、缺乏专业性知识和技能的老百姓去做社区发展和社区营造，这些社区规划师是受政府委托，拿政府工资的。当然，从世界各种的发展来看，为解决社区问题的社区营造很大程度上是由各种NGO组织支撑或协助展开。

对于中国而言，从计划经济向市场经济转型，出现了一系列社会问题。在市场经济时代，原来由计划经济中融社会经济和管理等多种职能于一体的单位，逐渐实施政社分离、政经分离，大量由原单位主管的职工群体被推向社会，把单位人推向社会，成为了社会人。特别是住房，原来住房由单位实行分配制，1998年住房改革之后就不能分房了，住房消费以市场购买为主，这些原来聚居在一起的单位人在居住空间上逐渐分离，甚至因为个人财富不一样，由于住房的市场化消费方式，出现了居住分异。另外，加入世贸组织之后，许多城市出现了下岗潮，一个城市的纺织工人下岗人数可能达到几十万人之众，这些人的就业和生活怎么办？全部交给政府解决是极为困难的，政府还有很多自身需要集中精力解决的问题，所以希望推动社会自我服务和自我管理。居委会在其中发挥了重要的作用。从法律上来讲，居委会是自治组织，居委会主任应该是属地化选举的，所以它能够提供一定的基层治理作用。例如，居民下岗以后，街道办政府每个月提供补助，提供再就业培训，这其中很多联系工作是由居委会完成的。居委会体制在中国是非常成功的，在强政府这种社会治理背景下，它起到了一个上传下达的作用，协助形成良好有效的社区治理架构。

到2017年以后，中央反复强调治理现代化，要从管理向治理转型。管理主要是以政府为主，政府负责，政府买单。但现在出现的问题是，在社区更新中政府有时候买了单，花了不少钱，老百姓却不满意，所以需要老百姓参与进来。治理意味着多方参与，作为利益直接相关人的老百姓一定要参与的，当然还有第三方组织，在第三方组织的协助下，才能更好地回应老百姓的呼声，建设美好城市和美好中国。党的十九大报告提出："我国社会主要矛盾已经转化为人民日益增长的美好生活需要和不平衡不充分的发展之间的矛盾。"在这种情况下，从政府的角度看，越来越希望更广泛、更有效地推动社区营造和社区参与，推动社区精细化治理。社区参与跟社区营造是密切相关的，没有社区参与就没有社区营造，所以怎么样理顺其中的关系，如何实现更高层次的社区参与是现在的一个难点。

龙元｜共同学习、共同营造和提升日常生活环境

（华侨大学建筑学院 院长）

"社区"是一个可以自由地赋予不同的内涵和外延的概念，无论定义如何不同，都有两个共同点：共同性和亲密感。

历史上，社区是一种具有地理实质空间的生活共同体，今天，脱离场所、脱离社区的新型"社区"不断涌现，每个人都同时处在多样的"社区圈"中，这也许就是城市多样性的核心。

社区营造就是利用在地的资源，共同学习、共同营造和提升日常生活环境的活动，达成市民生活的营造、地方共同体的营造、人的营造。

社区营造经常源自对大规模城市系统的抵抗，但其实它并不是开发的对立面，社区营造是一种小规模的、内发的、自下而上的城市开发或再开发。

中国语境下的社区营造，需要嵌入强控制和治理的大系统中，探索政府、市场、市民合作的中国模式。

王本壮｜社区共同营造

（台湾联合大学建筑系 教授）

社区这个词在社会学的定义上就有200多种，因此社区的内涵并不狭隘。与行政区划里的街道或者小区具有明确地理界线不同的是社区的范围可大可小。小到两三户人家、一栋楼，大到一个城镇、整个国家，都可以被称为社区。而社区也不限制在环境空间的层面，有时候也可以被称为社群，因为在英文里是community，可称为"社区"或"社群"。

语义界定上，当时选用社区两个字是因为：首先，它有一定地理范围界限，虽然没有被界定大小；其次，它表示有一群人有共同的信仰或者价值的认同，或称社区意识、社区认同；除了这些社区意识、认同之外，还有一些共同的行为，比如相同的习俗、仪式、节庆、活动等。

所以当时在选取社区这个词时，大概有这三个面向：地理范围、一群人共同认识、共同行为。但是要清楚的是，这个词并不是指量的多寡，它可以小到一栋公寓、大厦，大到整个街道、市镇，都是可能的。

既然要改造或推动社区活动，讨论者就在思考可以用营造这两个字。营造在英文里是building，它也不是construction的意思。"营"就是运营、经营，"造"就是创造、管理。也就是说它必须有一些创新、创意，不同于以往的改造，所以经营、创造就变成了社区营造。其实当时定下这4个字，在讨论的过程中有点担心它会不会被误解，让人以为是指政府要盖一个营造厂或是营造公司，所以在社区营造中加上"总体"两个字。总体的意思就是全面性的、全方位的。大家要从各个面向、各个角度一起来经营、创造和改造。这大概是社区营造的整个词义的过程。当时在定义社区总体营造的时候，也有想过它被熟悉之后可能会缩减成社区营造，现在果然成真。

吴楠｜运用组织化方法建立人与人的联系

（南京雨花翠竹社区互助中心 创始人）

社区营造这个词，我觉得它的来源并不清晰。所以要从意识形态的角度去研究这个词的词源，实际上是挖了一个坑。欧美与日本都是基于空间的营造，它对人的行为的营造是其次。到了中国以后，反而把人的行为的社区营造强化了。

社区规划和社区营造的关系我们也做过讨论。我是认为社区规划是社区营造的一种手段。但是有些人认为社区规划就等于社区营造。当时我与罗家德老师一起写《社区规划和社区营造》一书，就没把这两个概念分开，罗老师也不建议区分。

我认为地缘是社区的基本标准，但是这个规模到底是多大，是可以商榷的。我是南京人，南京就可以是个社区，我是雨花台区的人，雨花台也可以是个社区。一个人属于哪个社区要看自己对于这个区域的认同度要有多高。我个人认为，传统意义上的居委会的社区，是一个很典型的社区。如果把它泛化为网络社群，那就是另外一个概念。基于社区营造的角度而言，我是愿意把社区营造和社群营造分开来的，因为我认为社区是有地缘的，社群有可能就是没有地点的。

我认为的社区营造的定义，第一是以社区内部为焦点，然后培育社区组织解决问题的能力、协商议事的能力，要立足本土。第二是用组织化的方法建立社区的社交网络，促进人与人之间的连接。通过这些事情建立对社区的信心，促进私有性、家庭性、个人性和公共性的改变。

林德福｜营造行动共识与建立公共性

（乡愁经济学堂 联合创始人）

就"社区营造"这个概念而言，其实在大陆有很多类似台湾社区营造的事，但是并不一定用这个词。我把"社区营造"看作类似行动计划的事情。既然它是个行动，那一定有对象，有主体。

我们谈社区，首先要界定一下社区的内涵。社区不管在哪里，它应该是有一群人，使它变成一个共同生活的地区，当然可能上升到生命共同体的概念。另外一个重要的词就是"认同感"。这样的一群人对这样的一个地方，应该是有认同感的。所以社区应该包含两个意思，一个是社群，一个是某一个范围大陆域的一个结合地。因而社区营造必然是一群人对他们认同的地域做一个营造的过程。这个营造既有创造意义，又有经营的意味，而不是简单的一个关于建设的概念。它有一个建立共识的过程，这是核心。

所以社区营造其实就是住民或者居民共同营造他们自己行动共识的一个过程。当然因为有人，有行动，所以它一定要落在某些空间地域上，也涵盖了环境跟空间的改变。

只要有一群人共同在一个地方生活，就基本上都存在社区营造。只是以往我们可能不用这词。再早一点，在欧美地区不一定用社区营造这个词，但是他们有社区参与。比如英国做社区建筑的时候会找居民来一起来共同商议，自己住的地方的环境该做成什么，美国谈的是规划公众参与，日本也有一些相应的行动。而在中国，最早期的那些乡村建设是跟村民一起做。

社区这个词最早出现在德国，而后大部分从英文community翻译过来。中文里头其实并不太有community的词义。日本有一个词叫まちづくり，它真实的意思并不是我们在用的社区营造或者社区总体营造，而叫町造。日语的町，就相当于我们街区的意思。日本在做的这个东西稍微比中国台湾早一点，可它并没有社区，它是一个街区的改造。它不仅仅是要把一个地区的环境条件改好，同时是需要把它变成一个有魅力的地方，希望营造魅力，把那里的人也带动起来。英国的社区建筑、美国的公众参与都是类似的。

这要回到一个问题，为什么会做这个事？是因为在第二次世界大战以后，整个世界的发展都和工业化及城市化的过程有关。不管是英国、美国还是日本等国，早期的城市化工业化的发展，其实都是以环境成本为代价的，造成了各种社会、环境问题。所以当城市化工业化发展到一定程度，是要重新回来面对这些问题的。所以严格来说欧美更早，因为欧美更早实现工业化、城市化，大概在20世纪70年代末到80年代就在面对这一大堆问题。然后日本稍晚，大概主要在20世纪80年代的末期。

住在社区里的人面对自己的环境，希望不再是由资本行政力量去推动，而是由社群社区去做事情。政府行政部门也认可这样的行动，它才会形成一个来自政府的力量。所以在英国是从社区建筑、美国是从公众参与、日本是从做町造发展起来的。

社区还有一个重要的内涵，是跟我们现代生活有关。工业化以后，阶层或社会的运作方式改变了。过去我们是靠传统的家族宗族的关系在建构阶层体系。可是在工业化现代化城市里，会相对地向个体社会转变。所以在现代的生活里，还有一个就是要塑造公共性的问题，要建立一种怎么运作公共性的关系。所以社区营造除了要建立共识，还是一个建立新的现代生活中的公共性的问题。设计建立共识的过程，其实就是在建立推动公共议题、公共事务的一种方法和机制。

如果是从社会演进的这个角度来看，经过工业化城市化，人们都进入了城市生活，把原来的社会阶层解组了，只剩下一种体制的行政管理逻辑。它的运作变成每个人都在面对行政管理，中间没有社群组织。相对来说，这个距离太远，从社会组织运作来说，公共性不容易形成。可是这个问题是在现代社会经济发展到一定程度的时候才暴露出来。

相应地，现代主义建筑规划以后，规划建设方式跟以前不一样。以前大家都在宗族里面定好怎么建设，现在变成一个规划部门，就跟大多数人没什么关系了。所以社区营造这个概念我认为还是比较重要的，因为它提炼了一个现代的管理方式和建设方式。而目前的建设方式还是比较割裂的。

刘昭吟 | 类共同体的公共领域

（集美大学美术与设计学院 教师）

我曾经将社区营造界定为“类共同体的公共领域”，这是因为社造界、学术界论及社区营造时，“公共性”和“共同体”是出现频次很高的词。这两个词有不同的源头。

关于“公共性”，我比较有感触的是阿伦特（Hannah Arendt）和桑内特（Richard Sennett）的著作，至于哈贝马斯（Jürgen Habermas）的《公共领域的结构转型》读到一半就放弃了。研究政治哲学的阿伦特在《人的境况》里谈论古希腊城邦的积极的公共生活，说到私人财产围墙之间即是公共领域，拥有财产的贵族有奴隶代之求生存劳动，于是追求公共生活。如果富裕了仍只关注财产积累，即等于停留于生存劳动，无异于奴隶。因此公共生活是积极的、彰显的、卓越的，但易与善行混淆。善行不为人知，且宗教教义的善行要你把自己交给教会，不要判断，于是个人没有责任；但公共生活是有判断、广为人知、有责任的行动。然而行动总是不靠谱，因为行为是无觉知的、即时的、即兴的，因此行动仅具有不可逆、不可测的短期时效，而不是按理论指导的持存性。阿伦特指出的积极的公共生活很励志，对于行动特征的洞见解释了我的社造遭遇挫折并令人绝望的原因，但她提出来的解决方法——公共承诺与宽恕——是公共生活的升维。

哈贝马斯从经济、文化、社会、政治方方面面讨论西欧几百年来的公共领域结构转型，我由于对西欧历史的知识储备太少，读到一半就读不下去了。但是略知一二对我也是很有帮助。我所知的一二是，哈贝马斯问：谁代表公共/公众；特定社会群体所具有的公众代表性是如何从这个群体转移到那个群体的；这个转移的结构性条件和过程是什么。公共性（publicity）这个词本身就有代表性、宣传性、舆论性的含义，在西欧的历史脉络中，无可避免地涉及社会与国家机器的二元性，如果国家机器不等于公众，谁代表公众？这就使得公共性无可避免地是一个政治过程，或一个改变政治结构的过程。在这个思路下，社区营造=公共性=政治过程，这就使我们感到了困扰。

桑内特的《公共人的衰落》以街头和剧场为对象，探讨大众文化的公共性的消失。他述及在古代社会，一方面，服饰与言行举止即是社会位置的表征，城市街头即是社会身份表现的舞台；另一方面，剧场舞台上设有显贵座位，以及观众在现场对剧团表演的即时的公开表达和议论，都使得古代社会的人们拥有符合其社会位置的公共角色。然而，资本主义发展带来了社会快速分化与迭代，新兴行业的仪表来不及创新和明确，只好借用性质相近者，于是使得原先壁垒分明的仪表产生了混淆，街头甚至成为装扮游戏的场所，仪表不能确认社会位置。这个混淆被大批量生产的成衣进一步抹平，同质性的穿着使得街头不再是能够辨识社会位置的公共场域，剧场礼仪也转变为将人们规训为沉默的大众（而非叫嚣的群众），公共人消失。

我国的社区营造被“看得见山，望得见水，记得住乡愁”所催生，其语境是城市化下的社会关系异化，或如滕尼斯（Ferdinand Tönnies）《共同体与社会》指出的社会的主要特征为交易关系，而共同体则是由责任（家族责任、家长责任、长子责任等）所维系。因此社区营造意图将城市陌生人重建为共同体，唤醒沉默的大众，使之成为热衷公共生活、承担责任的公共人。但由于城市的自由空气就是来自个人隐私的保障，如同雅各布斯（Jane Jacobs）在《美国大城市的死与生中》所强调的，城市陌生人之间的交往在公共与私人之间有一条微妙的、有默契的、不去跨越的界限，这是一种城市的理性文明，不同于传统共同体的差序格局。因此我将社区营造所意图建构的社会关系称为“类共同体”，所欲彰显的场域是公共生活，故称之为“类共同体的公共领域”，其间活跃的是“有热情、有责任心的公民”。

上述社区营造定义是我书读太多，受了西方理论影响的结果？中国社区营造有没有自己的渊源？传统的乡绅治理是否就是社区营造？其符合当代要求吗？如是，我们究竟在忙什么？仅仅是在实践西方理论？如是，岂非莫名其妙？

一个偶然的机缘，我读到了王汎森《傅斯年早期的“造社会”论——从两份未刊残稿谈起》以及傅斯年《时代与曙光与危机》，见到了我国的社区营造源头——现代化强国的紧迫性。晚清的西方挑战以及民国初期腐败黑暗的政治，使得知识分子依据斯宾塞的社会有机体论（显然与滕尼斯的社会定义不同），批判中国人“有群众无社会”，提出“造社会”“造公民”“公民国家”，意谓通过“听民自治”的公民政体，将每一个分子组织起来，使得社会不再是一盘散沙，而是有组织、有力量的“有机体”，并有新道德规范“公德”维系社会。在这个意义上，自治的传统并不符合其社会的标准，因为没有国家赋予的合法性，且差序格局里往往存在小民有冤难伸。

老一辈如康、梁谈“造社会”时，虽将政治与社会分开，但并不认为二者是对抗的；年轻一辈的五四健将傅斯年，则认为两者在相当程度上是相对抗的，并主张社会改革是一种自下而上、以社会力量培养的政治改革。傅斯年批判“专制是和社会力不能并存的，所以专制存在一天，必尽力破坏社会力”，“在专制之下只有个人，没有公民，所以在个人责任心外，不负社会的责任心”。他追溯古希腊、古罗马的“以社会为家”谚语，提出“造社会”是“造有组织的社会，一面是养成社会责任心，一面是个人间的黏结性，养成对于公众的情义与见识与担当”。进而，伴随着社会责任心的形成，建构社会道德，以成就“有能力、有活动力的社会”。傅斯年的“造社会”论，王汎森以“公共领域”概括，相异于群的集体主义倾向。“造社会”论使我有一种“找到组织”的归属感，也有一种英雄所见略同的窃喜。但尚有一个问题没有解决：在社区营造的公共领域的意识中，社会与政治是对立的吗？

2019年11月，亚洲遗产网络AHN2019国际会议在厦门召开时，我报告了泉州古城社区营造经验，茶歇时京都府立大学副校长宗田先生同我讨论了社区营造在东亚其他地方与中国大陆的不同。他认为社区营造是西式民主的催生物和衍生物，中国情况不同，难有社区营造。我颇不服，认为自下而上、在地参与是一切成功的地方治理的必要组成分，与政体无关。我们的讨论没有结论和共识，但这个问题却常盘踞心头。日本、中国台湾、东南亚的早期社区营造，具有社会与政治对立的特点，社会对专制主义或官僚主义感到不满、失望，不认为体制有自我进化的可能。但在中国大陆，社会并不与政治对立，如我们在社区营造项目进场时有一个很有趣的发现，民众一方面对政府项目十分谨慎，另一方面若无政府背书则绝不肯参与。这些年我们所经历的社区营造可以说是政治启动的，党的十八大以来加强基层治理在十九大明确为“共建、共治”，是试图通过内在调整，自上而下启动自下而上，以化解政治与社会的内在矛盾。即我们的体制是矛盾统一体，而不是二元对立体。

戴上了“矛盾统一体”这副眼镜看社区营造，便察觉到矛盾统一体的公共领域和二元对立体的公共领域似有不同，这时脑中出现了我们的古训“天下为公”。想起费正清曾提过，西方的社会与政治的关系，是把利益放到公共领域这一台面上计算、计较、争夺和妥协；中国传统的官员培养则是以圣贤之道，是通过内在的道德培养使之兼善天下，即内圣外王。晚清以来的造社会论，可以说是判定了内圣外王的失败，而对公共领域产生了向往，企图从中产生有活动力的个体结晶为社会力以达到强国的目标。但随着历史进程的发展，无论是基于体制还是主体愿望，中国社区营造的公共性或许是在矛盾统一体框架下的内圣外王和公共领域的结合体。这是我在实践过程中摸索出来的感觉，也还不能表述得很清楚。

刘悦来 | 还权、赋能、归位

（同济大学建筑与城市规划学院 副教授）

关于语义界定，我觉得从英文词来探讨它比较好理解，就是community empowerment，即类似于社区赋能、社区赋权的意思，我是非常赞同这一点的。在中国的语境下，成都这边的社区营造将之界定为六个字，即还权、赋能、归位。还权就是要扩大社区居民的自治范围；赋能是要提高社区居民的自治能力，要通过一些活动、培训去培育社区力量；最后归位，就是由大量行政化管理向社区自治的转变，比如说，居委会作为社区的自治组织可以真正发挥它的价值。

关于中国语境下的特殊性，我认为是政府提出“人民城市人民建，人民城市为人民”的鲜明理念。它不仅体现除了社会治理在我国当下的趋势，也表达人民、社区的这种主体性。所以我认为当下社区营造这个概念具有非常重要的现实意义，跟中国当下的核心的价值观也非常匹配。

“社区营造”的发展阶段和特征

于海 | 从“组织”到“社区”

（复旦大学社会学系 教授）

可以说目前进入第二个阶段，因为第一个阶段没有“社区营造”的概念，最早连“社区”的概念都没有。

最早的概念是一个组织概念，比如说我们每个人都在一个组织里面，在一个单位里面，然后再到居民区。那些不被单位管理的人差不多就是没有工作的。其实连退休的人都是有人管理的，比如我在复旦大学退休，实际上我的活动是复旦大学组织的。

所以原来在居民区，那时候社区居委会在管理那些没有工作的人，没有工作的人很少，所以居委会它所面对的人群都非常少。原来整个体制是要充分就业，人基本都在单位里面，无非就是下了班以后回到居民区来休息。实际上居委会也基本上不管他们的，连退休工人都不管，退休的职工他们都有自己的组织在管，所以在这个时候是没有社区概念的，也没有社区的发展，也没有社区建设，当然也没有社区营造的概念。

社区营造概念的产生是因为进入第二阶段，现在有很多的人已经不再有原来那个单位概念。这个社会仍然需要组织起来要靠什么？实际上现在发现，不管是在什么样的机构，是公有制、私有制或混合企业，都有固定工作的人，都得回到居住区。所以第二阶段的时候才提出社区的概念，才提出社区建设的概念。

社区建设和社区营造也都是最新的概念，就在第二阶段里面。社区建设实际上是一步一步的。首先是社区的硬件设施建设，然后慢慢的是社区的服务机构建设，包括政府的服务机构、市场的服务机构和其他各种各样的服务机构。还有社区其他的一些活动、社区文化等，这么多概念都是在社区发展和社区建设里面提出来的。

等到提到社区营造的时候，对于社区建设来说，实际上已经提出了不能只指望市场，不能只指望政府，不能只指望专业机构。实际上还需要能够发动民众为自己的家园做贡献，这时候才提出社区营造的概念。原来讲社区绿化的时候，没有社区花园的概念，就讲社区绿化谁来做，要么是政府来做、市政来做，要么是物业来做，物业就代表着市场。

现在的社区绿化，它实际上分两部分，一部分就是社区内的。在物业已经变成市场以后，才有社区的物业来承担社区绿化的养护和维持。然后紧挨着社区边上的还有大片的公共绿地，比如行道树边上的灌木丛等，是城市绿化，是政府管的，所以以前没有社区花园的概念。

现在讲社区花园（community garden）实际上包含着社区营造的概念，是居民对自己的绿化环境都可以来做出贡献。非常重要的一个理由就是公共绿化和社区物业的绿化都还是有限的，不可能把每一寸土地全部绿化起来。比如物业绿化也有绿化的责任范围。但是到社区营造和社区花园的时候，社区周围环境的那些边角料，居民都可以用主动参与的方式让它绿化，让它能够变得更加美好起来。

所以这时候绿化的责任就不只是政府的，也不只是市场，而且居民通过自己的参与，也承担起了社区绿化的责任，对社区绿化做了贡献，所以这么做的过程实际上就是一个社区营造的过程，就是社区的发动、社区的组织，居民的自我教育、自我组织、参与和维持，让社区花园能够可持续。所以说现在只是到了第二个阶段。

童明 | 内化与重新梳理的过程

（东南大学建筑学院 教授）

社区营造引入中国，应该说也有很长的历史，并不是现在才开始。从20世纪二三十年代或者也许更早。当原有的社区结构或状态，面临瓦解或变革时，如何去维护一个社区共同体的问题，就可能会成立。当然到近几年，这一问题变得更加突出，我们讲新近发展的趋势，可能是各种矛盾或问题更突出的背景。目前，面临的问题是，城市人口急剧膨胀，各方面矛盾的积累，以大规模的方式呈现出来，并不是以往个别的小问题，而将来这一问题会越来越广泛。随着社区的物质性老化、居民的老龄化，以及政府治理方式的变革、公共资源分配方式的变化，居民之间的互助意识、独立意识、维权意识都会比以往更加强烈。

因此，社区建设的问题，现在变成一个大问题。以一种前所未有的规模，把这么多人口聚集在一起共同生活。从原先大规模扩张的阶段，走向内化与重新梳理的过程，社区建设就必然成为一个重中之重的问题，不仅仅是一个物质环境问题，而是一个社会治理问题。

言下之意，不能够通过任何一种单一的手段就能解决，而是通过很多的方式来探讨。

罗家德 | 党务领导与信息智能化特征

（清华大学社会科学学院、公共管理学院 合聘教授）

我国社区营造的特征就是还在发展初期阶段。最近，一位40岁的华人女性在国外被推到地铁底下摔死了。她已经做志愿者照顾流浪汉10年之久，但她最后却被流浪汉杀害，实在是很讽刺。但可以想象在很多国外社会中，在工作之外当志愿者是生活的一部分。而在北京想参加一个志愿团体，想当志愿者，还不容易。南方的情况好很多，因为有民间自组织的历史传统，但现在志愿者系统也不能说很发达。所以国内这个环境还远远达不到能够大量推动社区营造的阶段。除非有人愿意当发起人，但是这太累了。

所以现在只能说还在初期阶段，还正在慢慢摸索自己的路。可以预见的是，摸索出来的路一定跟外国不太一样。其中一个是党务领导下的社区营造发展，另外一个是我国发展出的一套信息化与智能化手段。我国有强大的需求，而且互联网产业发达，智能化社区治理的基本条件不错，我相信这些地方会慢慢形成特色。

国内的体制跟国外不一样，所以不能够期望海外的一些做法在这边落地生根。以国内现在的情况来讲，如在成都的社区成立一个社治委，社治委召集各方来谈授权，我觉得是一个看起来可行且较好实施的方法。

我再来说一件事情就是国外的社区层级的评价。他们的社区评价不是自上而下的评判，这一点我国想做到有难度，需要讨论和发展的就是智能化治理。我们希望所有的社区工作发展过程是被数据记录下来的。它可以通过日常的记录与日常的评估，谁做得好，谁做得不好，就很明显。

评估的准确度很重要。今天社区一个很大的问题，就是没有日常的记录。专家评审依据的是填写的表格，仅仅依据一沓一沓的表格，如何评审？另外一个问题是，社区的故事仅仅依靠好人好事宣传，但是这不能反映普遍真实的社区现状。所以我希望能够用所谓的大数据治理或者是智能化治理的方式来解决这类问题。

侯晓蕾 | 发展模式多元化

（中央美术学院建筑学院 教授）

随着城市完全进入更新的过程，大家已经认识到城市建设从增量到存量的转变。而老城更新、老旧社区等更新问题都需要调动居民的力量，通过传统方式无法解决其中公共空间提升的问题。由此，政府、学者、居民等都认识到，是需要进行社区营造的，社区营造对于解决当下的城市更新问题具有重要意义。但是由于各个城市的政府管理模式、启动的时间节点、众多老旧小区所呈现出来的问题都不尽相同，所以现阶段不同区域的社区营造推动情况、工作的侧重点也不尽相同。但是全国范围的各个城市都在想办法去推进，当下北京、上海、深圳、广州、成都等城市都在努力推动着社区营造的探索。

现在呈现出来的局面是特别好的，非常多元化。可以看到很多的政府、高校、学者、社会组织、社区企业都在推动这件事。例如，有些开发商也开始运用社区营造的理念推进社区建设。有些政府颁布了相关政策，把权力和职责下放到街道一级，由此发生了很多大的转变，带来了特别好的趋势，即很多街道，特别是最基层的居委会，能够主导社区更新的工作。同时，很多城市，如北京、广州、深圳、泉州等地街道都在这种趋势下推动着各种各样公共空间的建设和更新工作，并探索着不同的更新模式。而且通过不同城市之间交流，大家也在互相取长补短，各个城市呈现出了不同的特色，这是我觉得目前社区营造所呈现出来的可喜的一面。这些国家的大的政策方向代表了政府的决心，主要体现在两方面：一方面要以社会治理的视角去构建共享共治的创新社会治理格局，例如十九大提出“创新社会治理”“打造共建共治共享的社会治理格局”等；另一方面，工作重心要下移到社区层面，十九大也特别提出了推动社会治理重心向基层下移，因此，社区治理的工作会进行得非常实。所以，上述两个层面，前者是把社会治理推得足够远；后者是把社区更新治理做得足够深。两种举措既有深度又有广度，社区更新工作既结合了政府，又把责权下移到了街道和社区层面。由此来看，我认为政府的工作是很到位的。

总的来说，如果用一句话来形容现在我国的社区营造局面，我觉得其进展让人觉得充满希望，而且目前呈现出的模式非常多样化。

李晴 | 社区营造的三种类型

（同济大学建筑与城市规划学院 副教授）

中国社区营造现在的阶段和特征很难讲，因为中国很大，每个地方是不一样的。我有一位学生写过一篇硕士论文，讲了三种类型的社区更新方式，社区更新就是一种社区营造的方式和手段，通过解决社区问题，实现社会团结。

第一种类型完全是自下而上的，是老百姓纯粹的自发行为，居民没有太多资源，在有限条件下的自我更新自我营造。这种案例目前还是比较少，有一个上海市虹口区的里弄更新案例，居民在一起生活了很长时间，彼此之间非常熟悉，又因为旧式里弄，每户家庭内部空间特别逼仄，所以这个里弄的居民就提议把弄堂装扮成起居空间和共享餐厅。居民们商量好了之后，就自己干了起来，在主弄上搭了个雨棚，在墙上点缀装饰花卉，就真的像一个客厅了，下雨天也能用。户外家具也是居民自己做的，居民非常自豪，自下而上的力量非常强大，真正地实现了邻里一家亲。

第二种类型是社会力量主导，如大学老师等。类似的项目我们参与过一些，由大学师生跟居民合作，开展参与式社区营造，这种效果是非常好的，毕竟有大学的资源支持。例如，上海虹口区某里弄微更新项目，师生和居民一起参与方案设计，更新项目的内容由居民确定，整体项目全部按照方案实施，下水道的问题解决了，社区美化了，整个弄堂整得特别漂亮，居民们的认同感和自豪感得到极大的提升。

第三种类型是自上而下主导的，有成功的案例，也有不那么成功的案例。我了解到的一个案例是某街道办请了一家境外公司做社区更新的方案，据说是免费的。更新设计方案效果图看起来还是蛮酷的，然后实施的时候就遭遇居民的抗议，与施工队冲突起来。其中一个原因是设计师用穿孔铝板遮挡居民在里弄走廊上晾晒的“杂乱”衣服景观，但是这样也挡住了居民晾晒衣服时所需要的阳光。最后，通过政府协商完成施工，但老百姓的不满情绪并未得到很好的消解。因此，即便是自上而下主导的方式，也需要考虑精细化的治理，考虑社区的在地性知识及社区发展的可持续性。

这三种基本类型分别是：基于居民（by the residents），与居民一起参与（with the residents），为了居民（for the residents）。现在来看，大量的社区营造项目还是介于自上而下与自下而上的居民参与之间的，处在这个阶段，就看具体项目的机制好不好。如果机制好，就会比较成功；反之，就会出现政府花了钱、老百姓不买账的现象。

王本壮 | 修正和实践的阶段

（台湾联合大学建筑系 教授）

从1994年中国台湾地区开始启动社区营造项目到2024年大约有三十年。

早期是理念的宣导和推广，然后是实验和分享、交流。现在已经进入修正和实践的阶段，已经慢慢形成了一些机制。

例如中国台湾地区在各县市都有社区营造中心，中心通过委办的形式让民间的组织或者团体担任中介者，中介者协助政府部门、社区组织，以此来推动社造的工作。这些机制已经有十年以上的实验或实践，达到了一定的成效。可是也正因为如此，现在面临第三阶段的转型。转型的意思是，无论是行政社造化或创新实验计划等，都运转了一段时间，可能要进入第三次的转型、提升和再行动的阶段。

假如以行动来讲，从发现问题，到形成解决机制，再到运作，已经过了一段时间，目前是不是应该进入回馈修正与滚动式调整的阶段？

这两年又受到新冠疫情的影响。在疫情下的台湾地区，往往在用2003年的SARS和1999年台湾地区“9·21”大地震这种重大灾害下社区承载力的思考模式。但这两年的疫情又提醒我们，社区必须要建构一个更弹性的，或称作更韧性的机制。

目前台湾地区进入了滚动调整和培养更强的适应力、承受力的阶段。其中有许多的工作还需要做一些实验。我们目前在考虑借用电脑软件做测试及沙盒实验，研究如何塑造较有效的状态。

社区营造参考了日本、韩国，甚至包括东南亚的做法，但台湾地区还是要从民众的生活底蕴开始。在欧美更常见的讨论会是关于环境的变化，或者在事物的发展过程中做阶段状况的讨论。而中国台湾地区则还需要再做一些更基础性的工作，去改变公众的基本认知与态度，在所谓的共同价值的部分，需要更多的讨论以形成共识。因此，台湾地区在这几年的社区营造过程中，更多是在探索所谓的生活文化（或是说有文化的生活）。此处的文化不是那种礼乐射艺书之类的文化，而是指更长久的文化，比如生活上的习惯、风俗、礼仪之类的东西。

现在台湾地区的社造活动更多是在社区中做一些分享或者共同活动，从中去找出更多品味、品质；或是做在地性、特殊性的事，让大家的记忆与情感有更多的联结和更多发展的可能，着眼于一个文化生活的概念。

吴楠 | 社区营造的阶段性与专业化发展

（南京雨花翠竹社区互助中心 创始人）

如果从阶段的角度而言，我认为中国社区实际上是经历过几个阶段的。首先是从2008—2011年左右清华大学社科学院信义社区营造研究中心成立。其次是2013—2014年，具有代表性的社区营造机构集中出现，如四叶草堂与南京雨花翠竹社区互助中心都是在2013年左右注册成立的。

2013—2014年有一批案例，包括“美丽厦门·共同缔造”，就是把日本、中国台湾地区的“社区营造”一词换成了“共同缔造”一词，但是请台湾的老师来讲的内容都是关于社区营造。2016年4月，成都市委、市政府下发了《关于深化完善城市社区治理机制的意见》，标志着成都社区营造的开始。“社区营造”一词以前都是在区级层面提出，省会级别的城市中，成都是第一个提出的。因为成都本身是个标杆，做得比较好了以后，其他地方都去学。2016—2018年全国实行得还是蛮好的。

到了2019年以后我认为就是“平盘”的状态，还有往下走的趋势。

民政局资助我们做的社区互助参与手册，在2014年与2016年分别修订了一次，其中提到了大量的社区营造相关内容。2018—2019年，社区营造一词被要求替换。我认为，近两年这个词本身已不是那么显性，但与此同时，更多的年轻人认为自己是在做社区营造，而且很明确地使用这个说法，各地也出现了很多组织，冠以“社区营造某某中心”的名称。

社区营造的另一个特征是专业化程度越来越高。如社区花园，以前许多人从未想过会有社区花园这一战术，而这几年能看到社区花园这一专门领域在技术上的成长与提升。

林德福 | 由赋能赋权形成合力

（乡愁经济学堂 联合创始人）

我主要是从上海开始参与社区营造的。2015年1月5日，中共上海市委、上海市人民政府发布一号课题成果——《关于进一步创新社会治理加强基层建设的意见》，从社会治理的角度来思考社区治理、社区营造的问题。中国在2010年以后从所谓的快速发展转到了新常态。回过头看，相对其他国家而言，我国的社区营造还处于比较初期的阶段。

原住房和城乡建设部的王蒙徽部长2013年在厦门担任市委书记一职时，推行了“美丽厦门·共同缔造”项目。“美丽厦门·共同缔造”并不只设定在社区尺度，而是涉及整个厦门市。这里的社区是一个概念上的社区，而不是带有行政区位概念的社区。所以“美丽厦门·共同缔造”就不用“社区营造”这样的词，而是用的“共同缔造”。这意味着改善环境这件事应该成为厦门人一个共同的价值与目标。王部长在住房和城乡建设部时，也在推广各种共同缔造与所谓的社区规划师的制度。这其实也在强调市民或居民参与。当然这一定是由政府推动，市民共同参与，并有专业力量加入。

至少在这两年，各个地方开始重视或开始尝试社区营造，这成了一个普遍性的认识。我觉得成都社区营造相对发展比较早，而且现在发展得比较好。这跟2008年的汶川地震有高度关联，因为灾情严重，所以需要借助很多外力。这个外力不仅是其他各省市支援，也包括很多公益组织、社会群体的救助。此外，虽然2008年我国其他地区都在快速发展，如举办了北京奥运会，建设了许多新城、新区、新产业区，但当时的汶川亟需重建。重建必须面对很多诸如人员死伤等的现实问题，重建不仅仅是物质空间的重建，更是社会的重建，不得不把各种专业力量整合在一起。这是我国比较擅长的，行政推动力量大。所以借由重建正好把社区营造的三要素整合进来了：居民需要面对社区的小学坍塌了、医院倒塌了，房子没了，需要自己动手重新盖房子；专业人士也要加入，不能只考虑盖房子，还要考虑当地的学生和老师如何回来，教育的新的可能性等；政府也希望城市社会恢复得又好又快，所以政府协调各类组织、专业人士、居民参与进来。我也是成都的社区规划师导师，我觉得政府也感受到了这样多方协作的好处，过去单单依靠政府力量是不够的。

所以成都推出了社区总体营造这样的新概念。2021年12月成都市政府发布《成都市社区社会组织发展三年行动计划（2022—2024年）》，现在成都社区营造算是在全国走在前面，而且获得了比较全面性的推动，因为成都的社区总体营造是由市级政府部门直接推广，是一个相对层级比较高的政府机构，由上而下去全面性地推动。并制定了相关政策，吸纳专业力量，培育社区组织。

前几年我在上海参加了一次建立社区规划师制度的讨论，当时就开始在讨论社区规划到底是不是在原来的控规、详规规划体系中，一个更小尺度的单元；慢慢变成了现在“15分钟社区生活圈”的概念，以及其实它类似另外一个社区规划的概念。

目前，我觉得在中央的推动下，各级地方政府开始关注社区营造这个问题。北京作为试点地区，在全国也相对较早。例如清华大学罗家德教授早年在中国台湾地区做了不少协助台湾社区营造的工作，因而在他的发起下，2011年清华大学社会学系与台湾信义集团合作成立社区营造研究中心。清华大学的李强老师、刘佳燕老师也在这个中心参与工作，他们做了像北京清河实验等项目。直到2019年5月，北京市发布了《北京市责任规划师制度实施办法（试行）》。

刘悦来 | 专业各自发挥，政府信任支持，实践角度和学术角度里社区营造的历史

（同济大学建筑与城市规划学院 副教授）

当下中国的社区营造，我观察下来主要可以分为两大类项目的实践。

第一类是空间类，包括城乡规划、建筑、景观、室内，甚至空间艺术方面的。这类项目是比较普遍的，可以观察到中国台湾地区的做法也是用一些公共空间作为阵地的。空间类的项目跟社会的关系没有那么紧密，后来大家也是希望能够在此方面有些改变，这是此类项目一个非常重要的特征。

另外一类就是纯社会制度的讨论，主要体现为一些类似协商民主、圆桌讨论等多方利益群体的交流和沟通，以此开展针对不同角色、权利边界等话题的分析和探讨。这类项目大部分是一些社会组织牵头，他们通常是一群具有社会学背景的工作者。

这两类项目，一个硬一点，一个软一点，出发点不同，内容各有侧重。目前它们所呈现出来的特征，其实是都在往“两边”进行靠拢。

空间类的项目在向“软”的方向去靠拢，而“软”的项目也需要一些抓手。譬如说，王静老师在做的罗伯特议事规则，她最近在与我们开展合作。因为他们只是在讨论但是没有具体呈现出来的东西。没有一个具体的空间阵地，它有时候也很难固化下来。打个比方，在自然环境中，爬藤植物附着在乔木上给予它加持，同时，爬藤植物亦可以给乔木带来一些丰富性。最后二者互相借力，都能得到阳光。例如成都的爱有戏，他们原本只是纯粹的社工组织，但是他们后来以空间为依托，开展了很多空间艺术活动；随后也开展社区花园的活动。所以我认为中国的社区营造在软和硬这两个方面逐渐呈现一个更加融合的、各自发挥其专业性的趋势。在一方发挥得比较好的情况下，再朝着相互的这个方向去发展。

在当下社区营造所呈现出来的特征，还有一个是政府角色的转变。政府对居民的能力越来越信任了。尤其是成都，给全国做了一个范例。政府也意识到了，民间社会力量的加入有利于项目的实施及社会凝聚力的形成，这体现了对社会共治的信任和认可。中国行政的力量是非常强大的，如果这股力量可以认可社会共治的价值，社区营造就可以得到非常高效的推动，会很快呈现出全面开花的状态。一旦社区营造进入行政权力体系中，并获得了全面的认可，成为政府工作的一部分，其执行力会变得非常强大。

在实践中也可以感受到，之前做得比较成功的几个项目，都是在基层非常信任的基础上才能较好完成。他们在多方面给予了我们很大的支持，例如，他们让各个层级的干部都来学习社区营造、社区规划、社区花园。在此过程中，项目就推动得很顺利，没有任何障碍。总的来说，就是利用中国当前政治制度的优势，当得到中央的认可，各种工作方法、工具等就可以迅速被推广。

关于阶段，我认为有的老师会从概念方面展开讨论，例如从社区发展开始，社区营造其实是社区建设的一部分，可以认为它是一个新的阶段、新的方法、新的概念。如果从社区建设开始讲起，这个历史就比较久了。当追溯它的起点的时候，有很多可以讨论的。譬如说，今天在做的这些诸如田野调查、协同居民议事、社区民主建设、社区赋能等工作，其实早在20世纪三四十年代，中国就已经有类似社区营造工作的发起了。晏阳初、梁漱溟他们这些老先生们，他们在做乡村建设的时候，也在试图通过一些教育工作指引当地人，让他们接受“人民当家作主”“民生问题要靠大家自己去解决”等观

念，甚至还引导居民开展选举、投票等决策工作。这股力量不完全是政府的力量，应该属于基层的民主的萌芽。

回到“狭义上”的中国的社区营造阶段。可以将其发展阶段从实践和研究方面做一个切分。在研究方面，中国台湾地区于1992年提到“社区营造”这个词，相应地，大陆在2~3年内也开始讨论这个话题。

在实践方面，很多人公认的社区营造在大陆的开端是由罗家德老师于2008年汶川大地震时期展开的。随后的实践活动可以分为两条线索，政府牵头与民间牵头。

在政府发起这条线索上，成都于2014—2015年开始了社区总体营造的实践，主要从政策方面开始着手；2015年，深圳开展小美赛城市微设计活动；2016年，上海也以空间为依托，开展了微更新的公众参与实践；2018年，上海开展社区规划师行动；2019年北京开展责任规划师行动；2020年上海出台参与式社区规划文件等。

在民间发起主导这条线索上，2014年，阿甘（吴楠）于南京的翠竹园小区以具体的空间为抓手开展社区营造工作；四叶草堂团队也是，于2014年开始启动。有些人认为2014年是社区营造元年，在这个时间点，很多机构都在不同地区开始推动社区营造。2016年，开展了社区营造第一届论坛，阿甘与我都是发起人之一。同年，创智农园的项目开展；罗家德老师也提出了社区营造师的设想，并开设了一些课程等。

“社区营造”的问题与对策

于海 | 制度性的保障

（复旦大学社会学系 教授）

社区营造现在最大的问题还是制度性保障的问题。现在已经有制度性的合作了，比如社区街道会有自治办，自治办鼓励社区居民参与；也有政府购买，政府购买的服务主要是来自社会组织、专业组织或者NGO、NPO。

现在讲社会建设和社会治理时，特别提出要扩大政府购买的比例，但政府有很多的事情要做，如果政府并不擅长做，就应该让专业机构去做专业的事儿。那么政府有很多公共服务现在实际上是要转给专业机构去做。这就是一个社区营造的制度性的条件，但是我觉得现在做得还不够。比如说在上海，社区花园的行动实际上是取决于街道的书记愿不愿意做。当然不是说一定要做社区花园的行动，从抽象的意义上来说，对一切有助于居民参与的社区营造的，都应该在制度上有更大的保障。

一方面，实际上政府应该把自己的公共服务进一步清理出来，有很多事情不应该由政府的队伍来做，也不应该由专业机构来做。

另一方面是政府要在制度上设计各种各样的社会倡议，在制度上要支持，而且要给予法律上的保证。比如说涉及社区发展、居民参与、社区改善的事务，涉及各种各样不同的情况。有的情况下社会组织自己要想办法去解决一半的经费，有的时候社会组织要解决60%的经费，有的时候社会组织要解决30%的经费。有的时候社会组织只能解决20%的经费，那么也就是说剩下的80%，政府就要想办法，要么就拿出一部分资金，要么另外去筹资，这些都要变成一些制度性的安排。

童明 | 兼顾公平和效率地分配空间和资源

（东南大学建筑学院 教授）

上海目前发展出来很多社区营造的内容，按照“社区营造”概念本身，应该来自两方面：一方面是来自社会、来自居民，自下而上的方式；另一方面是来自政府、来自资源分配者，自上而下的方式。这两个过程都得到了很大的推动与发展。在当前的城市环境里，社区营造是以各种名目、计划、项目，相关团体、组织来实现。有的可能是显性的，比如在各种媒体或公众场合中可以看到，如上海城市空间艺术季的主题之一——15分钟步行圈。也有可能是隐性的，是在居民之间发生的，没有政府的主导或建筑师、规划师的介入，也没有社会组织团体的介入。它就是发生在一个普通社区里面的，在主导意识之外的日常活动，并且广泛存在。

中国语境一个显著特点就是土地产权公有制，包括大量房产的集体所有制。与欧美国家土地独立产权体系不同。实际上，我们天然地处在一种共同产权的基础上。我们可能也有很多个人权利维护共建这方面的议题，但大量的依然是从公共的角度，然后谈私化领域如何治理、规范、组织的问题。这会带来与西方国家很大的差异点，我们国家的社区建设更多是以社会治理与社区建设为代表的，是以权利与资源的自上而下的分配方式为主导的。这是中国语境下社区的营造方式，并不是居民自发自治，完全消除公共性介入和政府介入。因为社区这个概念，最早也有无政府主义思想的介入，社会自治不需要很强的政府介入。

因此，我们是在一个资源自上而下分配的中间环节来探讨这一问题。涉及资源分配就离不开两个方面：一是公平；二是效率。我们的社区治理议题应该就在于如何公平地分配空间和资源。此外，就是如何有效率地来做这个工作，使空间有更好的效能。

罗家德 | 政府、组织与人的社造化

（清华大学社会科学学院、公共管理学院 合聘教授）

从社造的第一天开始，我们所面对的问题就是

人们观念的改变。通过社区营造，第一，要让政府社造化。政府的观念要改变，而且现在有些地方做得还不错，像成都、浙江、福建、广东。但有些地方做得很不好，政府还在扮演大政府和保姆型政府，甚至完全没有警觉，干这种事情的南欧的那些国家全破产了。

所以说政府的思维应转变，不能一直想用由上而下，而应懂得用“9073”的概念，90%的养老是要交给社会的。而用社会的手段去养老，我有一个朋友算出效率是政府的70倍。所以什么事情都想用政府兜底，其实政府能做的非常有限，而且没有那么多资源。

第二，是组织要社造化。社区社会组织也罢，社会组织也罢，社区的枢纽型社会组织也罢，都要改变观念。社工中间要有参与型社工，让大家来完成大家的事。从另外一个角度上来讲，这些组织要变成培育型、支持型，同时也要做一些必要的管理工作。

当然最后是人的改变，也就是社区居民要知道我们的事我们做。这是最终希望做到的事儿。国内这些方面算是处于初级阶段，所以有些地方做得好一些，有些地方做得差一些。希望我们的社会将来可以一起努力，慢慢地把这个事情做下去。

我们出版了“社区营造专业教研书”系列，从思想理论讲到实践的基本方法，包括诺贝尔经济学奖的理论、社会调查、人文地理，以及社区平台建立、协商授权方式、培育人员、公益创投，还有细致的方式、工具包、表格制作等如何具体落地的方法。在书的基础上，我们成立了三系列教育：一个是用于培育老师的硕士教育；一个是社区营造与社区规划的认证班，用于颁发执照；最后一个是普及班，用于普及社区营造的基本知识与概念。

范文兵 | 规范职业定位，转变管理者思维

（上海交通大学设计学院 教授）

以我的经验，我觉得到目前为止社区在中国是几种类型并存，其中之一是传统的建筑师主导。比如说，我作为设计规划方，合作方是街道办。但是如果街道办思路没打开，会觉得我作为一个教授，去做个设计，顶多在前期讨论某一个项目的时候开几次会。但是比如说大鱼营造就会介入更深。其实与街道或者行政组织本身对这个东西的理解有关。

按照职业化的思维，我觉得尤其上海的社群有一点职业定位的问题。大鱼那次策划的时候，因为我还是有个传统建筑师角色，我问大鱼怎么收费、怎么维持、怎么运营，他说很多都是用爱发电。我说这不行的，这个不符合基本规律。所以在会上我跟一位社会学的教授发生了很大的争执。这位教授住在湖北。他强调用爱发电，因为他用爱发电。我说您这个年纪用爱发电没问题，年轻人如果想把它当作一个职业，甚至认识到城市更新需要他们作为专业服务者的时候，用爱可不能发电。

它必须变成一个职业行为，而不能变成个偶发行为。对于偶发的事情，我作为研究者是不信的。我必须要把它变成一个普遍性的事情，这是我对社区营造最大的思考。中国的城市更新已经到了这个困境。存量生产意味着我们不会再搭建了，意味着所有的社区它的居民就不会像过去不断地变，它沉淀下来的周期会越来越长。所以这种社区我从直觉上看街道是还承担不了的，他们还是个管理的角色。怎么形成社区氛围、社区精神，让社区公民直接介入到这里头来。

从职业角度来看，职业范围、收费标准、服务项目有点模糊。从管理者的角度，管理者如何转变思维？到底是靠所谓自下而上，还是靠所谓自上而下？因为社区规划师就是类似于自上而下，但实际上由于管理部门的理解力良莠不齐，有的时候让规划师不知道要做什么。

我觉得这需要把工作的内容范围领域，从自上而下以及自下而上都定义一下。自下而上可能提供一些成功经验或者是教训，那么自上而下其实要总结了，不能仅仅是进入学术探讨。因为模式阶段要研究，但是我重建的是角色的转变。建筑师是一个服务性的职业，肯定不能用爱、不能用社会学研究的东西把它打扰的。

我其实强调的是一个职业规范的问题。因为我是教师，我的学生将来是不是愿意做？即使我有理想，如果天天用爱发电也是不行的。如果自上而下各种规范都不清晰，每次的项目都是一个不定期的收费、拿不太准的收费，我觉得年轻的毕业生也看不到一个稳定的状态。而现在只能依赖过去的收费标准。

有个很有趣的例子。我们在做城市公共文化空间，是上海市群众艺术馆或者上海市文化和旅游局来主管这件事情。现在也面临同样的问题，因为这些往往是一些微空间改造更新，如果按市场化运作没法收费。但是浦东新区与街道政府自己贴钱，每个项目无论规模大小补贴8万元或10万元，而且希望建立设计师库。愿意进入设计师库，首先也是愿意用爱发电的，但是终归政府要把设计师的成本支付了。我觉得包括刘悦来老师和大鱼营造这些项目的经费基本上都应来自公共财政。

开头了就要赶紧立，比如思考设计师到底怎么定，然后有没有一个委员会确定项目、评价项目，评价每一个项目政府要补贴多少钱。所以我建议要机制化、职业化。而且这件事情就恰恰面临着角色转换。首先是因为业务量少了，其次我们研究了这么多优秀的建筑，发现别人老早就是介入全程的这种状态了，就是建筑师转换角色。我们还是特别传统，天天强调“专业”。人家那才叫“专业”，我们只操作了物质性这点东西。但是如果不形成机制，它就不是个职业，就没办法稳定吸引人才，这是个长远的事。

侯晓蕾 | 因地制宜的调研，中心平台的建立，设计对应具体问题，营造过程的多元合作

（中央美术学院建筑学院 教授）

其一，不同城市的情况不同。各城市政府的政策模式和运行机制，地方人的性格特点、地区气候条件、社区的品质、邻里关系等多方面都各有差别。因此，首先要做的是开展详细的基础调研，具体挖掘地方差异化的特点，并以此为基础探索不同城市地域性的发展路径。只有基础调研充分，才能够充分地暴露问题、发现问题、解决问题。

其二，目前缺少有效的社区治理的中心平台。除了与我们专业相关的从设计到建设的推动过程，同样重要的还有社区营造中的资源整合机制、运行框架、多元协同参与机制等的构建。这其中涉及一系列的制度和机制建设，目前对此没有透彻的研究。

其三，对社区治理的理解不足。对于我们学科而言，我们还是习惯以形态、空间建设等为主导开展社区营造。但实际上每一个形态、空间涉及的社区治理的意义、角度都需要一一对位。虽然我们当下强调了公众参与，但在很多实践案例中可以看出，其中对应的社会治理层面的内容还是很模糊的。在面对社区营造的终极目标——打造网络化和层级化的社区公共空间格局时，需要我们细化每一个社会、社区治理大格局下的不同角度，并解决各角度下的具体治理问题。所以我们在考虑设计时，需要具体去对位相应的社区文化治理、社区需求治理、社区活力治理、社区网络和层级化治理等多角度的治理问题。

其四，社区营造的多元合作问题，如何使我们目前的社区花园等的社区营造活动得到更大范围的推广。目前只是出现了一些特定的探讨，还只是专业人士在推动，或者是说某个社区的人在关心。但是全社会性的探讨，以及大家共同的多元化智囊的融入还是比较欠缺的。此方面需要更大范围的公众参与，全社会的共同参与，让更多元的专业参与进来，更多元的角色参与进来，包括经济建设等多方面的工作。

李晴 | 开展精细化

（同济大学建筑与城市规划学院 副教授）

在目前的社会发展阶段，在实现小康社会的目标之后，中央政府对社区治理提出了更高的要求，这也是为什么2017年习近平总书记视察上海时提出，上海要像绣花一样开展精细化社会管理。怎么开展精细化？其中一条路径就是通过参与式社区营造，真正实现精细化的社区治理。

目前我国有很多老旧小区，尤其是1998年之前建造的老旧小区，已经超过30年或者更长的时间。这些小区相对来说比较破旧，内部空间狭小，设施老旧，配套不足，所有这些都需要提升。然而，提升要建设成什么样子？更新由谁来付钱呢？这类更新总量很大，光靠政府自上而下很难行得通，因此一定要靠社区营造支持。正是因为这种原因，目前上海市、区民政局都有专项资金，通过委托第三方机构，推动社区自治与社区营造。作为社区规划师，我接触的其中一个项目就是协助第三部门的社会组织，协同居民开展参与式规划，改善居民生活环境。目前社区营造的重要性已经达成一定的共识，但是应该怎么去做呢？

第一个需要解决的问题，就是给居民“赋权”。对于社区更新来说，户内空间属于业主私人领域，户外空间属于公共领域，完全可以采用公众参与的方式。居民参与首先需要赋权，老百姓要有决策权，说话算数，而不是流于形式。征询居民意见，属于“象征性”参与层次。有些居民是不愿意参与的，如果说的与最后做成的可能是两码事，他们怎么会有热情，怎么会产生信任？所以关于社区更新，居民会说：这是政府的事。

第二个就是要“赋能”，居民要有能力开展社区营造。赋能是一个很复杂的过程，不仅仅涉及社会学的内容，不同群体之间如何沟通？非专业群体如何有效地参与方案设计？这些都需要引导和“教育”。一般通用的方法是采取在地工作坊，通过设计方法、设计工具和沟通形式上的创新，老百姓参与到设计方案生成的整个过程之中。当然，这对规划设计师来说是一个很大挑战，以往的专业知识可能不够用。当下刘悦来老师领导的“四叶草堂”做的社区营造在这方面是很有技术含量的。

第三，依托和利用市场企业和第三部门的社会组织力量。可以是政府出资聘请第三部门的社会组织，推动社区营造。政府购买服务之后，主要职责变为监管，这应该是未来的一种发展趋势，政府目前正在朝此方向推进。

总的来讲，可能目前中国社区营造是以自上而下为主，部分采取自下而上的方式。比较理想的状态应该是以自下而上为主，政府实施监管，专家提供参谋等。

王本壮 | 建立网络或社交媒体沟通平台

（台湾联合大学建筑系 教授）

其实在社区营造上有传承的问题。如果彼此基本价值或者共识不同，在很多事务性的讨论和基本的操作上就会产生歧义，从而造成内耗。中国台湾地区近几年最热的不是社区营造，而是地方创生。地方创生的参与主体是25岁到40岁的人群，而地方创生在操作上会不同于传统社造的模式，当然这带来的一些冲撞也很有趣。

现在比较重要的课题讨论是能更多地进行互动、交流或分享，进行知识的累积或者互相学习的可能性。另外，除了这些交流的、传承的问题之外，还有行政部门和民间组织的互动模式。到底是民间组织依赖式的由政府给资源、授予和反馈需求，还是它可能要更多被动的运作？其实这类课题一直都有被动的运作，在以往也都一直存在。只是在近年又包含疫情等状况，感觉对资源的依赖更严重。因此，要反省和思考，怎样平衡主被动，或者说双向还是单向，是依赖还是所谓的反馈，这些都要更进一步讨论和观察，做深度的探究。

社区的变迁是很快的，是被外在的环境（比如社会）推着改变的。事实上在目前的环境下，每个人不可能沉稳不变，所以我们思考世代及跨时代之间的交流，开始透过更多平台进行交流。接下来的几年会更努力地尝试运营一些平台。现在已经出现众多平台，譬如微信、脸书，很多平台在慢慢建构，可是这些平台有多少是在社区里进行生活性或是文化之类的联结，而不只是功能性的更便捷和更有效率。便捷和效率其实一直不是在社区生活当中刻意要追求的，它只是在做社造的过程中的附加效益。我期待在不同的层级（小区、居委会、街道）都有一个有效运作的平台，可以让居民在不同的层级中被看到，意见被传达，或者在这个平台里通过现代科技的协助，利用线上或线下的机会进行更多聚集联络、分享。或者将资源做连接和共享。我认为在接下来的十年，通过有效的工具，去建构更多的不同层级的社造的平台，是努力推动的方向。

吴楠 | 自组织化是核心也是手段

（南京雨花翠竹社区互助中心 创始人）

首先，要强调自下而上的主动性这一块。其次，我认为社区营造以内部为焦点，通过各种各样的事情，培育社区里面这些人解决问题的能力。再次，用组织化的方法来形成我们的社区社交网络，增加社区里的社会资本，从而建立我们对社区的信心。最后，促进人的改变。

我认为社区营造的核心是组织化，组织化是我们重要的手段和途径。我们从结社里尝到了甜头，所以就把结社当作我们重要的手段和目标，在社区里开展各种各样的活动，挖掘社区领袖，引导他们结社，培养他们能力，形成各种各样的队伍。这些人再参与到社区的公共事务中，最后完成从家庭性、个人性的到公共性的转变。结社实际上就是自组织。

组织化有协同，有冲突，有妥协。做的时候每个都缺不了，不都是善和美的。这种情况下要接纳，甚至接纳失败。通过这种自组织和组织化的过程，实际上是培养了公共意识。

林德福 | 三合一的赋能与持续性才能看到转变

（乡愁经济学堂 联合创始人）

以现代社区的角度来看，大概有三群人，需要在社区营造中慢慢形成一个合力，我称为三合一。

现在社会任何一个地方都一定有一个行政组织力量，它是推动治理很重要的一项。脱开了这件事情也可以做，可做的东西就会相对有限，会停滞。现代的社会一定是一个新的社会分工。它不像过去很多都是靠耆老，现代已经习惯用专业分类。就像规划设计、环境规划设计、社会工作、医疗社会保健等，必须用现代社会专业化方式去面对它，解决它。但更重要的是生活在社区里面的这群人，他们才是真正的主体。除了管理上的问题之外，都是他们的事。

所以三合一，就是要行政管理把一部分的权力跟能力赋予专业人员和一般的社会组织。权力跟责任是相对的，被赋予权力，就要承担相应的责任义务。赋能的部分就跟专业组织，因为现在大部分都是用专业方式解决。如果社区里没有一群人愿意参与公共事务，这些事情很难推动。因为他们是生活在这里的真正主体。没有这群人，社区营造就只是一次尝试，一个实验，可能走不下去。

有一个重要的词，叫坚持。为什么要坚持？是因为要转变，可是转变是需要时间跟过程的。现在最大的难题在于，大家还是习惯由上而下，希望快速推进。这两者本身是有内在矛盾的，需要时间去完成转变的过程，才会进化。可是因为在现在的社会分工里，专业也会被要求在一定的时间内完成，所以这也是比较难的。

以我的经验来说，如果一开始就愿意坚持个三五年，很多条件比较好的地方甚至不用三年，就会发生转变。

可是我们通常太过于项目化。一个项目的边界、计划定得清清楚楚当然有它的好处，有助于简单、快速、有效推动。但是社区的改变靠一两次项目是不可能的，需要持续积累、由量变到质变的过程，需要在错误中成长、总结、改变。

为什么相对其他地方，成都的进展较快？因为成都做了社区培养计划，持续做了三年计划。例如，第一年培育了100个社区，真正产生效果的可能只有10个。没关系，第二年在第一年的经验教训基础上，作出相应的调整，会有越来越多的社区发生变化。此外是人的改变，第一次来参加的人会有些摸不着头脑，不清楚要做什么，第二次、第三次来参加的人就会越来越成熟，越来越知道要关注什么，重点在哪里。这就和实验的过程一样，要留出这样的空间，到一定阶段它就会相对成熟稳定。尤其是创新改变的过程必须有，如果反过头来就事倍功半。

所以我强调要中长期投入，大部分政府只愿意给一年的时间，甚至只有3~6个月。可是很多事情，尤其对人的改变是很难的。所以需要争取的是行政愿意由下而上推动，并给予转变的时间过程。一开始就要设定一个相对比较中长期的投入，有几个不同阶段的计划制定。往往改变的可能性已经被激发起来了，但因为没有坚持，后来又没了。

刘昭吟｜基层治理的体制问题，社会与空间设计脱离

（集美大学美术与设计学院 教师）

我们的社区营造离不开基层治理，基层治理的问题就是社区营造的问题，也正是基层治理有问题才有社区营造的机会。基层治理的问题，就我所见，一是干部，一是群众，但归结起来仍是体制问题。社区营造主张通过自下而上缓解干群矛盾，但基层不可拒绝的任务指派和考评都是自上而下的，很大程度造成对自下而上的掣肘。当遇到在自上而下体制中还致力于自下而上社造的基层干部时，我都会觉得他们具有圣人的品质。

社区营造意图培养理性的、有责任心的、能奉献于公共领域的公民，但经过相当长一段时间的基层管理的干群博弈，我们的社造起点并不是都无辜天真的良民，往往更可能是善于博弈、钻空子、拿政策的“刁民”和干部，意识上认同社造理念，但行动如故。这正是傅斯年所说的“习惯的势力”，觉着不是而改不了。所以说社造有时候并不是树立多高远的目标，能缓解病灶、有所疗愈可能就已经是进步了。

正因为习性具有惯性，所谓江山易改本性难移，在社造的启动期，很难去培养习于博弈的人变成坦荡荡的公共人，而是需要正直的、有公心的人现身和聚合，以形成一股集体力量。公共人的集合，既是可遇不可求，也是一个可以刻意创造的场域。先有相遇场域使社造人聚合，然后启动社造行动，因此我称其为“开始的开始”。

另外，社区营造的专业者主要是两个专业的人：社会工作和空间设计。然而，社会工作和空间设计这两个专业是权力不对称的。我们发现，大家奔着社造理念来的时候都很有情怀，但是一旦展开合作，每个人都固守自己的专业不愿跨界。但如果不去踩对方的界，怎么可能合作？分工是不可能导致合作的，只有通过踩对方的界才可能认识对方的思维方式、工作方法，才可能有换位思考和真正的合作。即，合作的前提是压低自我、学习对方，方可使对立的二元合一。

过去二十年的快速城市化使得空间设计成为一种垄断性知识，使得他者畏惧涉足空间设计，滋养了空间设计者的专业傲慢。又因为城市化将空间设计作为纯粹的技术，空间设计者的社会空间素养事实上很差（至少在我的社造经验中），或机械式地满足空间承载需求（譬如一个年龄段一个活动空间、一个目标一个空间），或重视博眼球造型甚于使用，而没有意识到这些正好违背了社造的社会联结愿望。正是情怀不足以成事，任何事毕竟都是技术活，有情怀还得有心法，有心法一定会有方法。在我的知识范畴里，社会空间的心法应是首推《模式语言》了。从2019年开始，我与社区营造伙伴共读《模式语言》，这是使得空间设计变得平易近人且适于自学、刺激空间专业者“毁三观”的良书，因为亚历山大不厌其烦地论证形态的社会关系，形态不再神秘而可揭秘。

刘悦来 | 打破边界，多方融合

（同济大学建筑与城市规划学院 副教授）

目前社区营造的困境，其实涉及我们刚才讲到的这些融合，比较好的案例会发生这种融合，但是融合又是非常不容易的，因为多方都有其权利边界。尤其是比较大的项目，这些权利边界就非常“硬朗”。越小的项目它的边界越模糊，涉及的利益纠葛也越少，所以越容易开展，目前推动得比较好的项目也都是小型项目。如果想开展稍微大一点的项目或者想在更大的范围实现突破，可能会发现权力方的傲慢，它的自我封闭，是非常难突破的。因此，社区营造的愿景——协同一致为人民，是很难达成的。究其本质还是权利的问题，是否能够真正解放思想、以人民意愿为出发点、为人民谋利益，然后以此为目标在不同阶段去释放权利，将一部分权利释放到民间。

所以当我们看到这些案例都是一些小修小补的案例的时候，会发现根本没有动到核心的东西，没有触及核心的价值，核心的利益没有突破。一些多个政府部门参与讨论的社群营造的项目，可能就讨论了怎么安装一个门，涉及的花费是很小的；然后对于一些更大的项目，可能都没有发生讨论，却涉及几千万元的决策问题。当然这个案例不一定恰当，我想表达虽然我们现在有很多看起来很好的社区营造的案例，但是这些在城市中分管不同部门的政府视角里，涉及的资源调动实在太少太少了。因此我认为，当前如果说我们在一些比较大的项目上，慢慢地能够有更多的话语权。公众有公众的话语权，专业人员和社会组织也有其相应的话语权，甚至可以参与一些决策。如果能在此基础上提升一点点，就是很了不起的。

总的来说，其本质就是责、权、利、人、财、物的问题。只有真正引起对社区营造的重视，有相应的资金和权利支持，才能推动它健康、可持续地运转下去。

对于解决策略这个问题，我认为应该在“人民城市人民建，人民城市为人民”这个大的政策、价值理念背景下去探讨它的解决方案。

其一，政策的导向是非常重要的。例如说，“社会治理”这个词是十九届四中全会开始提出，之后被反复提及，中央非常重视这件事。在领导的重视下，社区营造的相关活动就可以比较好地推动起来了。其实民间的需求一直没有发生什么特别大的变化，本质上是上下之间没有形成“通路”，或者说权利的边界需要做一点小小的界定。通过上层的推动，打开上下合力的“通路”，触发相关活动的开展。

其二，是要有更多好的社区营造案例。这些案例可以让各个政府部门看到它们的权利没有受损的同时从人民那里得到了更多声誉，以此给予各个部门推动社区营造活动更大的驱动力；同时，这些案例也有助于推动政策的制定与开展。当然，好的案例的产生，也需要一些乐意且勇于尝试的基层领导，如街道的党委书记、街道办主任等的支持。他们先驱式的探索和创新，可以给很多人以启发。例如，上海各个街道居委会的换届大会上，领导着重讲述了我们创智农园和睦邻门这样一个比较典型的案例。类似这样的案例，得到了领导的认可，通过这样的官方渠道得到宣传，可以吸引人们学习和探讨，以此解决更广泛的问题。

其三，要关注对公众的人文精神的培育。如果人民都有对民生相关问题的意识，他们就愿意在不同的场合去争取到自己的权利。以此倒逼上位权力机关去做一些改变，通过这个倒逼，让权力机关对基层的民间力量产生敬畏之心。

通过上述三个方面去实现上下之间的互动，即中央来提政策和要求去推动，基层有意识、有勇气、有谋略、有方法，就可以比较好地把社区营造这件事进行下去。

社会发育与社区自主建设
——大咖访谈之于海

于海，复旦大学社会发展与公共政策学院社会学系教授、博士生导师。

采访人：您如何看待社区营造的未来进一步的发展？

于海：比如上海市东明路街道现在做的事，实际上是把原来政府机构各自划分的责任，加入了居民参与，而且东明路的案例实际上是由政府来倡导支持，由居民为主导的一个社区营造的阶段。

原来刘悦来老师的社区营造都是在一个个的居民区，现在已经涉及整个街道范围，没有街道政府作为一个组织者肯定是做不到的。街道在做这个事情的时候发现街道不是原来的那个角色了，就是原来像制定工作任务一样，政府自身来做这个事。街道现在是作为一个什么角色呢？是作为整个社区花园行动的倡议方，跟其他的行动者都是合作的关系。

政府部门、专业团队、居民各有优势。政府的优势就是它有更强的组织能力，公信力。它能够跨越不同的细分领域，因为政府本来代表着这个地方的一级组织者，可以统筹各个机构。如果是私人机构，对其他人就没办法了，而政府就有统筹的优势。专业的优势不在政府这，在专业团队那里。可持续的日常维持的投入的优势在谁？在居民。

所以说专业团队的优势是提供专业服务，这是它的优势，可持续的应该是什么？应该是在地的居民。对于他们来说，最大的问题就是如何找到动力来维持每日的可持续。居民生活在这儿，这是居民的家园，如果不去投入，它很快就枯萎了。社区环境本来已经改善了，但如果不自己持续投入，这个环境马上又退化了。

所以这种可持续的责任不能够交给别人，可持续的这个事情就是要居民自己来做。但是要解决可持续的问题，就一定要解决居民的动力问题和组织网络的问题。他靠什么激励？这需要由专业团队有组织地去引导，比如发现居民中的积极分子和活动骨干，因为大家的积极性本来就是不一样的。

我们期待社区营造的更高的一个阶段，就是像这种多方的合作，多方优势的互补，进而形成一个既有集体合作局面又可持续的状态。

采访人：如何处理这里面可持续的动力问题？

于海：现在私人做事情，往往可持续的事情很多，但是涉及私人利益的事情在需要有集体局面的情况下很难维持下去。政府做事情可以号召，但是没有提供一个可持续的机制，所以局面做起来之后，又会很快消失。

如果一个居民每天自己锻炼，具有积极性，是因为他做的是自己的福利，不是一个集体的福利。所以我们要解决的就是集体福利的可持续问题，那是一个局面的问题。这种局面需要政府有组织地动员，要有专业的指导。

居民的可持续动力的重点一定是解决他的利益关切。比如现在不需要动员居民在阳台上种花。因为居民知道阳台上不种花，他的邻居不会给他种花。但是他小区家门口的绿化，他不去做，他想着别人会去做，每个人都这么想，我们就发现这些地方不会有改善。

所以我们要解决的问题是有组织地动员，发动起来以后，让居民在合作中知道改善就是我们每个人都要投入。居民知道在自家阳台上没办法搭便车，因为这是一个私域，私人跟私人之间的界限是很明确的，而如果不通过这种社区营造的活动，对大多数人来说，永远不会产生一种我进入一个集体的和公共的领域中，我来做贡献的感觉。居民会认为我做了别人不做怎么办？所以，要解决这个集体性的福利，就是要解决怎么才能让它发动起来。

所以最后只有通过专业人士来组织，再由政府来倡导和鼓励。如果小区只有10户居民，没有一户居民走出来，这块地方永远是废弃的、杂乱的、不可能改善的。所以要让他们做起来，让他们从自己的阳台走下来，然后他们才知道原来这块地方是属于我们大家的，我有份而且更有责任。

采访人：如何处理另外一个可持续的组织行动问题？

于海：组织平台实际上也是先动员积极分子。若积极分子也不会做，这就需要专业人士给他们提供帮助，怎样用比较价廉物美的方式，改善居民自己的环境。政府再提供支持和鼓励，就会有人做起来。

如果一个小区只有10户居民，有两三户做起来，情况就不一样了。关键如果是一户都不出来就没办法，当两三户做起来了以后，马上就会有改变，就会有效应。原来大家面对着杂乱的环境也不觉得自己有错，但如果现在能改善，会觉得自己已经沾光了。所以这时候就会产生一种社会评价，那时候会觉得自己不出力就不好意思了。

当大家都觉得自己没错的时候，哪怕面对肮脏的环境，大家可以若无其事，不觉得有社会责任，因为居民觉得这不是我的错。但是当已经有人做了贡献，有人已经改善了环境，实际上居民已经变成一个环境改善的享受者，这时候居民就觉得他有愧了，不再做贡献就有愧了，而且别人看他的眼光他也会觉得有愧。看人家都出来，为什么自己不出来呢？在没有一个人认为自己有错的时候，大家都可以生活在一个肮脏的环境里面。但是当一些人有功了以后，很多人就会坐不下去了。

事实上，人们有两种追求，或者是行为上有两种考虑，这都跟社会学有关。一种是但求无错，所以人们不添乱，人们只要不去乱扔垃圾，人们就心安理得，这也是一种社会评价，但当人们追求社会责任或社会成就时，人们是没有责任。

这是一种社会观点，也包含了一种约束。就是人们追求无错，人们就不会到处扔垃圾，例如在10层的居民楼中，从二楼到十楼的住户都可能往一楼扔垃圾，很显然无论扔的楼层是哪一层，大家都认为这个

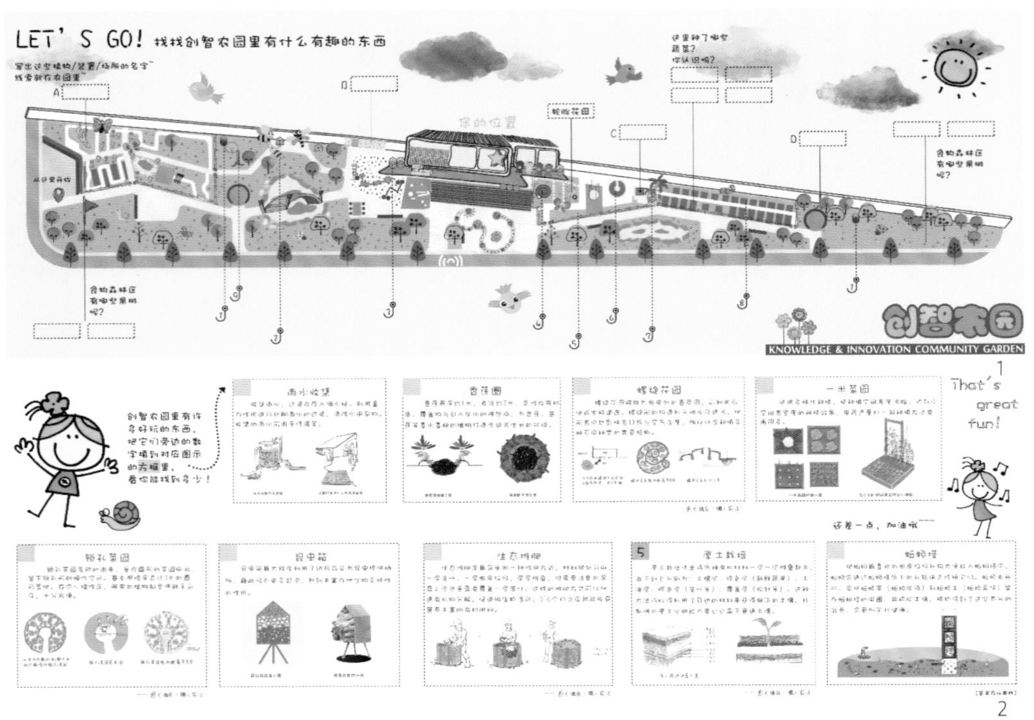

1-2.创智农园平面图

行为是错的，要追究谁都不承认。一楼的住户要骂起来，那些没扔的住户就可以心安理得，扔了的人可能心里面就不踏实了，但他不会承认是自己扔的，因为这是错的。

另一种机制是人们也经常追求社会的肯定，追求别人好的评价。诸如刷存在感、跟人家攀比，大家会说这是虚荣心，但是虚荣心的背后有社会学的道理在，是人想在别人的眼里面看上去是有钱的、有地位的、受尊重的，这是追求社会重要性的一个表现。当发现有一些人已经在创造社会成就时，人们的行为就会被另外一种取向、另外一种动力引导，就是要做贡献了，因为只有做贡献，才会变得无错。所以贡献大小可以不管，但是如果不贡献就有错了，大家都贡献了，我不贡献就有错了。我贡献我就得到肯定。所以我贡献就可以解决两个问题，一个就是我是无错的，另外一个是我获得了某种社会的积极评价。

所以我们现在要解决的问题是，要从原来大家都但求无过，到追求每个人对社会有贡献，这就是社区营造里面要解决的问题。所以民众参与是需要帮助与鼓励的，是需要造成一种大家来竞争贡献的环境，从而促成这个目标的一种机制。

所以在竞争中，人是什么？就像体育比赛一样，人们是好胜，人们是在竞争优胜。所以居民社区参与很大的动力，一个是它实实在在美化了环境，这是利益；另外一个它给我们带来了社会尊重和社会成就。人实际上是追求这个东西的，无论什么样的人都追求的。人是需要表扬的，但想获得表扬是要有贡献的。

这种精神方面的追求从来就有，比如追求读书，从读书里面获得知识的娱乐，有各种各样的嗜好收集快乐，这都是精神的娱乐。也有人是愿意去帮助别人，比如一个医生他愿意给别人做义务的咨询，让自己有一种专业成就，能够服务于他人，获得一种尊重和成就感，这都是精神性的追求。所以不能说是有了社区营造，人们才有精神性的东西，而是说有了社区营造以后，实际上是生长出新的精神性的成就。

比如说原来做的绿化，就没有成就，只有欣赏，没有创造的成就，只有一个审美的精神享受。但是如果对社会环境做了贡献，当自己参与绿化，把自己的环境变得非常好了以后，就还有一种创造的成就。

采访人：社区营造中的社区积极分子有什么特征，是否是品德高尚或者有需求的？

于海：不要去管是不是高尚，人群中人们自然会有差异。有的人对一些事情就热心，只要看到有这样的人，就去积极地发挥，因为他本来就是希望通过积极参与，获得更多人的肯定。

不管高尚不高尚，因为讲高尚，还是把这些事情看成只是一个个人道德的问题。现在做社区营造，个人道德是重要的，但最重要的还是营造。

实际上大家培养起一种公德精神，对环境有责任心，无论社区中的人好不好说话，看起来善意不善意，只要来参与社区活动，不用管他是比较小气还是比较慷慨，不用道德去挑选人。实际上是用活动的便利性，用活动跟私人利益的相关性，用活动的某种社会成就来吸引人们，然后让积极分子先冲在前面，同时要不断地保护和鼓励积极分子的积极性。从而让积极分子带出更多的人来参与，这就行了。

采访人：您刚刚提到整个过程是有一个组织平台的，它需要创造民众参与的环境，给民众以帮助，让他们获得成就，他们是发动者。您如何看待这个组织平台？

于海：组织跟人不一样，人可以没有情怀，被鼓励了可能就有情怀了。组织肯定是有它的理念和情怀的，没有情怀就不会去做。但组织不能只靠情怀，必须要靠拿得出手的专业技能。组织实际上是发动者，要想办法说服政府来发挥政府统筹的优势，因为专业组织只能一个一个居民区去动员，不能够发一个行动倡议，让整个街道都做。政府就有组织的网络，有组织的权威性，政府通过专业组织的说服，了解到现在社区花园行动，不光是对环境有改善，而且事实上也是促进睦邻友好，促进社区的人际关系，减少社区的安全隐患，减少社会突发事件的发生。

而且在某种意义上，社区营造的内容也是政府要做的建设项目，就是我们所说的社区环境和生态文明建设，政府不知道怎么去做，现在实际上专业组织告诉政府可以用这种社区参与的方式来做。政府做生态文明，也要拿出资金找专业队伍来做绿化，但是这些居民参与的成本很低，同时它不光是绿化，它还有社会参与。

比如刘悦来老师通过创智农园等很多项目，已经给上海很多街道做了示范，这就是一种说服力。街道办会去学习，专业组织告诉政府部门可以在一个街道范围内来推广，街道内的几十个居委会都一起来做。

这变成一个街道行动，只有政府有组织优势、权威优势和公共资源的优势，可以把几十个居委会的主任和书记都整合在一起发到行动倡议。

采访人：所以刘悦来老师的四叶草堂相当于是专业的组织平台，相当于是一个发动机、一个火源。您一直关注和支持四叶草堂的社区花园实践和研究，并多次在《上海手册》中支持四叶草堂实践成为社会篇主案例，是基于怎样的考量？

于海：四叶草堂现在做的事情，首先这个事情是皆大欢喜。

对居民来说，是实实在在改善了环境；对政府来说，实际上是在帮助政府策划。因此做的很多事情能够可持续。政府每做一件事情都要花很多的钱，但做

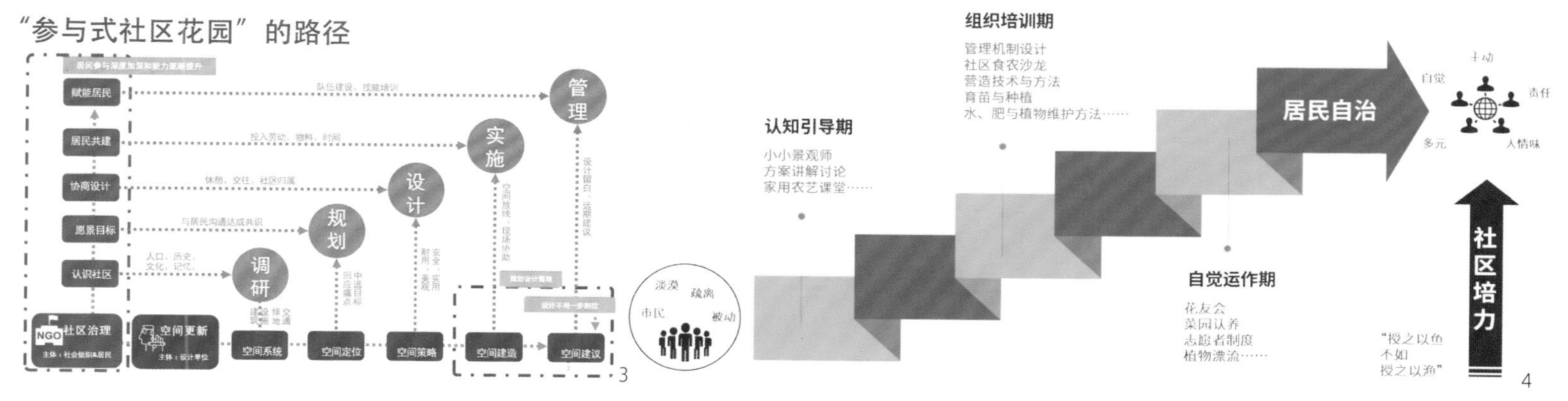

3.基于社会组织四叶草堂的社区营造路径　　4.社会组织对社区居民的社区营造培育

完了又没办法持续。因为政府只有一个行动者，缺少千千万万的行动者，千千万万的行动者就是可持续的社区居民。就只有这一条道路，就是民间的可持续，跟每个人的日常生活联系起来。

所以我对四叶草堂的支持，并不是对它专业贡献的评价，因为不需要我去评价。有专业技能的这类景观团队很多，而四叶草堂实际上是在做社会发展、社会建设的事。而且社会建设里面包括社会参与组织形式的建设，还有很重要的是每一个居民公德心的建设，这是非常难得的！

以往大家只是把这个公德心当成一个道德的宣教，而四叶草堂做的事情不做宣教，而是摆在这儿一个社区花园，大家来做。在做的过程中居民才知道怎么培养起一种责任的关切，从而变成一个习惯。

所以居民会想凡是跟自己周围环境有关的事情，实际上都不能指望别人来做，而是依靠自己来做。这种主人翁的意识、责任意识、担当的意识、独立的意识、负责的意识从哪里来？不是宣教出来，必须自己做出来，跟别人一块做出来。而且在做的过程中，大家是在做一个共同的事儿，就发现很容易就形成一种对对方的理解。

当人们不做共同事情的时候，人们就生活在各自的私域里，人们遇到问题总是互相争吵，寸步不让。而人们现在并不是在私域里面，现在是走到属于我们大家共同分享的地方，要把它变得好，不仅是要分享一块空间，不是占领这块空间，而是对这个空间投入和做贡献，所以我们分享精力、智慧、方案和努力。

采访人：您提到其中的组织形式建设是指什么？它首先是一个NGO，然后它是专业性机构，是社区营造的发动机？

于海：首先组织是由专业人士组织起来，要解决社区建设的专业问题，要提供专业的设计，为这些事情，必须要组织一个专业团队。这样的专业团队并不是四叶草堂的独有的，但四叶草堂更重要的是把这种绿化的概念变成一个由居民自己参与来实现的理念。这样不仅要树立理念，还要找到实现方式。讲到实现的方式，因为它自己不是一个政府部门，所以它不能够命令居民去做。它也不是一个市场组织，通过购买的方式让居民做。实际上它是给居民示范，给居民指导，跟居民一起做。然后在做的过程中，不是代替居民来做，而是通过示范，居民就获得了绿化的技能，然后日常的维护居民可以做了，这就是四叶草堂特有的一种工作方式。所以刚刚讲到社区营造是“赋能”的时候，实际上这个团队都是在用这种“赋能”的方法，尽管他们自身可能没有像我讲得那么清楚。实际上就是在示范的过程中，居民实际上是投入了自身的一种公共关切。居民自身是这个小区的主人，发现自己完全有能力让自己的小区变得更好，非常令人自豪。

四叶草堂现在来做的工作是居民暂时还不会的，比如如何做草莓架、如何堆肥、如何选种、如何栽培、如何浇花等。待四叶草堂把居民教会了以后，居民也看到了一种改变，看到了从一片荒芜、脏乱的地方，已经形成了一个生机勃勃的植物花园，实际上又给了居民很大的动力。所以居民的成就不光拥有了社会成就，而且还有专业成就——成为了专业的园艺匠。这件事情可持续的要素就很多。

采访人：您刚刚提到的社区营造中的政府、居民和专业组织，那市场的企业在其中是怎样的角色？

于海：企业去做是两种情况，一种情况是企业完全是对这件事情抱着一种社会责任，比如对环境有责任感，对社区有责任，然后提供资源方面的帮助。比如社区花园的营造活动，这是企业参与资源活动和参与贡献社会的一个途径。通过这个活动，企业可以贡献资源，比如购买草种和花卉，或者每个礼拜都派一些志愿者来。

还有一种情况，企业服务领域与社区建设有关，可能是做花卉、做园林、做种子、做肥料、做生态、做生态教育等。这样的企业组织在做公益的时候，实际上也是在促进它的业务。所以让企业做公益的时候如果一举两得是最好，就对企业自身的业务有帮助。

因为四叶草堂现在有名气了，很多企业为了获得这种公益的美名，都愿意来做贡献。比如说上海慈善基金会的项目——“蓝天下的至爱”，为什么捐款的或者是捐物的单位那么多呢？因为它会获得一个上海慈善基金会给予的一个荣誉，表示其参加了2021年的“蓝天下的至爱”的活动。企业把这个牌子挂出来的话，就是一个社会美誉。关键就是把平台和品牌给做出来了，大家愿意做公益贡献来获得公益美名。

采访人：您觉得从政府来看的话，需要在这种公益慈善上对企业有更多的激励吗？无论是税收或者其他方面？

于海：NGO组织有很多这方面的研究，中国也是在学习西方比较发达的国家。比如，如果政府劝募，认捐企业可以有什么税收减免待遇？政府现在已经开始逐步地有这方面的政策。实际上，政府做的所有的事情都是公益的。所以从道理上来说，政府理所当然会支持任何不由其出钱的公益。政府提供的公共品是拿民众的钱来提供公共品。我们现在把公益基本上是归结为个人机构或个人贡献的公共品，把它叫公益，不把政府的公共服务叫公益，这实际上是要做个区分。如果广义上来说的话，政府做的所有东西都是公益。政府做的公共绿化也是公益。但问题是公共绿化的钱不是政府官员拿出来，公共绿化这些资金是全体老百姓拿出来。所以政府从它的性质上来说，它应该理所当然地跟公益是亲和的，支持任何形式的公益，也都应该用各种各样的政策来支持公益。它应

5.企业参与到社区营造中　6.由政府、企业和居民共同出资建设的睦邻广场

该给公益提供方便，应该有助于公益的繁荣，不应该给公益造成麻烦。政府还应该乐见公益。大家都做公益，很多都已经免税了，政府就会少税收。但它应该乐见少收税收，因为它少税收的总体社会效益上一定是比多税收的社会公益要更好，就是政府直接就自己做，是要养人的。比如政府把钱拿来以后要做绿化，它要去付人工的。社会做公益，很大的程度上社会又出了钱，又出了人力，人力是不要花钱的，人力就是我们所说的资源。

采访人：在我国特有体制下，国企或者央企是不是也算是一种广义上偏公益的性质？

于海：我觉得不应该给它加这么一个定义，因为从我们整个经济制度的改革来说，国企现在就是要跟私企一样在市场中竞争。国企对国家的责任那是另外一回事，跟我们做公益还不是一回事。

国企的责任在哪里？比如当我们2003年发生非典的时候，当时需要大量的口罩，政府不能够给私人的服装厂下命令，全部转产做口罩，但是如果是政府的企业的话，就是国有的服装厂，政府就可以下命令，这是国企责任的体现，因为实际上它是在产权和人事权上是属于公有的。

但是在一般的概念中，它作为一个企业，国企跟私企的区别无非就是它的产权不一样，它的产权不属于这个企业的经理。马云的阿里巴巴，他可以占大股。但是中石化总经理就不能够把中石化的股份占为己有。这是产权上的性质的不同，但是在市场的作用上，它们没什么区别，都是独立的自负盈亏的企业。但是国企也跟私企一样，它也有社会责任，它在自己的社区有责任。所以既然私企都会做公益，国企当然也应该做了。但是国企做的话并不等于说是国企一定要比别人多做多少。

采访人：您觉得社区营造中理想的政府、企业和居民的关系是什么？

于海：我在对加拿大的了解中深有体会。加拿大渥太华市政府做的公共服务，比如政府有100元预算，里面有80元是很硬性的公共服务，如冬季扫雪、消防、公共图书馆、绿化、垃圾收集等，还有包括所有的政府官员的工资。剩余的20%就拿出来做什么呢？就是拿出来做各种各样的社会支持、社会发育、社会采购。如政府有1000万元，就是200万元拿出来做各种各样的社会支持。

如有一个篮球队申请经费是帮助那些新移民打篮球，这符合加拿大政府的多元文化融合的政策。所以原住民打篮球政府不会给一分钱，但是招募新移民打篮球，如亚裔、非裔，索马里或者埃塞俄比亚等地来的难民，就可以获得经费。那么申报规模是多少，需要50人还是100人？申报多长时间，需要多少经费？最后，政府找专家评估，政府支持2500加元，申请机构自己去解决2500加元，就可以获批这个项目。还有类似很多其他的项目。获批的机构可以拿着政府批文，说明加拿大渥太华市政府支持这个项目。可以去游说例如耐克公司赞助1000加元，可能耐克公司不愿意提供1000加元，而愿意提供20个篮球，因为耐克公司自己生产篮球，提供20个篮球是很便利的事情，或者提供类似的体育用品，也算是资金支持。所以政府起到了杠杆的作用，去撬动了整个事情。体现了政府的组织网络、公信力等我反复强调的权威性。总而言之，有了政府的支持，相当于获得了一个公益项目的证明，这件事就变成了一个具有公信力的社会公共的事情。

所以就社区营造的概念，最终是几方积极性和优势的一种合作和整合。通过做这些事情，就发现机构跟机构之间的协商，居民培养自己的参与的能力与情操，可以从私人领域走出来。所以不是说政府去弄一笔钱，然后找一个机构做完，然后居民就欣赏，而是要想办法把这个事情发动起来，然后大家一块来做成。可以说是理想的关系，或者说这是一个常态，这样做才不错。

采访人：请您谈谈对社区营造的寄语。

于海：社区营造一方面是改善我们的空间，所以当专业人士不再只是为资本服务的时候，改造出来的环境就具有人文的温暖。当专业人士为资本服务的时候，资本不需要那种人文尺度的景观，它需要的什么？需要超出人的日常的感官经验的、日常审美经验的，给你一种震惊的、宏大的、怪异的、刺激的感觉。所以当我们面对着生活世界的时候，专业人士对环境的改变就充满了这种人性关怀，而且充满着这种亲切的味道。

所以我对同济的老师们进入社区营造的微更新是非常支持的，只要他们一下去，他们手里面的活就马上变得亲切起来，因为不能再做那种大尺度的东西了。比如一个街区整片全部拆掉，搞成一个大景观的东西，现在也没有这么大的一个空间。这是我对他们的第一个肯定。

但是更大的肯定是，社区营造在这个过程中让人们知道，当我们自己直接参与改善我们的环境的时候，人的各种各样的人性的美好的东西都会成长起来，里面包含着对邻居的欣赏和谅解，对自己创造能力的发现，以及在人群中获得的社会尊重和重要性的评价。这是对空间的人性改变，也是对人的精神的一个改变。这实际上就是把人变得更加美好了。

文章整理：刘悦来、毛键源

走向自组织的治理
——大咖访谈之罗家德

罗家德，清华大学社会科学学院、公共管理学院合聘教授、博士生导师，清华大学社会网络研究中心主任。

采访人：作为一名社会学家，请问您是因为什么关注社区营造？

罗家德：社区营造牵扯面非常广，但参与社区营造的人主要有三类：首先是设计师，其次是社会学家或社会工作者，然后是公共管理者。社会学家往往在理论上关注的比较多，动手的就比较少。社会工作有一个非常大的分支叫社区社会工作，就是进社区做参与式社工，意思是发动居民走出家门，大家服务大家。公共管理者的参与，是因为牵涉社区政策，以及社区跟政府之间的关系，一个自组织能够在现代社会生存，第一需要政府的授权。比如搞一个养老协会，有很多志愿者和老人来参加，但某老人的子女说好来值班却没来，说好要贡献时间、金钱却不兑现。这就是自治理要处理的事，不能把人绑起来打一顿，这就侵犯人权。但是可以处罚这位老人和子女一个礼拜之内不能来活动中心，这需要政府授权。公共管理的人需要和政府协商制定什么样的自治规则。

我曾在中国台湾地区待过，那时候当地的社造刚刚开始，那里的社会学家朋友很有情怀，又有执行力。当时我注重研究电脑模拟模型和大数据，对乡村社造没太关注。直到2008年汶川大地震时，我去赈灾。刚开始当地找了建筑师设计抗震房屋，组织大家建房。但我想到了自己的社会学专业，于是规定建房不能找包工头，哪个村子有能力用“社造”的方法形成建房互助会，我们就出钱买钢材，送到村子。最后我们选定一个村落，这个村落各家各户沾亲带故，容易发动形成互助会。我们要求他们不能用任何外来包工头，必须全村人自己团结，把房子盖起来。

刚开始冲到灾区赈灾热血沸腾，在灾区待了半年，再加上有人愿意捐钱，就觉得有事情能做。但时间久了，自己的热情在下降。我开始思考，是不是要用社造的方法帮灾区村民重建，开始好好发展社造。于是就从2009年开始，用我从信义房屋募集的经费，开办社造班，在大陆宣讲、写书。

采访人：您在2008年汶川的赈灾重建工作为什么要求必须互助？

罗家德：我希望把我学到的东西应用在抗震救灾中。除了要求我的团队做一定的辅助的行政工作之外，我就要求他们必须要帮我做工作认识，简单来讲就是人类学观察。我总是旁边带2~3个助理，多半都是找来的志愿者，是川大、西南财大还有清华的学生。除了一股热情救灾之外，他们也希望有一些学术上的工作。后来他们都写了不少论文，也写了不少书，就在观察的过程中不断记录。因为那里避免了统筹统建或统筹自建，变成自筹自建。统筹往往是中央政府给贷款和补助。统筹统建情况下，钱就全都被收走了，不够还要大家再付，等全部房子都盖好了才把你送进去。统筹自建到了后来也多半容易这样。政府已经把所有的规划都做好了，也就比较难让非专业的这些居民来完成建筑。所以我们让他们自筹自建，才有可能排除外面的专业包工队，完全由自己来做。

采访人：您这样做的学术追求或者说学术目标是什么？

罗家德：我们已经出版了“社区营造专业教研书”系列，共有9本书。正在与刘佳燕老师编写的一本书叫做《社区规划社区营造手册》，是第十本书，主题是聚焦于操作性的。其他的书，有记录性的，也有理论性的。我的学术追求，一方面就是建构理论，即中国自组织体系是怎么建立起来；另一方面是将理论变成具体的社造手法，落实到实践中。

采访人：就社区建设而言，以前是政府公共行政政府来统筹，政府来包办；后来有公共管理，让企业来参与；再后来有公共治理，让居民来共同建造。从管理的效能上您觉得多主体的操作方式是否是更好一些？

罗家德：一个好的治理是市场、政府、社会三方都参与。理论上每一方的治理都会有其偏向。现在国家非常喜欢多元治理这个概念，指的就是共治、共建、共享。这是有诺贝尔经济学奖的理论依据的。三者如何融合而不相克，适当的调和是治理的核心议题。

诺贝尔经济学奖获得者埃莉诺·奥斯特罗姆（Elinor Ostrom）有一个研究，研究对象是纽约的公共治理。纽约曾经是全世界犯罪率最高、最恐怖的地方之一，后来犯罪率就降低了。因为市长鲁迪·朱利安尼（Rudy GiulianiIII）在任的时候，把警察主要的任务一分为二：一种叫做预防犯罪，另一种叫犯罪发生后的侦破。他把侦破案件的权力集中化，也就是政府由上而下集权式的治理模式。另外一种叫做预防，他就把它放到底下的警局，而且警局的长官和警员的考绩是由居民来打分。为何运用了不同的治理模式后，犯罪率有了大幅改善呢？当已经发生犯罪了，就要采用最好的仪器，派出最棒的神探。所以他就往上集中，让最优秀的人有最高的薪水，拿到最好的仪器。而预防不同，平常没事就把一堆警察送到街上天天巡逻，选民听起来觉得很好，但其实效率很低。把权力下放了之后就会发觉，一旦帮你打分的是居民，这些警察就天天到社区里去转悠，跟居民搞成一片，然后渐渐鼓励他们，通过教育培训让居民组成自己的巡守队。一有什么事情立刻打电话到警局。这就产生了非常好的预防效果，不会老是说都发生犯罪了，才来破案而已。

这就是典型的现象。已经发生犯罪的治理就适合由上而下集权式的治理模式。而预防的治理，就适合社区、社会治理。同样地，我们国家现在天天在讲大健康要进社区，也是这个道理。疾病发生了，治疗疾病是三甲医院的工作。三甲医院获得国家大量的经费，私立医院也要避免它变成人民的三座大山，所以政府补贴、保险都不可少。但有没有办法让预防追踪疾病工作进入社区，让社区的志愿者、社区医生去完成很多有效的预防性的工作。这一次在疫情期间，我们基本上就在是在紧急状况下做社区预防。所以经过了这次新冠疫情之后，我国政府开始对社区尤其重视，道理就在这里。以此类推，养老育幼等问题都是这个道理。

采访人：关于自组织，有很多人会疑惑应该怎么看待政府的位置。请问您对这种疑问有什么看法？

罗家德：有很多人，尤其是公共管理学界人士，一听到自组织就很害怕要失业了，政府要被排除了。可以说至少在前50年，社区营造中政府的角色只会越来越重要。听说在社造做了50年之后的瑞典，开始有人反社造。这时候政府或者外界干预的力量已经不太重要，因为社区的自组织已经被培育得非常成熟了，自治与自发展能力非常强了。但至少在这长达50年的过程中间，政府会越来越重要。因为工业化社会后，老百姓一开始没能力自己组织，需要被培训、被诱导、被激励。政府的重要性持续增加，由干预者变成自组织的诱导者、培训者、政策的赋予者、自组织落地过程中重要的协商伙伴。

首先，在政府工作内容这块。例如中国台湾，任何地方政府都是从服务和规划的提供者、组织控制者开始转型，变成课程和公共政策的提供者、社区自组织的培育者。但一个社区牵扯的工作内容面太广了，在中国台湾分到6个管理部门（观光、交通、文化创意、民政、保险、医疗健康），叫九龙治水。在一段时间就产生了六星计划，比如以县为单位的话，县长要亲自带领6个管理部门的负责人或副负责人，社会组织的代表，大家一起来开会，把做事的权利弄清楚。埃莉诺·奥斯特罗姆（Elinor Ostrom）把这叫做宪法规则。本来在工业时代这些都是政府在做的，现在如果什么资源都没有就把权力交下来，那叫甩锅。所以居民就会说我们负责养老，但是要给多少钱，要给多少公共空间，要给社会政策。这是一个授权的过程，授权过程就在六星计划中间执行了。大陆有一个更特别的现象。我喜欢说是成都模式。成都在党组织领导下建立了“社治委”，由带头的成员带领下解决社区居民自己的事情。其实就是党员赋能、授权的工作，用党的力量去协调工作。

其次，如果社区组织已经被培养得非常好了，政府还是有很多工作要做，但不是在社区内，而是在社会多方协调方面。例如好的社区治理是多层次的，包含了三甲医院、派出所、社造中心，在大城市往往一个街道就具备这些组成成分。所以街道的社工站加上街道的基层政府，其实都变成了一个社区内两种体系的志愿者，它的治理还是两者结合的。所以政府永远不可能退出，我分成前期和后期，前期政府还要扮演授权培育赋能的角色，后期还要扮演社区治理的伙伴关系，而且需要因地制宜，是在不断演化的过程中间协商。

采访人：刚刚您提到社工去社区进行摸底。这里有一个概念，就叫做共治。这是一个为了大家共同把事情摸清楚的方式。多方去融合的时候，是需要一个中介平台、一个共治的机构，或者共治枢纽。请问您怎么看待这件事？

罗家德：我也在做实业，但是规模比刘悦来老师的小很多。刘悦来老师非常有野心，要做到1万个社区花园，我就是做了一个小小的实验，在西城区的大石湾，也成立了一个叫做“群学”的NGO，算是社区营造的枢纽型社会组织。成都也做得不错，他们有非常多的社区基金和社会服务外包基金，一些组织就是社会枢纽型的社会组织。而且他们具有一定的政府功能，让一定的政府资金开始下放到这些枢纽型社会组织。

除非社区社会组织已经发展成熟到做联合会的阶段，要不然还是需要平台，枢纽型社会组织，居委或者街道来发起多方融合。当然这是要有权力的单位参与，各地情况都不太一样，有的权力下放到街道政府，有的下放到居委会，有的在更上层的政府机构。比如说四叶草堂在地方有足够影响力，地方政府街道政府愿意听其意见，又让它来发起工作。而这里往往包含几方力量：一方是枢纽型社会组织，一方是社区社会组织及其代表，一方是居委，还有一方是物业。

阿甘（吴楠）所做的既是社区志愿者联盟，又变成了一个枢纽型社区社会组织，在他们的社区发动了每一个星期进行日常事务协商。还有想办法制定所谓的宪法规则，授权的多少看每个地方政府的分权情况。比如有的地方政府权力不下放给街道，需要向上走，找市政府商量。

采访人：请您谈谈对社区营造的寄语。

罗家德：共享、共治，我们希望真的做到有科技智能，提供居民非常丰富的社区服务，从而营造出一个幸福的社区。

文章整理：刘悦来、毛键源

回归现实生活的社区营造

——大咖访谈之童明

童明，东南大学建筑学院教授、博士生导师。

采访人：您如何解读“社区营造”的方法和目标？

童明：社区营造很多方法，也有不同的发展目标，所以“社区营造”处于一种非常多元的状态，很多事情都叫“社区营造”，是百搭的局面。但实际上社区营造的目的和功能差异非常大，比如社区文化建设、居民自治组织，都叫社区营造；像社区微更新，如刘悦来老师做的社区花园，积攒社区共同感和社区意识，也可以称之为社区营造。因此，这个词语实际上是比较宽泛，它的内核不是很严谨，具有宽泛的适应性。

所以其中的共同点是“社区”两个字，关于“社区”这个话题，还是比较有历史渊源与学术根源的，当然从社会学的角度讲，可以讲很多。从最早德国有一批人，斐迪南·滕尼斯（Ferdinand Tönnies）、马克思·韦伯（Max Weber），当他们在描述社会构造的时候，使用了“社区”这个概念，来描绘某种对象。社区的概念实际上自古有之，但它变得比较明显而引发关注，应该是在社会变革时。因为原来的社会结构体瓦解了，只有在这种状况下，你才会意识到社区这一事物。它的存在性以及它面临的挑战与危机，你这个时候才会意识到社区的提法，广泛应用在各个层面上并被加以讨论。

当然在建筑学或城市规划领域，这是一个非常重点的话题。实际上，现代城市规划和建筑学很大一部分是从社区的视角来进行的。也就是说，一群怀有共同志愿的人，如何来实行一种共同性的生活。从夏尔·傅立叶（Charles Fourier）和克劳德·圣西门（Claude Saint-Simon），很多法国社会主义者提出的概念，实际上都指向社区。当然，怎样去建设一个社区，有非常多实体性的构想，如霍华德的田园城市就是一个大的社区概念。但它的问题也在于此，一旦营造或者建设，变成一个实体性的时候，它的问题就来了。所以，在19—20世纪以来的城市发展历史中，大量的这种居住环境的建设实际上并不成功。

所以，社区建设实际上在历史发展中一直都在变化，这一变化也指向不同的领域，短期之间在集体与个人之间来回震荡。关于集体与个人，这是一个永恒的大话题。社会治理就是在这两个极端之间如何移动的问题。从集体性和公共性角度来推进这种建设，大体上反映在二战以前，特别是以欧洲很多城市的建设为基本代表。当然二战以后，会泛化到很多城市重建和郊区化发展，这就延伸出很多社会问题，并没有这么容易针对性解决。因此，20世纪50年代以来，社区的发展过程中，实际上更多地强调个人，也就是市民和居民如何能更多地有权利参与社区共建，而不是说是由某些权力者或资本家来控制。将原先比较涣散的社区精神或集体主义，通过社区建设更好地凝聚起来。因为，在自然的城市演化过程中，如果缺失了集体性或共同性的行动，整个现实环境就会遇到大问题。因此共同行动，它会成为一个议题。“社区”也是可大可小，小到前后邻里、自然聚落，大到整个“地球村”。例如大家如何应对气候变化等共同的威胁与挑战，也可以转化为一种社区的工作。

采访人：您如何看待“社区规划”这一概念及其当下面临的问题？社区规划与控制性详细规划的关系是什么？

童明：在当前的语境下，社区规划是一个非常重要且必要的事。因为规划的含义就是资

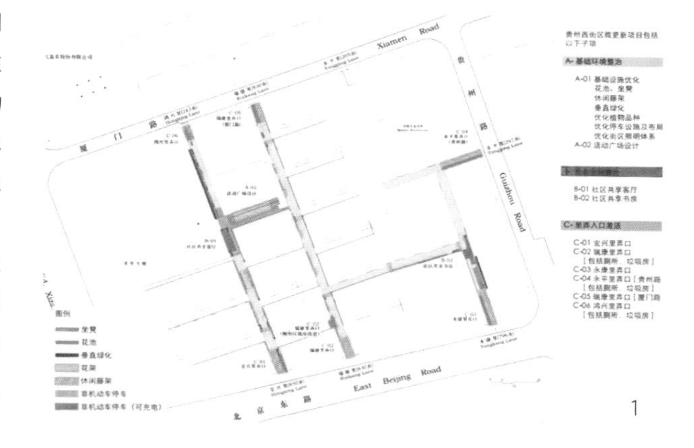

1

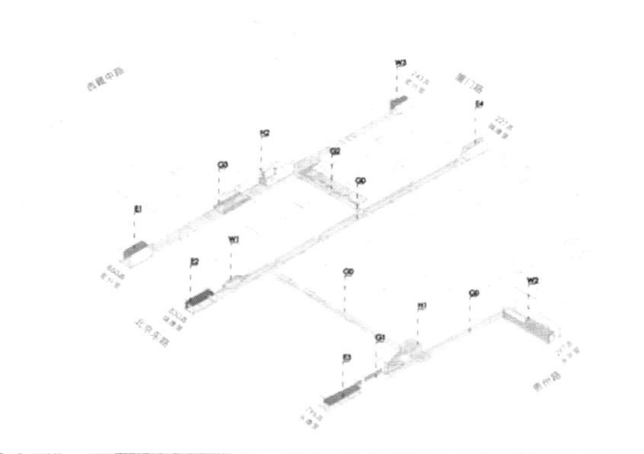

2

3

4

1.南京东路街道贵州西里弄更新
2.南京东路街道贵州西里弄更新
3-4.南京东路街道贵州西里弄公共空间微更新对比

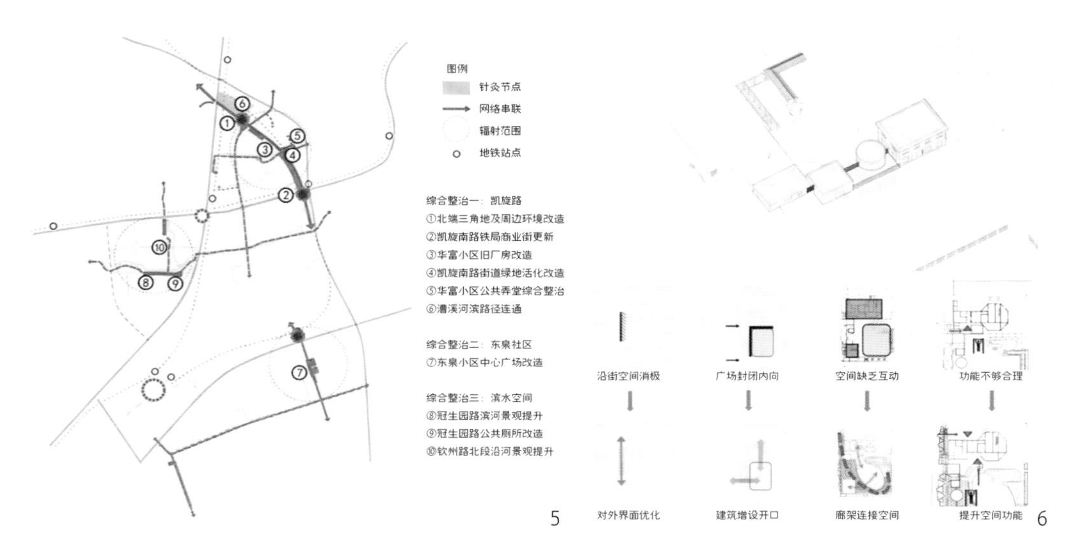

源分配的过程中，如何恰当、合理、有效地分配。否则，似乎是热热闹闹做了很多事，资源的浪费可能是更大的结果。最后也不知道要形成什么结果，导致一种无休无止的、重复性的简单操作。

因此，社区的对象、问题、解决方案是规划本身内涵的特质。如果没有这么一种结构性的措施与行动，大量的行动就会散化。但是它又不等同于常规的城市规划。因为常规的城市规划所涉及的对象是物质——城市的基础设施、城市的空间、用地配置等，对于社区而言，涉及了大量具体的人，千差万别的人的群体，故而社区规划不仅对于物，也针对于人。而人恰恰是不能规划、难以规划的。所以这个话题，我认为依然有深化研究的需求。它与控规和详规，我们老的概念没有很大关系，应该是完全不同的领域，只是在思想根源方面有共同性。控规和详规更多是土地的分配，社区规划就不是指的这个议题了，而是集体生活的构造。

采访人：作为建筑和规划的资深教授，请您谈谈如何在这两个领域推动社区营造的研究和实践？

童明：我认为建筑与规划这两个领域本身不可分割，它们是被某些趋向做了分割。本质上，现代建筑的动因与城市相关，只不过在很多场合，把建筑逐渐跟外界环境断离，成为一个作品。如果将建筑当作艺术作品的方式理解，这是跟社区议题不具备太大关联性；如果建筑本身就是社会或日常生活的营造方式，其本身也是一种规划。因此，建筑师在这一层面上，就带有谋划的设想，要考察具体的人、周边环境存在的问题以及如何解决。

实际上，我们需要对这两个领域要做更多反思。城市规划同样也是，在过去20~30年扩张期间，无论是整体规划、修详等，都是为资本的发展来做贡献，关于土地的划分与资本化的过程，都是做工具性的工作。本质上，规划实际上是集体社会共同愿景营造的内容。到目前为止，城市规划的导向已经迷乱了，如何能够更好地回归本质，需要回归历史。城市规划的历史起源带有非常强烈的社会关怀，是从公共利益的角度有效、公平分配公共资源的问题，资本化是其反对的问题。因此，我觉得社区议题是一个良好的契机，帮助我们重新审视并回归专业本质。

采访人：您觉得社区营造中的空间设计特征是什么？如以您在昌五小区、贵州西里弄的实践为例。

童明：作为作品的社区空间是把空间和背景（社区居民日常生活）断离了。我们如何来理解社区环境中的空间？空间如果在社区语境中谈论，实际上“设计”两个字是有问题的。因为已经用了“营造”这两个字，它实际上表达了不是做建筑作品的建筑师，而是为居民谋划的建筑师；不只是一个艺术化的空间或造型，而是如何通过建筑师的工作来组织、优化社区的日常生活。

这类项目主要的目标是让居民回归他的集体。如何在真实的现实生活中，发挥它的作用，激发社区里的公共性、集体意愿与公共生活组织。这就是我们工作的切入点。比如说贵州西里弄，针对里弄居民生活的一些交接点，我们很关注居民回家的几道门，里面原本很脏很黑，就像通过下水管道回家一样。昌五小区同样也是，整个社区是20世纪90年代盖的，现在小区停满了车，地面空间都被占用了。而住在老旧小区的居民，在社会心理上也有自卑性。那么，通过社区空间的提升，他们对社区的认知会有不一样的感受。

社区营造作为一个契机，居民可以将日常生活的愿景提出。改变他们由于特定的制度，以往很难参与到公共生活中来的状况。无论居民的观点从正面还是负面的角度都可以表达。实际上我们遇到的情况是，居民很多的想法都从负面表达出来。这也成为一种挑战，如何通过设计去包容、转化、协调居民的意愿。这个过程如同一种规划，它建立了一个框架，很多意愿可以协调、叠加进来。最终就是如何让这些公共性资源的投入，在困难重重的社区环境中，有效地落地。一方面提供了公共空间、基础设施等物质性建设，另一方面借助物质空间建立，居民的愿景和观点能够整合进来。这是我们团队所理解的社区营造的工作。

采访人：作为社区规划师，谈谈履行这一职位的期许，以及目前面临的问题？如以您在漕河泾街道的实践为例。

童明：我觉得它已经成为一个现实了，并不是说希望社区营造这场运动能变得多大，它已经成为一个不可或缺的生活必需品了。因为存在大量的小区或者说城市的这种环境，它在接下来的阶段里面，必然会这样持续下去。

首先，在社区存在的几十年或上百年的时间里，就像一个人可能会生老病死。社区营造就如同一个健康医生或医疗体系，它是一个必然存在。其次，在社区营造的过程中，也不存在灵丹妙药。这是一个自然规律。如同人肯定会死亡，社区也会衰败。因此，在这个过程中，政府需要整合专业和社会的资源去解决不断冒出的问题。它是一个恒久性的问题。

因此，我们不能以传统的眼光，认为建设完了项目就结束了。也就是说我们在过去二三十年间的这种操作模式，确实是到头了。如何从公共视角，来看待整个多元社会的话题，是当前社会主要面临的思想的转型或者观念的转型。

采访人：请您谈谈对社区营造的寄语。

童明：社区营造，首先它是一个持久的事情，不是单一或一揽子可以解决的事。它需要大量的公共参与。因而也需要很强的包容性。其目标价值或行动导向是如何在一个很大的差异化环境中，去呈现包容性的问题。因此，对建筑师和规划师最大的挑战，就是面对这种新格局。

现行教育中社区规划的导向，更多的是被脱离实际生活的一些因素所牵引。所以如果说用一句话来回应的话，就是社区营造应当要回归现实生活。

文章整理：刘悦来、毛键源

5.漕河泾街道社区综合整治
6.漕河泾街道东泉广场空间结构调整策略

在地共治组织与公众参与
——大咖访谈之侯晓蕾

侯晓蕾，中央美术学院建筑学院教授、研究生导师，建筑学院十七工作室导师。

采访人：您认为在社区营造的“全过程”中，是不是涉及到很多非本学科（空间设计）的领域？这其中有哪些是必不可少的？

侯晓蕾：社区营造在不同的学科里，定义可能不完全一样。对于空间设计类学科来说，往往咱们是以空间作为切入点的。对于公众参与，是让大家一块儿设计一个空间，接着把这个空间建设出来，最后讨论如何去维护它并让它可持续。但是像社会学专业，可能是以某个特定的事件、某一个活动、某个让大家达成共同一致的议事为切入点开展社区营造。因此，我想社区营造在不同的领域里面定义是不一样的，其实具有非常多样性的诠释。

从空间设计的专业切入开展社区营造有一定优势。其优势在于，把空间设计作为切入点和媒介，可以从专业的角度把空间设计和居民公众参与结合起来，为居民提供空间设计方面的指导。同时，可以将空间设计——这样一个实体的物质空间作为最终的呈现的效果。

而社会学等其他领域切入社区营造也有很好的工作路径，但是跟空间设计类专业相比有很多区别，呈现的效果和最终目标不一样。有的是以这种实体空间为最终呈现的；有的达成了某个一致的机制或者议事的结果。有的共同推出了相关条例；有的培育出来不同的社区能人。所以，各个学科领域的社区营造最终呈现是非常多样化的。但是共同点，它们的核心和重要意义都是公众参与，并在此基础上共同促进社群的发展建设。对于我们空间设计类学科而言，就开展参与式的设计，整个过程分为参与式的共建、参与式的后期维护机制为三个重要节点。

采访人：社区营造涉及公众参与、全过程等理念，对风景园林学科的重要的意义是什么？

侯晓蕾：我觉得从风景园林学科来说，一直以来它就是以人的角度作为出发点。但是随着专业发展，它渐渐融入了各种尺度、各种科学技术、生态策略等，变得越来越科学和技术化，也产生了很多基础化的这种手法和策略。但是其实这个学科的出发点本身是从人出发的，我觉得随着国家也在提倡人民城市这个角度，风景园林也会越来越回归到这个学科的本质。

从这个角度来看，最早的风景园林是从人身边的这些花园开始，到了今天，我们仍旧是做人身边的花园。只是从原来的私家花园转向了服务于公众的公共社区花园。其本质没有变，发生变化是在公共性上。从二者对应的英文单词来看，再小的公园也是“park”；再大的花园也是“garden”。原本我们将“garden”的内涵局限于“私人花园”，而当下的“社区花园”增加了“社区”的概念，大大拓展了以前我们对于花园的认知。今天的社区花园，其概念界定在传统的garden和现代的park之间。总的来说，社区花园突破了我们以往对花园的认知，但是其本质内涵并没有偏移，它的转变甚至是风景园林学科的回归性过程。

采访人：您说得非常精彩，是以人为本的回归，也是从私有属性到公共属性的进步，风景园林学科在社区营造中的意义是重大的。您刚刚提到社区营造的全过程，包含设计、建设和维护，尤其是运营维护，以前的小区是不太有涉及的，您可以就这方面展开谈谈吗？

侯晓蕾：其实我觉得它的意义也在于以人为本，原来总把以人为本作为设计的出发点。但实际上从花园后期管理维护的角度来说，也应该以人为本，要发挥人对于花园养护的责任。因为特别是对于老旧社区，它不像商品房小区缴比较充足的物业费，所以其实老旧社区的物业是很难承担得起社区公共空间的后期维护费用。应该发挥社区成员的主动性，通过认领、认养等后期维护机制一起来养护花园。由此可见，全过程的公众参与对社区花园非常重要，否则即便建成了，也很难保证社区花园后期的存活和可持续的延伸。总的来说，社区营造实现了居民从使用者到责任者的角色的转化。

采访人：在用设计对位相应的治理问题时，这些是需要别的学科还是通过空间的成果来呈现？

侯晓蕾：需要通过咱们空间成果的呈现来体现它，这需要在做社区营造和社区花园的时候把这个问题思考清楚，我认为这其中包含五个方面内容。

第一个方面是社会文化治理，它强调社区归属感和原真性塑造。文化治理并不只是把历史文化挖掘出来，或者挖掘各方面很高大上的一些内容。而是侧重于这种原真性，通过推进基层社区治理——讲普通人的故事、增进邻里关系等以生活方式的原真性去推进社会治理。除此之外还有社会需求治理、社区的活力治理、层级和网络化治理、机制治理。

我原本也是从空间设计切入比较多，但是经过这几年实践之后，逐渐开始尝试将空间设计和社会治理换位思考。先从社区治理的上述五方面去梳理，然后

1.史家胡同微花园设计发动多方互动活动
2.史家胡同微花园项目改造完成效果
3-4.史家胡同15号——时光花园改造前与改造后对比

以此为基础再对应相应的空间设计。这就是我从社会治理和社区治理的视角下切入社区公共空间的微更新设计的思考。

社会治理和社区治理提供了一个视角，然后通过这个视角去审视如何做空间设计。这提供了一个理论框架和研究方法的路径。

采访人：您认为考量了上述五个治理维度的空间设计是否具有一定的空间特征呢？

侯晓蕾：上述五个治理维度与空间是一定会发生链接的。我们对一个社区做公共空间设计，对于社会文化治理，要注重设计对于社区的归属感和原真性的挖掘；对于需求治理，会注重整个社区的微空间的挖掘整合设计，例如对于活力治理，就会用触媒去激活；对于层级化与网络化建构，就会侧重构建社区的慢行系统；对于机制治理，就会开展很多共治共享维护机制方面的建设。各个不同的治理视角有不同设计的侧重，它不只是方法论或是仅仅停留在理论层面；它与设计目标与结果密切相关，利用这些视角可以推演出目标明确的社区治理式设计，所以也称其为设计治理。通过上述方法论，设计就不会仅停留在纯粹为了美、形式的层面，而是演变成综合的治理式设计过程。

这套方法论实际是将“美学”设计转化为设计治理的路径。其实就是想为大家从事社区更新和社区营造的所有设计者提供一种视角，这种视角衍生出菜单式的工作路径，不同的设计者可以在这个菜单有各自侧重的选项。通过这种方式给大家提供社会治理总体框架，使得设计工作者以一个相对全面的视野去思考社区营造这件事情。我们团队是从2013年开始就专注城市更新，特别是社区更新这一块，上述谈到的每个角度都有真实的案例做支撑，它的真实性、有效性是经得住推敲的。

采访人：您提供了方法论，还提供了可操作的空间要点，您是将设计治理变得可触摸、可讨论、可深化了。您刚刚提到的社区治理平台主要包括哪些方面的内容？

侯晓蕾：是的。我认为这里面主要包括三个方面的内容。其一是资源高效整合的共享平台，它是比较难操作的，它需要在社区营造的前期分析、后期运营、维护机制的制定全生命周期发挥作用。其二是动态弹性的框架平台，它需要结合不同的社区的治理导向，发挥各自的特点，并有各自的特色的路径。其三是如何保证多个利益方能够真正共享共治和多元参与。这牵扯到运行机制，它如何通过多个利益方使之可持续地运行起来。

总的来说，对于社区营造，如果它能把资源整合、动态弹性、多元参与的运行三合一开展，平台就是比较成功。

采访人：关于这个平台，您有没有一些实践案例可以举例具体谈谈的？

侯晓蕾：比如说我们在做史家胡同微花园的时候，就有一个史家风貌保护协会，它实际是一个社会组织，通过该协会聚集了各方，包括政府、高校、责任规划师、对于社区营造感兴趣的能人等群体。以这个社会组织为连接点建立了平台，带动了10家社区胡同周边的绿色微更新项目运行。所以其实平台不需要特别大，甚至是可以以社区和居委会为单元，越基层可能会越有效。但是回到刚才我提到的三个方面——资源整合、动态弹性与多元参与，不同平台的项目开展模式是不一样的。刚刚我举的例子只是一种模式，期待着大家在不同的项目上探索不同的模式。

如今我们的项目已经在思考这个平台的建设内容了。例如做新鲜胡同的微花园示范中心的时候，就是以一些公益组织为基础集结各方：政府、设计方，居民等先搭建起来一个平台。再把这种方式在老旧社区实现的时候，它又有一种转化。北京老旧社区往往是属于一些街道的，各个街道面临的问题各有不同，需要具体问题具体分析，因此构建平台是比较重要的。

采访人：作为北京的责任规划师，老师怎么看待责任规划师与平台之间的关系？

侯晓蕾：责任规划师肯定是平台的一个重要组成部分，它分别在统筹和具体项目两个方面发挥作用，具有宏观和微观层面的双重角色。

在统筹方面，北京的责任规划师是与街道对接的，他们需要与街道一起去思考社区如何做整体发展、平台如何去构建。

在具体项目方面，责任规划师的推动作用也是非常重要的，但是他承担的角色不完全一样。比如说史家胡同、我们之前做的老城微花园示范中心等项目中，我们不是责任规划师，责任规划师请我们来，然后跟我们一块去推动这个事儿，在这里我们是作为设计方；当自己作为东城区和通州区的责任规划师时，我们一方面与政府一起作为决策者，同时也作为设计者参与设计。所以责任规划师有时候作为统筹者，不一定亲自参与设计；有时候可以作为设计者；有的时候需要承担双重角色，它的角色是多样的。

采访人：您怎么看待北京责任规划师与上海社区规划师之间的异同？

侯晓蕾：我觉得北京的责任规划师跟上海的社区规划师还是不太一样的。

北京的责任规划师包括两方面，为街区规划师与社区规划师，分别对应着我们工作的两个侧重点，街区更新与社区更新，宏观和微观都有侧重。而上海其实更侧重于社区更新，所以叫社区规划师。所以我认为在构架方面，北京与上海有所不同。但是我认为即使是在社区层面的工作，也需要规划师与街道一起去讨论街区如何更新的问题，也需要考虑宏观问题。

采访人：您怎么看待我们目前社区规划、社区更新计划在街区尺度方面所面临的问题？

侯晓蕾：我觉得每个地方所面临的问题不太一样。以北京为例，北京一个街道一般包含4~6个街区，有的更多一些，有的稍微少一点。在街区中不只包含社区规划的问题，还包含街道整治、城市更新等问题，不是所有的问题都可以囊括在社区这一个层级中的。所以我认为，更新的推动，街区层级和社区层级还得分开来看。街区层级尺度更大一些，它包含了历史文化保护、多建设用地等更复杂的问题。而对于社区更新，是在处理以居住为主要功能的片区问题。这两个层级的更新问题需要分别以两个思路对待，具体问题具体分析。

采访人：您怎么看待社区治理中多方主体的理想结构关系？

侯晓蕾：我觉得这个也是要具体问题具体分析。平台建构很大目的在于厘清各个角色之间的关系和定位，不同的社区更新可能构建不同的平台。在具体的社区更新中，平台构建得越完善，各角色间的定位和关系梳理越合理。

所以其实又回到了刚才的问题——平台是社区营造关键。如果平台能把资源整合、弹性动态和多元参与这三个方面的特点建构清楚，我想角色关系间的梳理问题就会处理得比较好。需要多少角色进入、角色间哪些发挥主要作用、哪些发挥次要作用、在整个网络上面各自发挥什么作用等问题都可以放在平台上处理清楚，如果平台建设得比较完善，这个问题其实就迎刃而解了。

采访人：您在做的微花园已经取得了一定成果，最后想请您谈一谈在小微公共空间的景观更新方面下一步的实践展望。

侯晓蕾：其实现在拓展的不只是在社区领域，作为责任规划师、空间的规划设计者，希望能在空间上有所联动，探索更多整个城市更新的问题。我们希望基于更新角度去探讨微更新问题，往往习惯“在社区里面看社区”，但实际社区的很多问题不在于社区本身，而在于社区外的整体性问题。换句话说，基于街区层面的思考会引发我们对于社区层面更客观的思考。

其实我们思考的所有的问题都关联到城市更新的问题，也就是如何把城市的消极空间变积极。我们团队从2013年专注到城市更新之后，做了各个更新方面的探索，如微花园、桥下空间更新、城市剩余空间更新等。我们一直在推动如何能够挖掘更多的城市公共空间，然后把这些现在看似比较消极的，没有发挥出它本身的土地价值的空间转换成更积极的空间。换句话说，更新的目标与理想都是对于空间价值的回归，以及对于人们生活品质的提升。

所以不能站在社区层面看社区问题，而是要站在整个城市问题层面上，甚至下一步可以统筹城乡一起去思考，这是我们的理想和目标。如果能够看得更远，能够思考得更加深入，能够把实践做得更加实际，能够拓展到更大的范围和领域，这样我相信能够把社区问题认识得更加的客观和综合。

其实我们也写过关于桥下空间的探讨、自然感知等文章，都回归到了风景园林的本质问题——思考人和空间的关系。社区空间是如此，城市的其他空间其实也是如此。社区是城市的缩影，如果想把这一类问题思考清楚，我们要站在社区里看社区，也要在社区的层面之外看社区内部，这是需要我们共同去做的，也是我们一直在探索的。

文章整理：刘悦来、毛键源

社区营造中的居民深度参与
——大咖访谈之李晴

李晴，同济大学建筑与城市规划学院副教授。

国家社会科学基金面上项目“旧城微更新中居民参与机制优化研究”（批准号：19BSH018）

采访人：设计在社区营造中发挥的作用是什么？

李晴：在通常的城市规划设计项目中，规划设计师主要是针对任务书，完成甲方所要求的规划设计工作。但是对于社区更新而言，设计工作在改善物质性空间环境的同时，还具有推动社区发展和社区营造功效的潜力。首先，对于社区更新项目，设计方法论需要改变，设计不仅仅是设计师的独创和奇思妙想，而是结合在地性知识、满足居民更好的日常生活的场所营造。其次，居民应该深度参与到项目的规划设计之中，因为规划设计本身就是社区营造的重要过程，同时居民的深度参与能够使得社区更新融入更多的在地性知识和居民的奇思妙想。这样的话，每个社区营造的结果都不一样，多彩多样。

采访人：设计在社区营造中的实施路径是什么？

李晴：我认为目前政府引入第三部门社会组织的做法是很好的，可以将设计机构主导的更新设计与社会组织主导的社区营造有机结合起来，这样看来，更新设计的路径就是社区营造的路径，更新设计是手段，社区营造是目的。两者有机结合起来，是对传统设计方法论的一个颠覆。当然，要警惕社区营造只是做了一些表面文章，实际作用甚微，当第三部门社会组织离开了以后，社区营造整个就停滞下来，维持社区持续自我更新的造血功能没有体现出来。社区营造可持续的关键就是实现社区自我能力增长，自我管理，共建共享。

采访人：社区营造中的精细化问题？开展社区营造的理想结构是什么？

李晴：理想的结构当然是由居民唱主角、企业和政府提供资金支撑和监管、第三方作为配角协助。其实，政府也是“主角”，指引着社区营造大体的方向，只是退到幕后了；第三部门是看似在前运作，但它应该是个配角，居民才是真正的主角。因此，对社区营造第三部门参与社区治理的成效进行考察，就应该听听普通居民的反馈。

社区营造现在面临的问题是有时候对美观面子上的东西关注较多，对于居民内在需求的聚焦不足。因此，对于撬动内生性动力的办法不多，把政府部门之间条与块的矛盾、政府与居民、政府与社会组织等等之间的责权关系理顺清晰。第二个问题是资金的问题，如果仅靠政府输血，可持续性很困难。第三个是属地企业和机构的全社会参与，社区营造不仅仅是政府跟居民双方的事，而是全社会都应该关心，所有与此相关的资源都应融入其中。在一个普通的街道行政辖区内，会有各种各样的企业和机构，有些是政府的，有些是私有的。很多企业具有奉献社会的精神和主旨，应该把这些人力、资本、社会关系等资源动员起来。

采访人：城市走向存量更新，如何看待重大问题？

李晴：进入存量发展时期，城市建设的主要对象就是城市更新或社区更新。人民对美好生活的向往就是重大问题。存量更新涉及产权，这也就意味着多方产权主体参与。这种关注于多方利益主体的参与式规划可称作communicative planning，也就协作性规划，规划设计方案不仅仅是规划师的创意，还需要多方沟通与协作。

采访人：如何看待社区规划？

李晴：目前的法定规划体系没有包含社区规划，这是一个遗憾。将来可以通过立法，强调和规范社区规划，深化社区规划的编制内容、程序和管理机制。

社区规划关注人，是包含经济、住房、交通、环境、生态、基础设施等多方面的综合性规划内容。西方国家的一些“城市规划”名称干脆就称为“community planning”，也就是“社区规划”，强调了城市规划的社会性导向，把社会规划、经济规划和其他物质空间规划等都包含在内。经济是很重要的社区规划要素，如果一个社区的就业没有很好地解决，所在地域经济发展缺乏动力，社区居民失业率高，随之也容易出现物质衰败的问题。目前一个好的做法是强调15分钟步行生活圈，这是包含了多要素、比较综合的规划，尽管一些生活圈规划强调了居住、出行和休憩，而没有关注就业岗位。精细化的15分钟生活圈规划如果做得好，就是个不错的社区规划。

采访人：您讲到开始咱们现代化治理这个事，您觉得现代化治理的语境是什么？您刚提到了一个是说政府花了钱，但是居民不满意，关于这一点您有什么更多的看法。

李晴：治理现代化是一种全球性思潮，始于1970年代的西方。那时欧美的政府有点像“大政府”，负责很多公共事务，包括住房、就业、教育、医疗、救济等很多方面，后来撒切尔夫人和里根总统上任后强调市场效率，搞私有化改革，启动新自由主义浪潮。新自由主义就是反对“凯恩斯主义”，强调“小政府”，把很多政府职能剥离出去，用购买服务的形式强调效率，就是说由政府买单，具体怎么做交给私人企业。在这种背景下，政府放手公共利益，私人企业追逐利润，社会公平可能会被忽视。这样就需要治理，就是说老百姓，或者代表老百姓的社会组织，也需要参与到公共管理之中。1980年代、1990年代就出现了治理的思潮。我们国家的治理现代化也受到这种大的思潮影响，政府、市场之外，很多东西可以放手让社会组织去做，不是政府全包了，也不是完全靠市场购买，而是代表居民的第三部门要有发言权，有参与重大决策和参政议政的机会，有决策权利。当然，这是一个比较复杂的问题，需要平衡效率与公正两者的关系。

采访人：关于获奖的、完全自下而上开展更新的弄堂，它获奖的点是在哪些方面？

李晴：它最大的优点就是自下而上，这种方式比较少见。这个更新案例是在地居民，甚至是外来租户，大家凑钱一块干的。这个案例不像一些地方更新项目做完就结束了，而是持续不断地演变。开始这片居民做了半条里弄，然后旁边的居民觉得效果很好，也自发更新，所以这条里弄就有了慢慢生长的持续性特征。有意思的是，在窄小局促的里弄空间，他们还建设了“社区花园”，将一小块地填上土，然后种了很多菜，茄子、丝瓜啊、南瓜、黄瓜等。到“丰收”摘“果子”的时候，大家就一起把摘的蔬菜炒熟，一起在里弄摆上长桌聚餐。所以这种从决策、出资、改造、种植、享受、聚餐，再到一期、二期自发持续生长，是真正的草根式社区营造。这些行动无疑强化了他们的社会关系和邻里互帮互助，在地居民的社会资本、社会凝聚力都得到极大提升。

采访人：自发性质的案例其实经常会面临一个管控的问题，可能会涉及到加建、破墙开店等，这类问题该如何处理？

李晴：首先应该在合理合法的框架下进行。在刚刚那个案例中，也有加建，如搭了一个雨棚、做了凳子。因为靠近一个菜场，外来摩托车来往穿梭，搞得居民在弄堂里行走很不安全。后来，居民自己想办法做一些装置，迫使摩托车改道，这样弄堂变得很安全。再比方说居民为了种菜，在弄堂的边角填了一点土，改变为邻里小花园等等。这些都是居民做的一些特别小的改变，都很好，特别有智慧，为了公共利益，在某种程度上没有触犯法律。而破墙开店是触犯了相关的法律法规，加之有些乱搭建，为了个人利益，是需要谨慎的。

反观这个里弄案例，居民们是把个人攒下来的乱七八糟的杂物拆除丢掉。如果政府去做，需要花费很多说服的精力，动用人力，才能清理杂物，而弄堂居民自发就干完了这件事。所以在某种程度上讲，他们不是让空间更加糟糕，而是把使用空间变得更大了。这种“自发”跟你说的可能还不一样，你说的“自发”可能还是以个人利益为主，而前者是集体自发的社区营造。

采访人：我有个疑问，就是关于因为自发的自下而上，它有时候会跟自上而下的管控制度发生冲突。比如说破墙开店这个事情，对于沿街建筑的话，可能对于居民来说，他们都需要这样一个商业设施。

李晴：这个问题有些复杂，如果居民确实有这个需求，从逻辑上讲政府应该要有作为。破墙开店这个事情是全国性的，至少在上海是全市性的，所以制定相关的法规法律会很微妙。有些老旧小区可能是危房，破墙之后，结构上可能存在不安全的因素。我国由于快速的城市化，短时间大量性的开发建设肯定会存在一些缺陷和不足，不可能一下子立刻把这些问题都解决掉，这需要一个过程。老百姓也有自己的诉求，如果简单立法，那为什么说这家可以破墙，那家就不可以呢？这会产生很大的麻烦和难题。所以建议可以采用特别规划管制的形式，依托社区规划，通过研究和评估，制定仅针对某个特定区域具有法律效应的特别规划管制区，如XX街商业提升特别规划管制区，它只在局部地区生效。这个特殊性的法规需要经政府通过，当地居民也要参与到特别规划管制区的认定评估过程之中。当然，经过一段时间的试运行和检验，如果关于这个特别规划管制区的法规在全市具有普适性，能够有益于居民生活和城市经济发展，就可以推广到全市。通过集体决策，制定相应的管控政策，该拆的拆，该封的封，该开的开，这样就会比较有效，大家都是按照法律法规行事。

采访人：您怎么看待第三方社会组织在社区营造中的具体作用，它应该符合什么标准？

李晴：简单来说，做的东西好就行。第三方社会组织首先要发动居民参与，想办法给居民赋权，然后给居民赋能，最后实施效果令人满意，居民的获得感和社会凝聚力得到提升。同时需要看到，社会组织是与整个社区营造系统关联起来的，如果政府关于参与的机制没有理顺，没有打算赋权，社会组织就很难达到目标。目前一些第三方社会组织得到政府的支持，但总体讲一些实质性的内容需要进一步明确和提升，这个新鲜事物的完善还需要历时性的积淀和检验。

采访人：比较专业的第三方组织里面应该有各种专业的人做支撑。

李晴：对，社区营造是营造社区，相对来说更强调社会性。很多社区营造机构的人员不太懂设计、规划，这没问题，他们可以找规划设计的专业人士合作。但是社区营造机构在社区赋能上需要有自己的一套办法，赋能实际上是非常花时间和精力的，政府在这方面设置专门性资金，能够促进社区营造的有效开展。

采访人：我们这个学科空间设计，第三方组织还有一个问题是它的可持续性。

李晴：对，从事社区营造的社会组织成员，也需要活下去，需要政府和社会在资金上给予资助。政府如果有更新项目，会有相应的资金，可以委托第三方社会组织。问题是政府对于某个项目的资助具有时间性，如果项目结束，资助可能也就结束了。因此，社区赋权和赋能都很重要，一旦社会组织撤离后，居民们自己能够接替完善，当然也希望专项的社区基金能够持续资助一段时间。

采访人：还有一个问题涉及在地性，除专业力量外，还需要去培育在地力量，这样可持续性才会更强。

李晴：对，社区营造的最后阶段就是“by the people”，同时，社会组织也可以持续地提供间断性的专业支持，日常性的维护完全交给在地居民。

采访人：关于您刚刚提到的关于老旧社区更新的制度在地性问题，这个问题要如何处理呢？

李晴：第一，就现阶段而言，社区更新的治理构架还在探索之中。第二，政府各个部门职能不同，目前民政局在力推社区营造，但是社区营造如果落实在空间上，需要政府多个职能部门协同发力，包括房管、绿化市容、规划与自然资源、建委、水务等。上海市区行政架构是二级政府三级管理，但街道办的行政级别与前面各局委相同，实际上在统筹各局委在街道办的工作上具有一定难度，还是与权责相关，有时甚至造成城市更新协调困难和重复建设。第三，第三部门在社区更新中的角色、资金来源和职责等还需要在制度性上进一步明晰。

采访人：您是说政府部门间的协同问题比较大，目前有一个用法是都下放到街道这一层具体去做，但决策权还是在上一级政府。由街道负责具体的事务推进和协同，您怎么看这个转变？

李晴：这件事不容易。虽然街道办是属地化管理，但是在实际操作上，由各局委决策的工作街道办没有太多发言权，只能提供一些协助和协调工作。目前上海房管局主要负责老旧小区的更新改造，但管理人员尤其是具体负责人员中拥有建筑、景观和规划专业背景或有此工作经历的人员较少，其结果可能是老旧小区确实改造翻新了，但可持续性、社会治理、文化特色等方面可能没有跟上。由于社区更新的规划设计费很低，个别项目甚至简单化、庸俗化，这些都与城市更新的制度性因素有关。

采访人：最后请教您一个问题，您怎么看待居民在设计中所起到的具体的作用？

李晴：居民是需要参与到设计中的。首先，如果涉及到产权问题，居民前期不参与，将来会闹矛盾。其次，社区营造涉及到很多在地性知识。对于从学校走出来或者在设计院工作很长时间的设计师和规划师来说，可能并不懂这些生活的智慧，所以需要依托某些方法，获得在地性知识，这样设计才会有效，才会让使用者感到满意。因此，最好的办法就是开展参与式规划设计，让居民深度参与到设计之中。我们曾在徐汇区开展过一个参与式更新项目，一个14000m²的街角绿地，使用率很高。由于使用人群多、空间不足，常常发生空间竞争甚至群体冲突。我们在开展在地工作坊时，一位老先生拨开人群，冲过来对我们说：“我现在70多了，退休以后就喜欢唱歌，你现在不让唱歌了，凭什么？”他说由于唱歌，有人报警，警察抓了他三次。最终，设计方案在街角绿地的转角处，设置一个有遮挡的半室内场地，专门作为唱歌场所，结果大家都很满意。另外一群居民喜欢玩金属甩铃球，这个东西很危险，影响到行人甚至会伤人，因此与其他居民发生很大的冲突。对此我们在北部的绿地密林区增设了一个可移动开启的装置，居民可在装置内玩金属甩铃球，这样解决了安全问题。类似的冲突问题可以依托在地工作坊，让矛盾、问题充分“暴露”出来，结合专业人员和在地性的知识，协调多元差异化的社区需求，通过参与设计解决在地问题，满足居民需求，社会也由此变得更为和谐。

采访人：请您谈谈对社区营造的寄语。

李晴：转变传统规划师的角色，探索新的规划设计方法，理顺机制，让居民人人成为美好幸福家园的共同建设者。

文章整理：刘悦来、毛键源

综合性的社区更新
——大咖访谈之庄慎

庄慎，上海交通大学设计学院建筑学系教授，上海阿科米星建筑设计事务所合伙创始人、主持建筑师，同济大学建筑城规学院客座教授。

采访人：请问您是怎么开始社区营造的?

庄慎：我们并不是专门做社区营造的建筑师，可能对社区营造这个概念也未见得理解得非常全面和深入。但是比如城市日常的建筑更新，我们接触得比较早。我们事务所很早就开始关注日常城市当中建筑更新或者是建筑使用变化，从2013—2014年开始做这一方面的观察或者调研。

我们也大量接触到普通的建筑实践项目，而且是在城市当中。比如改造更新，甚至一些局部的更新，如改造立面、局部的内部功能等。这些方面的项目与做一个全新、更大的建筑的项目，在我们事务所里面一直是一种共同存在的状态。

久而久之，这也成了我们特别感兴趣的一个方向，因为觉得这不仅仅只是一个设计。会观察到比如房子的全生命周期，它是怎么被使用的，怎么被改变的，等等。这里面反过来对建筑学会有很多思考，所以这也是我们认知和实践的主要工作内容。

那么从这一点上来讲，所谓社区营造也好，城市的微更新也好，都是一件很自然的事情。也许以前并没有那么多建筑师有兴趣或者从事这方面的工作，但是我相信未来会越来越多，因为存量时期，城市的微更新、普通建筑的更新利用或者再造，以及社区营造和社区的建设提升，都是新的工作面，以后必然会常态化。所以会有更多的建筑师参与。

这种工作面牵涉的因素比以前的设计会更多一点，其实并不好做，处于一种复杂的状态当中。它属于城市的经济、社会功能、日常生活的基本面，所以数量很巨大，内容很繁琐。由于像上海这样的大城市，这些地方的社区或者是旧有的生活环境往往都是历史积累形成的。它充满了各种复杂的情况和矛盾，所以它的操作方式不可以一蹴而就，而是需要一种渐进式的模式。所以，对设计师来说，需要用到专业，而且会面临新问题。

采访人：您觉得在这种状态下，设计师需要去突破和解决的问题是什么，无论是从教育还是从实践上?

庄慎：第一，设计师要建立一种工作的意识。解决社区营造的各种问题是一个多管齐下的机制，设计只是其中的一部分。我们国家是一个从上而下的为主的公共治理，需要很多部门。这种跨部门跨权属的社区更新往往很复杂，有时候没有明确的任务书，需要设计师花大量的时间去明确目标、周围的资源和条件等。然后很多时候，场地和工作往往是不同的权属，然后去管理的部门是不一样的。管理者、设计者和使用者在这里是紧密交互的。所以首先设计师要意识到这是一件类似于社会工作的事情，跟单纯的学术不一样。社区营造是要放到一个大的系统里面去的，然后以提升使用功能为主的工作。设计师要想办法帮人家解决问题，而不仅仅是做一个能体现专业精神的设计。

第二，我觉得设计师和使用者（社区）是特别有关系的，比如怎么通过设计营造好的生活状态或者场所，提升对社区的认同感，增加社区居民的自治性等。设计师要了解使用者的需求，而这些需求也要有途径去了解，比如街道居委会等。所以善于倾听总结，归纳提炼，然后对社区制度有理解，有目标的设计师才能够营造出很好的场所。

第三，我觉得设计师不能固守旧的观念，要有全生命周期的视野。社区营造是一个全生命周期的。它主要是做给人用的。到后期它是不是好管理，是不是好维护等都很重要。甚至设计师要意识到它有可能被再次修改，而不是做完建筑之后任务就完成了。

然后干预要非常精准。一个项目不仅仅是一个项目，还是一个改善很多问题的机会。在复杂的城市里，通过项目是有机会去组织周围的城市、社区、街道这种环境资源和空间资源来产生更大的价值效益的。一个项目也能够产生对制度建设的触动，因为一个项目进行的时候，它涉及各种管理层面、建设方面的人，需要他们的共同参与。所以一个项目其实就是一次组织，一次宣传，一次相互理解的事情，也是一个建筑学的思考。这个项目能够起到的作用很多，设计师必须能够理解到这些东西，然后精准地去制定策略，让一个项目不仅只是打通了物理性的城市空间，还能打通社会性的很多东西，甚至是专业性的东西。这是跟以往建筑不一样的。

实际项目里钱少，有时候元素（各种诉求）又特别多，设计师一定要非常精准地去做。所以社区营造或者是城市微更新我觉得是很难做，有时候可能需要水平很高的人，或者不同的专业力量在一起做。甚至设计也是这样。比如我们最近做一个精品社区。精品社区有很多内容，基础设施的改善、社区环境品质的提升、一些亮点的打造等。我发现好的联合和组合就是一个很好的方式。因为精品社区里面有很多基础性的做法。如何跟居民打交道，如何理解他们内在的诉求，是需要比较长期从事工作的专业人员才知道的。但是也需要对于环境打造比较敏感，而且有特色的建筑师。像这种我们就会联合一起来做。

当然这个机制现在有问题：设计费很少，设计里面长效推动的机制有待完善。现在整个生存条件挑战都蛮大的，大家当然会优先去选择那些经济效益高一点的去做，不可能光靠社会情怀来做。那么设计投入力量就不一定会够，做起来就容易套路化。而且有时候民众参与做起来会很快速。这些都会造成不够深入的问题。但其实社区营造是需要各方去改变的。这种和谐是一种内在的和谐，是很理性的一件事情，而不只是一个表面的事情。

采访人：您刚说到的这些事是偏向城市维度的吗？

庄慎：我不觉得只是一个城市维度，它是一个综合维度。首先它是一个机制性的事情，然后是一件社会性的事情，最后才是城市和建筑的事情。

它可以落实到非常实在的东西上。比如一个凳子，怎么做能够耐久，怎么能够看着舒服？放在什么位置？比如有阳光的地方是受老人欢迎的。就算正好在路的边上，但是老人们就愿意在这个地方，而不能在一块很好的广场，太阳也晒不到的地方。它也有那种概念化的东西。比如我把小区的门打开，或者是我把相邻社区的哪个地方连接，或者是我把哪个地方堵上，这都可能会形成一种新的管理方式模式。这些东西又非常有策略性。

同时，社区的局部要不要开放等等诸如此类的这些问题跟城市是有关系，但它有时候跟机制也很有关系。比如组织社区营造活动的，有政府的组织，也有准民间的组织或者准政府的组织（比如NGO）。它们怎么活化社区输入内容，或者是作为第三方来介入这些层面，还有怎么评估建设的有效性，比如花了钱是否真的有用，是否有长效性。我觉得这都要放到社会层面去观察，它毕竟也是一个社会性的问题。

我们的机制是非常有特点的，因为社区营造，生活圈也好，城市微更新也好，都主要是由上而下来推动的，这跟很多其他的国家是不一样的。那么值得探讨的问题就是，这种主导模式是否会阻碍自下而上的社区营造，是否会阻碍居民自治和市场机制的孵化，等等，我觉得都是可以作为系统研究的。

采访人：之前您有提过，更新中有很多权属问题，比如开门或者开道路。这些问题在以前是不是挺偏管理学，或者规划管控方面呢？

庄慎：它其实跟管理部门的权属和责任有关系，也跟社区对自己的这种认同是有关系的。

我觉得在城市里是需要有这种现象的。因为城市里面资源都是非常紧缺的。资源紧缺是有很多种处理方式。不共享也是一种选择，共享也是一种选择。

而我们的更新，政府管控得比较多，那么我觉得其实倒是蛮有条件来做这些事情的。因为它好统筹，协调的成本比较低，协调的效率就可能比较高。那么就有机会让原来不积极的地方通过更新能够整合为积极互惠，原来没有用的地方可以变得有用，原来各自的资源能够有局部共享。理想情况下这都是可能存在的。

当然具体实施的时候是很难的，就是因为管理权属的问题。它是需要共同的一个理念的才能够达到的。你愿意这样，我不愿意这样，那根本就做不起来。所以城市更新这种事情，我觉得最重要的观念理念的更新，它

1-2.永嘉路309弄改造前　3.永嘉路309弄改造后　4.永嘉路309弄社区自发开展活动

1

2

3

4

很多是结果或者是表现。

采访人：您刚刚提到一个设计费的问题。这个问题其实对我们而言也挺敏感，或者阻碍性蛮大。您在这方面是如何考虑的呢？

庄慎：单从设计这一头，我觉得它还不是一个可持续的事情。它规模小投入大，很多时候还是靠着兴趣、研究价值，还有社会作用的这么一种认同感来做。这种情况下设计费就没办法谈了。

但做这个事情还是有意义的。我觉得两方面的意义，首先最重要的意义当然是从学术研究的方向去做。去更新它的设计方式，对建筑师的认知。这其实是一种对既有或者是传统方式的一种反思。

当然它也有社会价值。好的东西还是可以改变人的观念和意识的，比如思考问题的方式，对他的价值的认同方式。然后他还可以改变人的生活方式，甚至是管理模式。所以我觉得次要的作用是可以来促进城市的有益的发展。

从这两种诉求上来说做这个事情我们没问题。但是毕竟还要有设计费。像我们还自发做城市研究，可能完全是自己掏钱。

采访人：而且像您做这种东西，其实对大家认知的改变也有推动，对我们做这个行业而言有一个示范性的作用。

庄慎：其实还应该看到它更多内在的东西。

像永嘉路这个项目，设计当然最后呈现的是我们建的物理性的东西，但是它得益于上海多年形成的城市更新的机制。它原来是两条旧里。拆掉了之后在空出的地方做了一个广场。这个钱从哪里来呢？是因为它前面的整个规划指标上已经做了总体的规划了。这个地方有设计容积率的转移量和可能是增补的量，一开始就确定要做一个为周围老百姓服务的公共空间。这是最核心的一个事情。

我们做建筑的人往往看到的是，这个地方做的是一个好的公园或者好的建筑，但是我更希望学建筑专业的人能够看到，其实他一开始需要决定的是这个机制是否起到了衔接后续的使用管理的作用。比如我知道这块地这么贵，那肯定不可能种片草植几棵树就结束了。这样把公共空间全挤占了，只有漂亮的绿化和装置性的东西，可看不可用。

第二要用它用得更好，肯定会考虑得更深。比如用的时候能不能用得好，会不会成为三不管的地方等。那么可能会去思考怎么来管理，谁来管理等问题，会预留可能性。

现在口袋咖啡的项目就是因为我们前面思考了这些问题，所以无论如何都要预留一个以后可以经营的空间。当时大家也没有想到要去经营这个空间，因为没有指标要求可以去经营的空间。

但是当这么做时，就会成为中间某个环节里的一分子，理解了前面也想到了后面。然后才是专业的展开，设计手法是怎样的，用什么材料，用了什么样的设计语言等。

采访人：关于指标的这个问题，其实是我们目前城市更新里碰到的一个挺大的问题。作为人本主义的生活还是需要这个指标的，但是其实有时候规划层面没有给。这个时候就会变成自发的营建，或者是自己搭建。这块领域其实影响很大。

庄慎：所以我相信这也会慢慢改变的，观念的统一是过程性的。现在管理部门管理得很清晰，很多都是一个标准化的东西。但是城市更新很多时候就不能够以一种完全标准化的、新建建筑的状态去针对它，还是要回到最根本的一个目标，比如改善人的生活，充分利用资源，然后更新管理模式，最后意识统一。

其实我觉得像这些，上海也是慢慢地有很多地方接受了。比如说永嘉路一开始大家很担心没有围墙，最好有个硬质一点的围墙，而不是绿篱。但是后来使用的时候大家慢慢接受了，顾虑也就消除了。

像现在全上海有那么多的更新改造案例，我觉得这种经验的积累能慢慢打破这些东西。一开始肯定会有一种临时的，或者一种机制策略型，慢慢地就可以用法律法规来认可这个事情。因为我们的管控是从上而下治理为主，所以当政府主管部门看到它的有效价值和好处时会去协调。

采访人：您有提到过，我们目前的教育有点偏建筑学，关于整个城市运作的东西其实是蛮缺乏的。您怎么看待这么一个教育问题？

庄慎：我觉得学校教育存在问题，需要去思考和改善。我们实践需要或者城市建设需要的建筑学的专业的人员，要建立起一种设计的意识。所谓设计的意识就是知道要干什么，目标是什么，然后条件是什么以及采取什么方法。

我之所以觉得现在的教育没有对根本性的能力进行很有效的培养，是因为不太知道怎么能够找到目标，这不是一个任务书的事情，如果我们还是仅仅能够忠实于任务书做设计，那恐怕是不行的。要从各种复杂的诉求里面知道哪个是最主要的目标，或者要从别人的意图里面知道根本的一个诉求是怎样。社区营造也好，微更新也好，诉求是很多的，根本没有任务书的，建筑师要去了解和提炼任务书。对复杂环境和复杂诉求没有分析能力和敏感度的话，根本就不可能做好设计。

第二，了解有什么条件、资金、范围、资源等限制条件。如果不清楚，设计肯定是失败的。甚至忽略了一些细小的条件，也会失败。但是目前在学校里的教育过于理想化，有时候看似很复杂，但是对边界条件的要求其实并不严格。倒不是学校里的设计训练要像现实条件那样完整或逼真，而是要执行得严格。哪怕学校里面只有几条限制条件，为了训练而需要的，要严格地执行，但是学校教育往往不一定会很严格。

我觉得方法不是一成不变的，是根据目标与条件来改变的，有效解决的方法才是真正的方法。很多这种繁复的方法，虽然解决了问题，但是可能付出更大的代价，就不是好方法。所以要是可分析的，但是我们的教育当中，它是模糊不清的。这与教育传统的惯性，及教育的力量有关系，例如现在没有多少教师真正理解设计，即便有一些经验，也不是很多。这也受到学校引进人才考评政策与机制的影响。

反过来，学生长期受到应试体制的影响，总要寻找标准答案，或者觉得最好的是积分有效的学习方法。自我学习能力、提出问题的能力、解决问题的能力，长期受影响相对弱。所以每年我都会招聘实践建筑师，观察下来，哪怕是很优秀的学生，也要花很长时间在实践当中进行适应，时间成本非常大。读了7年半、8年的书，出来工作适应3年，基本上快10年才能够实现职业建筑师的培养。而以前本科毕业工作，6、7年就很能适应工作了。

采访人：您同时在上海交大任职，在教授这个职位上对这方面有什么推动或者工作改进吗？

庄慎：我希望进行基础教育时，就能够把设计意识放进去，培养大家对于设计不要想得那么复杂。面对的情况是千变万化的，5年的学习根本就不可能学到多那么多设计类型。但是能够通过自我训练，建立起基本的处理问题和认识问题的意识：怎么看问题，是什么基本的操作方法。同时，我希望能够培养学生不要把设计专业看得这么狭隘。他们将来要面临的情况和训练的题目可能完全不同。通过这些训练，其实是在训练基本技能和基本意识。

文章整理：刘悦来、毛键源

学科建设视角下的社区营造
——大咖访谈之范文兵

范文兵，上海交通大学设计学院建筑学系系主任、教授、博士生导师。

采访人：如何看待社区营造中多方主体的理想关系？

范文兵：当时我在研究里弄时，提出里弄改造基本就4个主体：政治（政府）、经济（开发商）、居民（住民）、历史文化保护（专业工作者）。治理的目标是大家要达到多方共赢的平衡。我认为中国政府天然地就会为弱势群体偏一偏。我觉得中国政府已经跟前十几年不一样，已经有足够的财力和政治决心。所以在整个多元治理中，政府应该有意识向弱势群体偏移，这都是我在治理中的第一个建议。拿城市更新来说，现在GDP增长考核这件事情，中央政府已经开始有新的思路了。在没有政绩压力的情况下，有没有可能在考虑的时候，政府要向居民偏一偏。

至于经济怎么介入，因为经济介入肯定至少要平衡，至少要微利，它肯定不是像房地产开发时候的暴利。那么在微利的情况下，需要形成什么样的一个制度让市场进来，目前这个也是含糊不清的。所以经济方进来后怎么让它达到微利是需要着重考虑的。目前大企业是一个大运作、大核算，可能更希望的是整个的大小区的项目。我觉得目前企业的运作模式有一定的问题。上海城市中心的一些地方，原来都是20世纪二三十年代的中小地产商，一个开发商一个小界块的模式在做。但现在开发体量都很大，按照政府以往比较粗糙的运作模式，五个界块让一个开发商做。这种模式下怎么做都没办法恢复到原来细微的城市肌理的。所以对于社区营造这件事情，一个微利，一个是中小企业。我觉得应该想想到底怎么来匹配。目前按照大型的房地产商的体量和运作模式，他们很难有效介入。

采访人：如何看待城市更新中的自发性建设行为？

范文兵：我觉得这个矛盾在现有的城市管理的制度下是会一直存在的。我相信政府都希望可以在尺度更小更精微的同时，实现更多元更丰富的管理。这两件事情跟现有的一些管理模式和政绩观都不是那么匹配。

政府到底在什么时候止步，让民间在什么时候有它的发挥的空间，我觉得这个是需要跟专业工作者以及各个社区来探讨的。政府直接接管所有的加建和那些小空间都会物理消失掉了。这会直接影响城市的最基层的那些小业主、店主。

大家都会觉得上海这么现代漂亮，不需要这些人了。但真的不需要吗？白领在downtown吃饭，然后住在downtown，这需要很多的生鲜食物等等，这说明这些小业主是需要的。我觉得政府的手要停在一个层面上，否则城市的这种复杂性、微妙性、生机性都会消失掉的。

我一直对我国政府的红色基因抱有特别大的一个信心。美国是彻彻底底的资本主义市场行为，它有时候是很残酷的。但在中国政府内部也有很多思维的博弈和平衡。我觉得这是件好事，至少中国政府觉得最底层老百姓的存在本身是有正当性的。这个正当性到底怎么能够转换在我国的管理上。所以我觉得政府要把这件事情作为管理制度改革的一个点，就停在那里，一定要留有余地，它可以在一个街区尺度讨论，比如让社区集体反映。社区营造本身也可以成为这样的一个工作内容，通过社区调研，再反馈到相关政府，然后决定哪些由街道，哪些由社区营造的人来主导。所以社区营造不仅仅是营造居民的认同感，其实对于刚才我们谈到的自由度也是有帮助的。它可能会给管理带来一定的复杂度，但是现在已经进入存量时代，管理一定不是粗放型而是精确型。精确意味着一定比原来粗放要累，这是必然的一件事。

采访人：如何看待空间治理的设计要点？

范文兵：设计肯定是物理性和社会学结合在一起的。因为我毕竟还是建筑学出身的，完全社会学操作也不太合适。为什么有时候我不愿意评论一些建筑师做的改造，就是因为我觉得太物理性了。按照学术的说法就是物理操作和社会学的操作是两件事，但是其实这对我们的教育提出了新的挑战，怎么把这两件事融合在一起，有些什么方法？

一种方法最简单就是调研，然后精确地针对调研进行设计。但这个肯定也有一定问题。这是社会学本身的一个悖论。通过调研，找到的所谓人们潜在的欲望是真的吗？有足够客观吗？做设计是要顺应它还是改变？所以它本身是有很大的弹性空间在里面的，但是两个齐头并进是必须的，这是毫无疑问的。

将来大家成为社区规划师可能有各自不同的特色，擅长治理老旧小区，擅长治理高大上，擅长偏重物理形态。我觉得大家慢慢就像现在设计师一样，有很多的风格，它自然有不同的小区来找，这样会更好。

采访人：如何看待社区营造在建筑学科建设方面的问题？

范文兵：我觉得从本科就应该开始了，但是一般是提渐进式改革的思路。比如现在上海交大的本科，就特别强调基地设计。先是从现在主流建筑学流行的基地的现象学考察，慢慢引导学生关注社会学，关注日常生活，寻求社会调研作为设计的基础。所以围绕基地的设计非常重要。但是传统建筑学围绕基地是现象学的，注重个人感觉、氛围、场所。我觉得都要进入社会学，甚至进入经济学的衡量。本科设计课题要往这边偏。

教育转向以后，再配合上越来越清晰的社区营造的职业机制，我觉得这个职业和相应的培养系统就成立了。然后再反馈到相应的管理部门，形成管理体制的变化。这套系统也可以呈现出所谓的职业和政府管理的匹配的事情。

实际上城市更新有好多流派，有的也很偏物理的。但是后来我们就会觉得可能也不行。如果现在回到建筑评论领域，会比较强调软性设计，或者叫轻设计，实际上就包含了社会学的思考。其实设计有时候是一个策略的事情，不仅仅是一个物理手段的事情。你是一个问题解决者，问题解决的手段不限于物理手段，这是我对设计的理解，现在的设计师得有这个意识。因为周边还蛮多非常纯物理探讨的老师，他们会说怎么把社会学研究落地。我说我同意你们对研究不落地的质疑，但是千万不要把操作等同于物理操作，它也有包括我对街道委的具体建议，对政府的建议。所以落地是分两块的，不要千万认为造个房子才叫落地，真正能够影响到政策也叫落地。

文章整理：刘悦来、毛键源

社区营造中的“三合一”
——大咖访谈之林德福

林德福，《乡愁经济》自媒体社社长，Urbaneer地方发展与社区营造总监，台湾大学建筑与城乡研究所博士。

采访人：请问老师是怎么看待社区营造的一些工具和方法。

林德福：工具方法并不难，但是重点是需要预留出改变的时间，改变行政、专业和居民。

行政习惯由上而下，一个街道需要面对诸多社区，要公平，不能厚此薄彼。政府需要做很多事情，但是条件有限，执行起来会碍手碍脚。我认为自上而下应该强调机会公平，而不是结果公平。一刀切的标准应该是机会标准，而不是结果标准，政府只需要赋权与赋能。

专业者也一样，例如设计养老环境、养老设施，必须要理解养老，与养老的社会工作者交流。通过跨专业整合，与居民交流，让居民理解行动与计划中的主旨、意义与内涵。专业者要理解社会需求，也要和居民沟通。

居民通常比较看重自己的实际需求。以前只能靠领头人说话，专业人士包办，居民只提意见，不好就骂，太过僵化。这不是现代社会应该有的形式，居民要成为现代社会的个体，需要学会怎么面对公共性，面对公共事务。这就需要通过培育赋能赋权的过程，去学会扮演社会公共角色。

对我来说，社区营造就是这样一个过程，人们在其中慢慢转变，当真正自发的转变发生，才会有持续力。

采访人：在社区营造这个过程中，请问您是怎么看待设计的作用或者要点的?

林德福：我觉得设计师一直会在这其中，因为只有通过空间载体、环境载体，社会活动、社区活动才会发生，否则不可能发生事情，只存在于思维中。反过来，要评价设计空间的好坏，不能只是政府觉得好，最后使用的人觉得不好。应该要把居民的需求转化为设计上的语言或模式，既符合他们的需求，又符合专业上的需求，政府的相关规定等。

社区是综合的，与生活息息相关。所以专业者需要了解社区生活，不同专业需求相互学习，相互整合。

采访人：可以分享一下您在大陆的实践经验吗?

林德福：我说一个简单的例子，2008年我辞掉中国台湾地区的教职，来大陆工作。我在2008—2013年专门做城市规划工作，直到2013年才重拾社区营造。我从20世纪90年代初开始参与社区营造，包括政策制定。在2013年的时候我在大陆，接到厦门市规划局的电话，问我能不能来介绍一下台湾的社区营造。因为当时厦门推出了“美丽厦门·共同缔造”政策，与台湾的社区营造有相似性。

大家当时都不知道怎么做，于是我去介绍了一下台湾的社区营造。同时因为厦门海沧区在做与台湾交流的试点工作，我就找来我的母校台湾大学一起来合作。当时台大团队就派人来，重点工作是在2个城市社区、2个农村地区一起做试点，我在里面当导师协助作业。台大从开始谈一直到结束，总共接近两年，但是真正工作只有一年多的时间，就做了4个试点。比较有名的就是厦门的青礁村院前社，后来被认为效果比较好的一个试点。最后只有青礁村院前社有做滚动更新，有一群青礁村的年轻人组织起来，政府单位也就在做，台湾大学就留了一小组人在村里，有一个台湾同胞直到现在还在海沧区，甚至现在变成是海沧区推动社造工作很重要的一个人。

差不多同一时期，上海因为社会治理需求，也开始推动社造工作，我就是那个时候开始与刘悦来老师接触。2014年是我在大陆宣讲台湾社造案例最多的一年，去了四五十个地方宣讲。同时，创办了微信公众号“乡愁经济学堂”，开设了社造专栏。后来很多政府人士看到我的公众号上的内容，邀请我去各地开展社造工作，如浙江丽水莲都区、奉化市、泉州市等。我在浙江丽水莲都区开设培训班，从初阶培训进阶培训，培训完后由他们自己组队报名、提案，然后提案里头挑选出好的去做实验，让他们自己真的去把他们的想法实验，实验完后我们才选出真正要落地试点。我不是找了专业人就去弄，而是先把想要做的事、有愿意去做事的人找出来。泉州有派干部来上课，培训主体在是丽水莲都区的人，但对全国开放，当时来了很多全国各地的人，包括行政部门与专业人士。

我们来来回回跟泉州市也谈了很长一段时间，我也没有什么藏着掖着，我说就把方案给你，能干就干去，你找别的团队也可以。当时他们也找了台湾的另一支队伍做，但是效果不好，然后又来找我做。我发现在实践过程中，很多东西在变，包括政府、专业人员、地方的居民。我们有做一些小的实验项目，就让这些团体自己组队，设计上都是三合一，设计人员里头一定有行政部门的人、专业的人、社区居民。而且我们设计的一个课程就是要学会与三种人对话，设计的人不一定会沟通，会沟通的人不一定有设计的境界。

我们工作坊，就是找一个案例，让居民自己挑选，自己做实验，有导师带领他们学会对话、学会讨论。培训有的时候是真题假做，最后会发现有些小组吵得乱七八糟，有些小组合作得很好，各种各式各样都有。第三步骤就是让居民重新组队，自主提案，自主报名。报名条件是上过初级培训与进阶培训，至少要有两张证书。自己组队，就需要自己找能干的人，能够配合好对话好的人，组合好后，自由报名。报名入选了以后，会提供一点经费，然后自己提案，去实践，落地方案。我们从中间再挑出真正要的试点去做社区营造的计划。通常是我们要做5个试点，就会希望有10个实验点。我们就挑出10个实验点，然后10个团队去做尝试，时间有3个多月。实践的过程中才会发现真正的利益冲突，才有各种矛盾。提前让他们去试，可以从10个中找出5个，磨合比较好且有能力往下做的团队跟地点。当时泉州政府一个社区是补助300万，所以我有300万的预算去推动。时间也没有很严，就在两、三年内。可惜试点选出来了，2020年初正要开干时，碰到了疫情，所有东西都冻结了。尤其是泉州有一个隔离旅馆倒了。因为这个事件，所以整个老城区绝大部分都被划成危房。而我们一定会

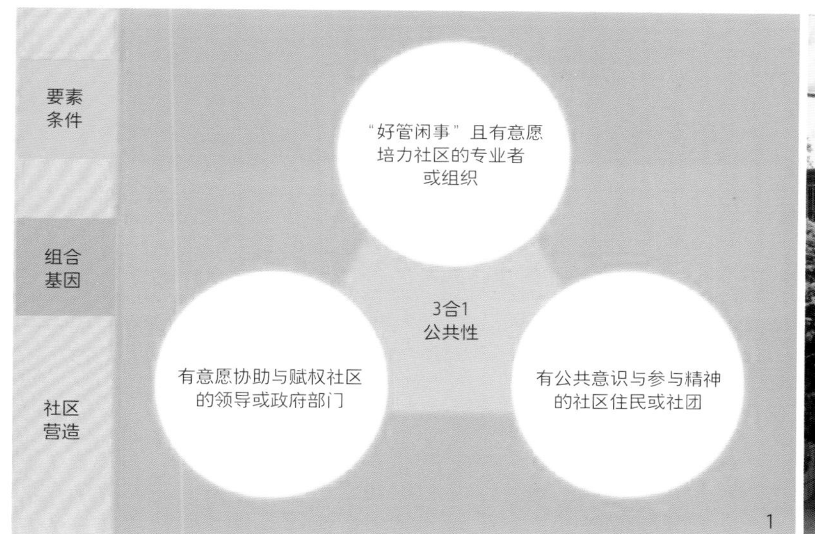

1.社区营造的“三合一”
2.泉州溪亭社区社区营造居民共治

动到一些老房子，所以现在所有这些事情都暂停了，现在基本上都不敢大动了。

采访人：请问老师想通过乡愁经济这个平台传播一些什么样的理念呢？未来有什么想做的一些实践？

林德福：我们毕竟只是一个小团队，做的东西也很有限。中国服务业的前景非常广阔，而我们自己做不了那么多东西，所以当时是为了传播，或许可以让别人有一些引荐的机会，弄了一个微信公众号。我设立了一个社区营造的专栏，把我要上课的内容快速地宣传。一个月就要出一篇，有的写得很不成熟，只是赶快把东西介绍出去。我介绍的都是台湾的早期案例，因为我觉得大陆那时候社造刚开始，我介绍2010年的台湾案例，其实对大陆来说不见得适用。那个时候中国台湾已经推行了有20年之久，所以台湾在谈的很多新东西的时候，发展的情况状况跟大陆其实不太像。如果都介绍新案例，大家觉得很好，但是差异太大，所以我早期介绍的大部分都是台湾1999年以前的社造案例，也就是台湾初期在发展的时候，面对什么样的问题，有什么样的困局，怎么突破，怎么作业等案例经验。

我们是希望能够透过传播，让更多人能够去理解，去尝试。我相信，这应该对中国的发展是一个好事，所以我们试着做了。

采访人：老师有提到乡村振兴和一些民宿的建设，请问在这方面有什么可以分享的吗？

林德福：社区营造对我来说是一个方法，是一个行动过程的方法，所以不限制在城市或乡村。当然它的条件不同，环境不同。但是很坦白说乡村是比城市更难做的。

很简单，城市通常只要做生态跟生活，可以不太管生产，因为城市人大部分都有工作，而且城市人生产的事情都不在社区里。所以在城市做社区的时候，我不用管生产。但在农村你不得不管。所以其实农村比城市更难做。第一个它处在结构上比较不利的位置，城乡的发展中是比较有利城市，比较不利农村的。所以农村所有的重要的资源都往城市流动。然后又是对他面对的东西要更广，可是它尺度单元要更小。后来我们做泉州之外，我有在做韶关的农村，其实奉化、丽水也都在做农村。我跟大陆很多乡镇的团体朋友有一些接触，因为我们觉得人是重要的，所以我们一定都会先去找人，我们先去找这个地方有哪些已经在做这些工作。我们会去找这些团体做连接。所以乡村要干一件事，一定要跟城市、跟外面、跟其他的农村连接，否则农村靠自己，在现代的城市化发展的社会里，要单独存活很困难，它只会越来越弱势。所以它创造的是跟外面连接的可能性。

第二个是要自己内造。因为本来就越来越散，好的人有能力的人都走了，所以一定要内部自己创造内生跟内造，我把内部的社区营造称为内造。乡村内部也要干这个事，要自己组织，要农民自己的团体，要自己的合作社。只有这样，你把外面的资源引进来后，内部才能够真正很好地去转化和应用，否则这个东西回到最后只是村两委，这个事情常常会产生很多的后遗症。大陆有行政组织单元的特定意义。对我来说，一个村它就是一个社区，就是一个社群需要共同去营造。只是要想办法帮他们连接上外部的资源，这是在做农村非干不可的事。我称为叫外联内造。内部就跟我们原来做社区城市社区的内部营造是一样的。只是它必须涵盖生产的部分，它包括农业农村发展问题不能回避。因为这个一定要外联。正好这也就是我们现在在谈乡村振兴很重要的事。

采访人：请老师自由谈一下对社区营造的寄语。

林德福：要想办法让我们社区好一点，再好一点。我们得先接受，不管是农村还是城市，我们现在处在这样的阶段。如果我们可以让自己生活得更好，让我们的社区更好一点，其实我们自己也在当下受益。所以我觉得社区营造就是让社区好一点跟再好一点的共事过程。

如果是这样，其实很重要的一件事情是持续性。所以社区营造工作只有进行时，没有完成时。只要社区还在，就不断继续下去，所以只要有人愿意真正做进去，社区总会慢慢地改变、做好。

因为中国太大，所以要对整个社区营造给个寄语也不敢。但是现在我觉得已经算是个好的开头了，不管是城市的更新、旧城的改造，还是乡村振兴，已经转入一个新的发展阶段，开始要真正关注面对社区营造。

契机已经有了，那关键就是，每个地方处在不同的发展阶段，即使这都在初期，但是有些走得比较好，有些走得相对比较慢，可能刚开始。但无所谓，只要你坚持，社区能持续，我相信社区一定会变得越来越好。

未来有各种可能，只要坚持，肯定会越来越好。

文章整理：刘悦来、毛键源

社区营造中的自组织
——大咖访谈之吴楠

吴楠， 社造家文化传播有限公司董事长、UID建筑设计事务所首席代表、宁好城乡更新促进中心联合发起人/秘书长、南京市妇女儿童发展智库专家、成都市成华区社区规划导师。

采访人：请问您是否认为社区营造的伙伴关系是未来的最好状态？

阿甘（吴楠）：我认为伙伴关系是一个很好的状态。共治这个词就提得特别好，在做这个的过程中，社区的各方形成一个良好的共治关系，这对各方都是有利，所谓合力不拆台。但是目前大多数的社区营造我觉得做得都挺差，包括我们自己也做得不怎么好，因为本身很稚嫩。但是初心是好的，只要去不断地努力，都会做得更好一些。我认为这个事本身是值得去做，而且到了未来会越来越精细化，而精细化的社会治理纯粹依靠政府的有限资金和资源是不够的，还需要各方的加入。

采访人：在社区营造中，请问您觉得设计的作用是什么？这种空间设计有什么特质？

阿甘（吴楠）：我们从自组织入手的，设计我们不是介入得太多。包括小小建筑师，那也是我们召集了一帮小朋友和我们家女儿一起玩耍，并没有把它上升到一个什么状态。如果是建筑师的角度，比如我们要去做架构、分析，是有所帮助的。社区中难免会出现空间和人，而实际上懂空间的人不多的。假如有懂空间，又懂人，是更容易去架构。只要放下那种设计师的傲慢，实际上是有这种架构力的。

采访人：您如何概括社区营造中的实施路径？

阿甘（吴楠）：我们的实施路径实际上就是结社。在社区里开展各种各样的活动。在这个活动中挖掘社区领袖，然后倡导社区中的结社。在过程中提升整体的公益意识，提高整体的幸福指数这就是我们的实施方法。

采访人：根据您的实践，社区规划当下面临什么样的问题呢？

阿甘（吴楠）：主要是在社区规划中公众参与的部分，因为在不同项目不同阶段的参与状态到底是什么样子比较好，这是很难界定的。比如我们和居民一起商量一件事情，结果上次他提出的诉求没有被满足，这种情况实际上就会对我们产生一些干扰。

从社区营造的角度，自下而上的视角就和自上而下的上帝视角有时候是有冲突的。如何处理这个关系？目前为止，我认为各自都有各自的做法，好像没有一个标准。我们的做法是先去慢慢给居民赋能，拿一点小事情去做。我们那种做法，实际上是专业者的做法。先要做个社区发展治理规划，要什么任务清单、问题清单。这个视角它就是用这个专业视角。而即便没有任何专业的背景，真心地想为社区好，是在地的人，在专业的协同下也可以能够达到专业的成果。专业的人实际上是提供了一个专业的路径，让这一帮人去做。如果做得不够好，那很可能是没有足够多的人，足够关心这些事情的人参与进来，所以就有可能这不够好，做得不够完善。但是就算不完善，有可能就是这一帮人的选择，他们这次选择是这个样子，万一不行明年再做一个。这也是个赋能过程。如果做一个宏大的事情结果没做成，还不如先做一个很细微的事情，就会有一个好的成果。过程很重要，结果更重要。结果的背后实际上是信心，如果屡战屡败大家都很难继续了。虽然精神可嘉，但是还是要做一些结果出来。

采访人：请问您觉得什么是一个好的社区规划？

阿甘（吴楠）：我认为社区规划不只是空间相关的规划。人的行为与社会服务，这些都是属于社区规划的一部分。不管怎么样，因为我是参与派的，我觉得参与是很重要的一件事情。不管什么样都是社会方方面面参与。

另外一个我认为是看这个规划是不是调动了资源，是不是通过社区规划促进了组织化。如果促进了，我就觉得是一个好的规划。服务本身我认为好坏没有关系，要看服务是不是转化了人。通过提供相关的服务设计，让更多的人参与进来，然后把参加者变成了参与者。转化人，转化组织，形成良好的空间。还有一个就是有没有长期的可持续的制度。我认为这是比较好的规划。

这些应该要被内化。像我们这些外来者实际上都是赋能者，用这个方法让他们找到路径，以后就按照这个路径行动。像王静做的理事会之类，实际上是监督路径。事事都按这个路径走，就没有什么问题。比如要去组织一场球赛，首先想到的不是社区帮我组织一场，而是我们组织一场，然后自己筹钱处理。这就是自治。在这个过程中那些人就得发挥自己的力量，

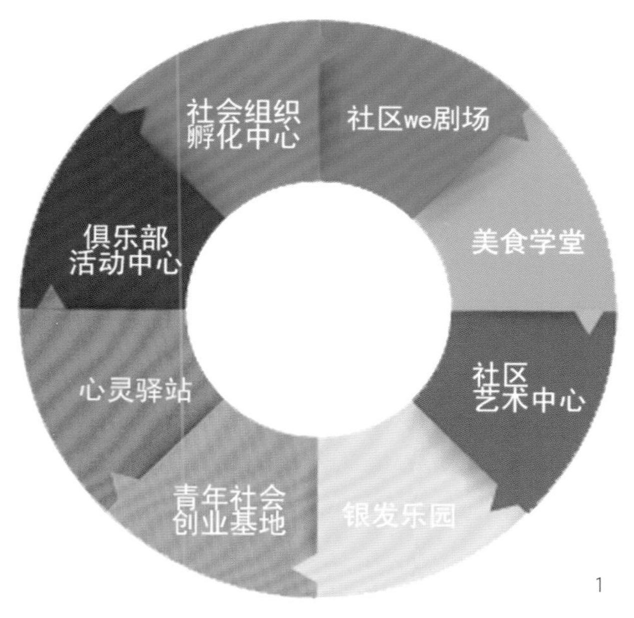

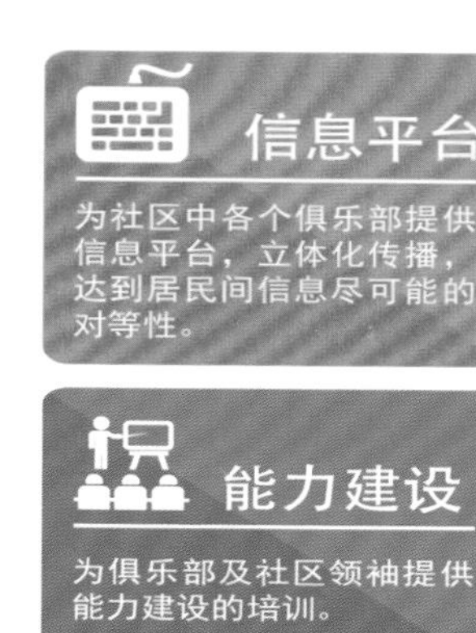

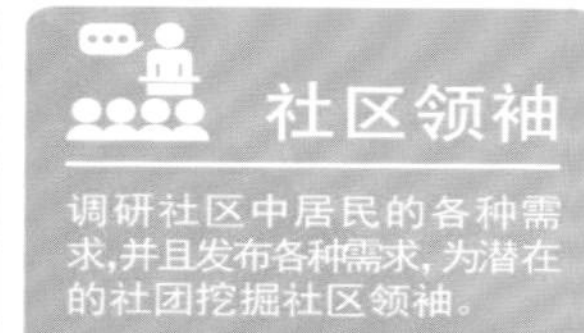

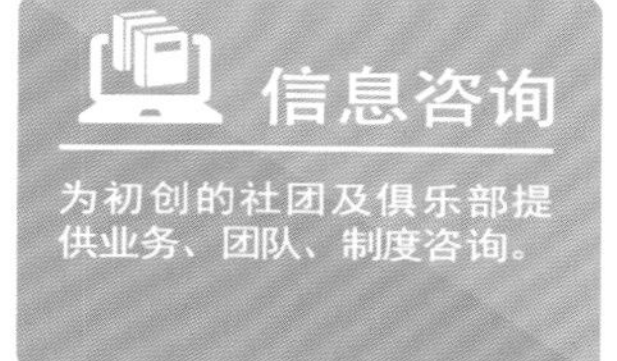

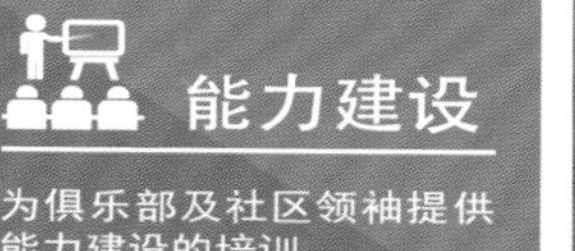

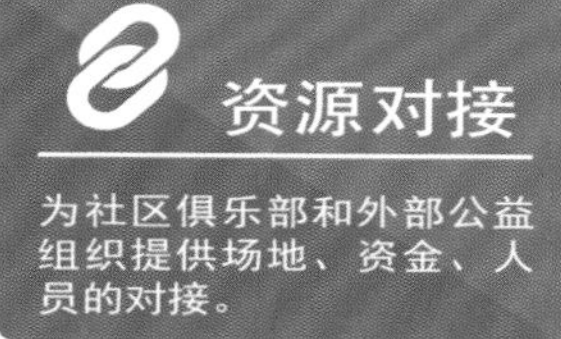

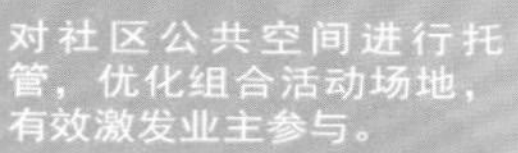

就有可能组织化。

采访人：在您做的一些社区图书馆或者农场的建设中，有没有碰到一些政策上的阻力？

阿甘（吴楠）：比如我们的社区花园到现在还没有建起来。都公示了，程序全部走完了，然后有人投诉，业委会就不让我们实施。我们屋顶花园本来也是要去做架子之类的事情，现在都做不起来，因为会被投诉为违章搭建。这并不是政府不让我们建造，主要是部分居民不让我们做。要从根本上解决问题，还是要从制度允许上去做事情。程序正义是第一步，虽然就算程序正义了，有人要反对也很正常，但是至少能把这个事情推进。

采访人：您目前做的儿童友好项目是否遇到什么问题？

阿甘（吴楠）：我们认为儿童也能做社造，实际上能力是其次，权利是第一。首先我会强调孩子们有权利对于我们的公共空间发声，要从他们的视角来去解决问题。

儿童参与的项目上，如果成功了，孩子们发现这个事成了，就有信心了。如果事没成，孩子就不相信你了。实际上孩子也是一种夸张版的居民，孩子们的情绪会更明确一些。我们通过这个过程中让孩子知道，通过他们自己的努力也能改变一点现状。我认为这个本身的意义很大。

小朋友设计的肯定没有专业设计师设计的好。实际上在用孩子们的元素之外，专业设计师还是要增加很多的东西，比如这个栏杆，如果有人想做80cm，但是规范它就是1.1m，这就是专业的事情。

专业者是做专业的事情，但是在做之前要吸引其他人群参与。这是我们更应该做的事情。做设计的时候让儿童和家长也参与，经历了才知道这个事情难。他们去做的时候就知道这有可能实现不了。如果不经历，是看人挑担不吃力。所以我觉得还是要让更多的家长、孩子去参与，让他们了解到这项权利，我觉得基本上就够了。

采访人：您在儿童友好营造这方面下一步有什么计划吗？

阿甘（吴楠）：我们现在正在编写《江苏省儿童友好城市的指南》，也在做一系列的儿童参与工作。先传播儿童友好的理念，让更多的人知道，这是一件重要的事情。然后通过一些典型的参与式案例，让大家能够了解儿童友好的理念、原则和做法。我觉得这是比较重要的工作。

采访人：您做的社区翠竹园的互助会和社区发展中心接下来有什么行动计划吗？

阿甘（吴楠）：因为翠竹园已经是个老社区了，相对比较稳定。我现在一直在谋划有没有可能把社区服务中心，去通过招投标的方法运作。倡导期转化为服务期是我现在想的方向，但是现在阻力也很大，因为现在招投标都不给做，也不一定能招到。

通过社区服务，有可能对社区整体进行提升。包括公共空间的利用效率增加，有更多社群、更多场地，以及一些空间优化。比如现在有跑步俱乐部想搞一个健身房，需要地下室，或者其他空地。类似于此，如果我们来做，可以用社区营造的方法去做。包括居家养老中心，我们也可以做提档升级，目前的承租方物业有可能不如我们对于居民的需求了解得仔细和透彻。

社区发展中心主要有三个方向：社区营造、城市更新的公共参与、儿童友好。社区发展中心主要是做外拓，让更多的人了解社区营造这个事情的理念。

采访人：最后请您自由说一下对社区营造的寄语。

阿甘（吴楠）：让社造成为一种生活方式。假如每个人都有社区感，认为自己社区的一分子，愿意为社区里面做一点事，当社造被内化了以后，社区就会有一个很好的发展，这就是社会生活方式的一部分。

文章整理：刘悦来、毛键源

1.微中心的多功能模块
2.翠竹园社区互助会平台功能

社区营造中的社区赋能
——大咖访谈之刘悦来

刘悦来，同济大学建筑与城市规划学院景观系副教授，四叶草堂创始人。

采访人：如何解读“社区营造”的理念、方法、工具和行动领域？

刘悦来：对于社区营造的理念，成都的社区总体营造实践的理念我就非常赞同。在这套理念下，成都形成了自己的一套方法，就是如何实现还权—赋能—归位。

关于方法，我们自己在做的时候，其实也是在Community Empowerment这种理念下尝试去做解析。我们针对社区公共空间做一些微更新、微改造。在这种方式下的具体工作方法，我们以社区花园为抓手，从策划到设计到实施再到之后的维护和管理这一整套流程建立相应的机制。

关于工具，我们做了一些工具包，例如大家怎么去开会、参与讨论、策划、参与式设计、参与式营造以及最后的控制管理。

关于行动领域，一方面包括我刚刚提到的空间层面的社区微更新，另一方面也包括一些社区活动。它未必直接跟空间发生关系，它通过一些协商、民主讨论来进行赋能，以此提升社区的自治能力并进行一些权力的界定等。后者有罗伯特议事规则；前者包括比如说，我们做了一些外部空间的工作；大鱼营造他们做了一些室内空间的更新；北京也有通过博物馆去做一些链接；李群、刘佳燕老师在广州和北京也有通过一些规划的角度去做一些实践；还有比较特殊的是，成都做了很多公共艺术介入方面的实践。总之，在社区营造方面，有很多不同层面的行动领域尝试。

采访人：如何解读“社区营造”未来发展的可能性，尤其是在中国语境下的潜能？

刘悦来：未来的可能性我觉得还是要落在“人民城市人民建，人民城市为人民”这个理念上。我国是比较强调民主集中制的国度，因此它办大事的这种力量是非常强大的。当“人民城市”这句口号不断落实后，在全球范围内，我们国家的社区营造的发展潜能是非常大的。在“公有”和“共有”的语境下，是非常符合公共空间、公共精神的创设。所以未来借助一句话来讲就是，从人口红利到土地红利，再到我们社区营造所创造的人文红利。更进一步，在目前的政治制度下，我们的人文红利得到激发，中华民族的伟大复兴就将真正开始了。

采访人：根据您社区花园的实践，谈谈社区营造中社区花园的定位、问题和发展可能性。

刘悦来：在我看来，社区花园是社区营造的绿色起点和象征物。这是我2015年提出的观点，之后，我们就开始以社区花园为抓手开展社区营造。

关于“起点”，我想表达的是，从实践的角度来看，它是社区的切入点和着力点。对于“绿色”，我想表达的是，社区花园具有天然的成长性。它不仅有人的力量，亦有自然的力量，同时它可以在一些不起眼的场景让人去观察这种自然的力量并受到其启迪。它对于一个不太理解社区营造的人来说，这个自然的力量可以诱发他的思考：其实大自然不需要我们这么多权利，不需要投入这么多资金，就可以开花结果。因此我们认为社区花园的

1.上海市杨浦区社区花园——创智农园实景图

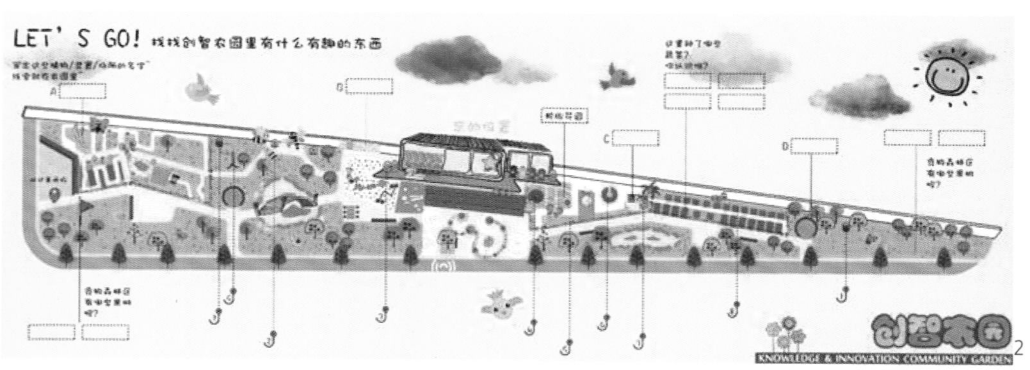

2.上海市杨浦区社区花园——创智农园平面图

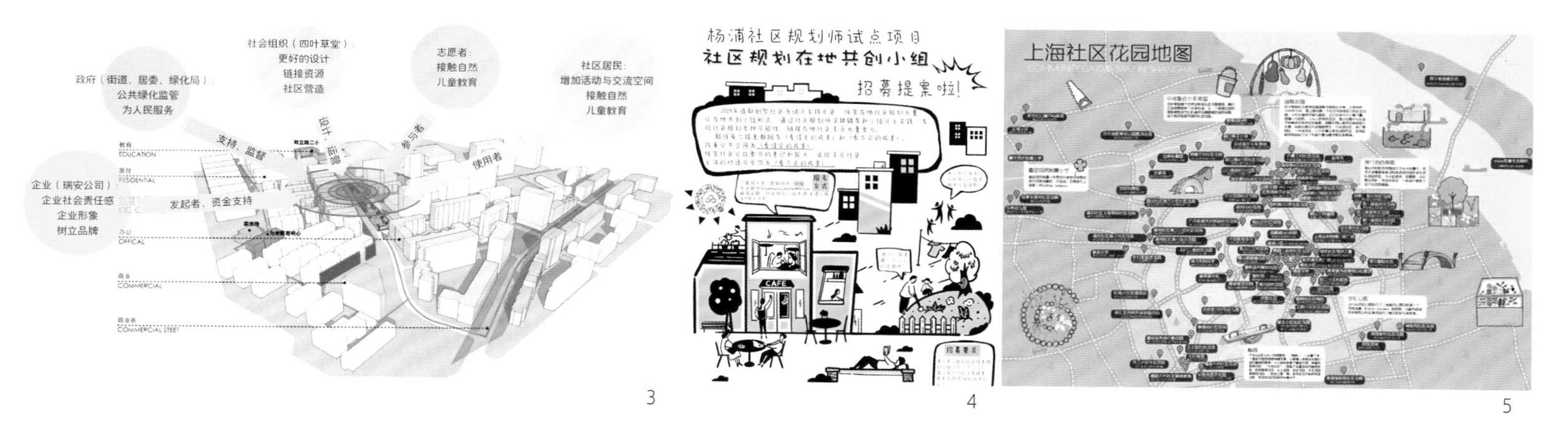

3 4 5

3.社会组织引导下创智农园的共治　4.杨浦社区规划师试点项目——社区规划在地共创小组　5.上海市社区花园网络地图

价值是非常高的。对于“象征物”，这个词想表达的是，社区花园是一个具体存在的物质空间，是一个具象的社区劳动成果，它建好之后，社区花园是一直开放的，365天，每天24小时，都在那里发挥作用。小孩子可以在里面玩耍，家长在一旁陪伴，还有一些居民在里面做志愿者。这些生活图景每天都在发生，不需要特地去讲大家就可以明白。它本身就可以是教育、培力、赋能的媒介。

不过社区花园面临的问题是容易被矮化，被认为是可有可无的事物，进而被忽视，其实这是一个社区发展阶段的问题，应当进一步推进社会对社区花园的认识，尤其是其意义和价值。

对于社区花园发展的可能性而言，这些单点的社区花园，慢慢地变成一个一个街道的绿色系统网络，最后甚至到一个更高层面的空间网络。例如，有低层级的小区里面的社区主导型，也有中层级的社区枢纽型，最后再到创意公园这种高层级的片区培育型。同时，在这个空间网络中的每一个社区花园节点，它都是有相对应的社群的，这些社群可以相互学习。根据发展的成长阶段的不同，相互间的交流就变成一个自组织的学习的过程。那些成熟得早一点的社群就可以输出它们的服务，并获得相关的收益。创造社区经济可以使社区营造这样一个行动的价值到达更高的层面上。总的来说，我认为社区花园的发展可能性是，它会形成一个网络，并不断呈现出更加有力量的、更加自组织的、更加有生命力和韧性的格局。所以，我认为真正的社区营造就是能够依托这样的空间网络，不断开展活动并不断产生影响力。

采访人：近几年您深度参与到社区规划师的实践中，以此谈谈您认为社区营造中社区规划师制度的作用、问题与潜能。

刘悦来：社区规划师制度在两个层面上可以突破社区花园的一些边界上的局限性。第一是在空间层面上实现突破，它可以实现一个更大层面的覆盖和更广泛的介入。第二是在公权力层面上实现突破。因为社区规划本身涉及更高层面的公权力，它可以跟社区自觉发生结合。当社区没办法自觉的时候，譬如说它与隔壁社区、与更高的管理权限发生冲突，或者需要寻求突破的时候，它就需要一个更高层面的公权力的介入，去完成一些蓝图和边界的突破。

与社区花园做一个比较就是，社区花园不一定需要边界突破，它可能就是原来空间的一种利用。同时它不一定会动用政府公权，它完全可以只由民间来做。而社区规划师一定会动用公权力，社区规划师制度本身就会由官方赋予更广泛的权力，同时会跟不用空间边界、权力边界的人发生交织，起到为社区营造服务并且发挥建构性的作用，因此社区规划师是具有更大潜能的。

上海的社区规划师有一定的空间治理体系和实践成果，但是也存在一些问题需要进一步解决，主要是在组织架构上社区规划师的职能仍然较弱。社区规划师的角色定位目前更多的是偏向于规划顾问，决策权较小。目前项目更多的还是政府“自上而下”的推动，部分项目居民的实际参与较弱，应当进一步加强社区规划师的专业主导力量，“自下而上”地激发社区公众参与性，提升各街道的公众参与性。

采访人：社会组织四叶草堂在您实践中具有重大的作用，作为其创始人，谈谈社区营造中社会组织的功能、问题和展望。

刘悦来：社会组织是正式注册的、合法的，而且有法人，这意味着它会呈现更加组织化的、更加可持续的状态。性质上来说，它不是权力机关，不是经济部门，也不是原子化的居民格局。它是第三部门、非营利机构，因此它可以更好地融合多部门，连接多个体，整合多方资源和多方社会力量。在社区营造中，发挥着缓冲、黏结，甚至重新建构的作用。

当然它本身也有其局限性，因为在中国的语境下，社会组织的上层有政府主管单位。所以西方国家有观点认为，中国的社会组织是一个附庸。但我觉得这本身是一个渐进式的过程，我们现在可以看到权力的一种释放正在发生。譬如说，社会组织渐渐得到政府的资金，也会购买一些服务，供给社会组织去发展壮大，等等。当下的社会组织，可以发挥民间的力量，但是又不是完全为个体代言，同时它又能以专业的力量去跟政府和企业谈判，获得一种总体上的平衡。我们团队在实践过程中，可以感受到地位的提升，也渐渐获得一定的定价权，我认为这是我们行业在朝向良性发展的好趋势。

社会组织未来会有更大的发展空间。在当下中央的政策导向、民间的需求等的加持下，当权力得到释放，社会组织会获得更多的资源。它们的动力、能力、权力边界也会相应地得到拓展。在此基础上，它们有更大的机会去向权力诉说真理，建言献策；可以组织更大更有发言权的民间协会，使社会组织发挥更大的作用。

文章整理：刘悦来、毛键源

实践研究
Practice

数字技术如何重塑社区共同体
——数字化转型、智慧社区与敏捷治理

Can New Technology Solve the "Community Dilemma"
—Digital Government, Smart Community, and Responsive Governance

葛天任
Ge Tianren

[摘 要] 以互联网、大数据和人工智能技术为代表的新兴技术正在重塑政府，改变了人类社会的联结方式。数字技术可以通过重新定义社区要素、重塑社区公共空间与重建情感维系方式三种机制，破解社区建设的“共同体困境”，同时也带来了难以预料的安全风险和管理挑战。针对技术风险的敏捷治理，同样也适合运用在社区治理层面。当前的智慧社区建设，应着手推动社区层面的敏捷治理变革，以及时规避数据安全风险，真正有效地破解“共同体困境”。

[关键词] 共同体；智慧社区；数字政府；敏捷治理

[Abstract] In the situation of the fourth industrial revolution, the emerging technologies, which are represented by the Internet, big data and artificial intelligence technology, are reshaping the government and fundamentally changing the way human society is connected. From both theoretical and practical perspectives, emerging technologies are driving the construction of digital government or smart society. Emerging technologies can solve the so-called "community dilemma" by redefining community elements, reshaping community public space and reshaping the way of emotional connection, but they can also bring unpredictable security risks and management challenges. At present, responsive governance for avoiding technical risk is also suitable for community governance. In the practice of building smart communities in China, it is necessary to promote the innovation of responsive governance at the community level as soon as possible, so as to help communities avoid information security risks and effectively solve the "community dilemma".

[Keywords] community; smart community; digital government; responsive governance

[文章编号] 2023-91-A-040

本文系国家社科基金项目《基于大数据的超大城市社区公共服务设施公平配置与精准治理研究》（项目编号：18CSH005）、国家自然科学基金重点项目“城市交通治理现代化理论研究”（项目编号：71734004）的阶段性成果。本研究受同济大学中央高校基本科研业务费和同济大学中国特色社会主义理论研究中心资助。

一、引言

第四次工业革命方兴未艾，以互联网、大数据和人工智能技术为主要标志的新兴技术，让人们的生产生活方式、联结方式发生了前所未有的深刻变化。在新兴技术突破了人类交往的时间与空间限制的同时，它也正在重塑政府的管理体系和治理方式。在最新的治理实践中，智慧城市和智慧社区的建设速度，已经超出了管理者与运营者的想象。在这方面，中国的实践已经走在了理论的前面。从国际比较层面看，中国智慧社区建设也开始在理念构建和基础设施铺设方面逐渐占据引领地位。

然而，这也意味着我们所面临的问题更加严峻，同时没有经验可以借鉴，必须独立面对技术发展所带来的风险挑战。那么，新兴技术将给社区发展和治理带来怎样的影响呢？对于一个只有40余年现代社区居住生活经验和治理经验的国家来说，智慧社区建设的深度推进究竟更多是契机，还是风险？回顾历史或许能够帮助我们寻找答案。在社区研究的百多年脉络之中，围绕技术革命、社会转型与社区存续的争论是一条理论主线。大多数早期学者认为，工业革命所带来的城市化瓦解了村落共同体，导致了社会的个体化与人的原子化，最终真正意义上的传统社区在现代社会“消失了”，现代社区所面临的是“共同体困境”以及如何走出这种困境。与之相反，也有不少学者力图证明，社区没有消失，而是以某种新的形态继续存在，这取决于技术革命与社会转型两个因素的影响程度。

毫无疑问，每一次技术革命所催生的社会变迁都会改变社区组织的形态，并最终影响其组织的能力与水平。实际上，作为信息通信技术的革命性发展，当前第四次工业革命所讨论的新兴技术，在本质上有利于社区“共同体”的再造。这不仅是由于本轮技术革新从虚拟空间整合社区，而且能够通过虚拟空间与实体空间的互动有效破解所谓“共同体困境”，赋予社区以新的内涵。在这一意义上，数据驱动的智慧社区建设很可能带来“社区解放”——在实体空间与虚拟空间的互动中构建新的社区“共同体”有了新的可能。

二、“共同体困境”：三种竞争性理论

首先，究竟如何理解“共同体”？共同体与社区的英文表达是同一个词，即community。社区的中文表达还多了一层含义，即表达了空间限定的意

涵，而英文并没有这层意思。共同体可大可小，但中文表达的社区的含义一般上被界定在一个具体空间范围之内。共同体强调了“共同”的含义，但如此也就蕴藏着排斥“不同”或“差异”的意思了。因此，这里需要说明，本文所说的共同体困境是社区层面的，社区共同体并非同义反复，而是考虑了中文表达习惯中所增加的空间限定性。因此，这里有必要讨论人们对共同体概念的不同理解，以便更为深入地展开分析。

1.对“共同体”的三种理解

对共同体的理解，第一种观点是把社会看作是一个大共同体。马克思把人看作是社会的产物，而社会本质上就是一个共同体。马克思的共同体理论将人类共同体的发展阶段划分为“自然形成的共同体”到“抽象或虚幻共同体”阶段，再到“真正的共同体”阶段。实现真正共同体需要一定条件，其中最为根本的条件就是技术创新。

第二种观点是把共同体与现代“社会”剥离来看待，实际上是从小共同体的角度来理解社区。现代社会学中的“共同体”一词，由德国社会学家滕尼斯在其名著《共同体与社会》中首先提出了详细的区分。他指出，血缘、地缘和精神文化是共同体存在的基础和不可或缺的要素，基于情感的“小共同体”与基于契约的“大社会”是相互背离的，这种共同体和社会相剥离的观点认为，现代社会的发展将导致传统社区共同体的衰落。

第三种观点实际上是分析各种类型共同体的生成逻辑。美国社会学家安德森延续了马克思虚假共同体的分析思路，把共同体看作是一种人类特有的想象力的产物并直击共同体的本质——人类政治叙述能力与方式才是人类凝结成各种类型共同体的本质。他在《想象的共同体》一书中指出：“一切共同体都是想象的，是被想象的方式使他们区分彼此。”[1]安德森指出了一个非常重要的事实，即随着商业扩展、印刷技术的发展，“想象的共同体”得以扩大和重构。这种“想象的共同体”有别于自然形成的以亲密关系和地域为基础的共同体，是可以人为创造的。也就是，信息及其传播方式决定了共同体的形成和区分。人们通过报纸、书籍的文字描述，在一种同质的、空洞的、超越历史的时间中获取文化认同，从而产生一种非时间和空间的基于想象的共同体，这种共同体强调精神空间的联结作用而弱化了物质空间对共同体形塑。

以上三种对共同体的理解，不论是大共同体还是小共同体，不论是真实的共同体，还是虚假的共同体，毫无疑问的是，共同体的本质是一种时空技术条件下的社会网络联结方式。而同样不论是何种理解，当前新兴技术所带来的变化都有很大可能改变共同体的生成逻辑，乃至推动共同体的革命性变化。因为互联网、大数据和人工智能技术本身是一种网络化的联结技术，这种技术本身正在重新定义社会网络联结方式。因此，毫无疑问，这也将改变一切共同体的组织方式和联结方式。如果前三次工业革命所带来的社会联结方式很有可能被改变，那么前三次工业革命所带来的城市化与社区“共同体困境”也将因之发生改变，在逻辑上至少是可以被理解的。

2.“共同体困境”的三种竞争性理论

正是在上述对共同体的理解和分析的背景下，西方学术界围绕着前现代的社区在现代社会的命运，陆续提出了“社区失落论”“社区继存论”与“社区解放论”三种竞争性理论，为分析工业革命以来现代社会转型过程中的“共同体困境”提供了丰富的思想资源。

社区失落论的主要代表者包括滕尼斯、齐美尔和沃斯。早期社会学家对于共同体的研究注重地域性和亲缘性，因而在他们眼中，社区的未来是不容乐观的，认为社区终将会随着现代社会的扩张而逐渐消亡。在滕尼斯看来，社区共同体本身就是一种理想状态，工业化进程将导致现代社会关系代替传统成为必然。而齐美尔则通过对城市现代性的解构与反思来印证传统共同体的衰落，他认为传统社区共同体的亲密关系将在现代社会和城市化中逐渐消亡。沃斯深受齐美尔思想的影响，继承了“社区消亡”的观点，认为现代社会呈现出的人口众多、高流动性、高异质性的特点将导致人际冲突增加，人与人之间的关系变得越来越理性化，最终导致传统社区共同体的消亡。

然而，一些社区研究者在对社会事实的观察中发现，社区共同体在现代社会中仍然具有顽强生命力。以刘易斯和甘斯为代表的学者对社区失落论提出了质疑并进而提出了“社区继存论”。“社区继存论”认为传统社区要素在城市化的发展中得以保留，亲密的邻里关系仍然存在，城市居民仍存在地方性的社会关系，同时也利用着邻里关系来进行社会交往和获得各种社会支持，许多居住在城市中的人，都保留有自己的小圈子。在这些圈子内，人与人之间仍然存在相互依赖和互助互信的关系，社区共同体的维系与民族、种族、文化、生活方式等均有关系，诸如“唐人区”“犹太人区”“黑人白人区”等在城市中的存在即为印证。

与前两种观点不同，学者韦尔曼和雷顿在20世纪70年代提出了“社区解放论”，这一观点以社会关系网络为基础对社区共同体进行了研究，强调了社会关系网络对共同体的关键塑造作用。这一观点指出，社区共同体并没有真正地衰落，而是以一种新的“脱域”的社会关系网络代替了传统的地域关系网络——社区共同体。韦尔曼和雷顿提出，重新思考社区定义，并主张将社区居民从地域空间的限制中“解放”出来，建立超出邻里关系的初级群体，构建新共同体，这就是所谓“社区解放论”。[2]

从社区共同体研究的三个阶段可以看出，“社区失落论”和“社区继存论”都将社区看作是一个“地域共同体”，而社区能不能存续的关键是这种地域性能否保持。“社区失落论”认为传统社区共同体在现代社会中被分散，人成为原子化的个体；“社区继存论”认为在现代城市社会中既存在原子化的个体，也存在传统社区的延续；而“社区解放论”者则认为随着现代社会和新兴技术的发展，社区将变成一种“脱域共同体”，在“社区解放”下，社会个人可能拥有多重社会关系，因而其所属共同体也会有所交叉重叠，这种共同体实质是一种社会关系网络。从共同体理论发展脉络可以看出，共同体形态随着技术进步和社会发展而不断变化，技术进步一方面解构了传统社区共同体，另一方面也能够塑造新的共同体形态。

三、数字技术重塑社区共同体的三种机制

那么，数字技术的革命性变化是如何改变或者重塑社区共同体的呢？所谓新兴技术是一系列技术的总称，包括互联网、人工智能、基因编辑、物联网、自动驾驶等重大技术创新。随着这些新技术中的某些被应用到不同的社会场景，新技术也就从各个场景开始发挥作用。本轮新技术最主要的代表性应用本质上仍是网络化技术，或者是数据驱动的网络化技术。结合前文对共同体的理论分析和理解，本轮新兴技术变革完全可以重新定义社区、重塑公共空间和重建社区情感的联结方式，从而重塑社区共同体。

1.重新定义社区要素

一般而言，界定“社区”涉及三个要素：地域空间、共同联系和社会互动。随着人们对社区理解的深入，社区构成可以更详细地划分为五要素：地域、人口、共同文化、居民归属感以及为社区服务

的公共设施。不论是三要素，还是五要素，核心是强调了地域空间和居民情感归属对于社区共同体的维系作用。因此，基于数据驱动的信息传播与获取，完全可以作为定义社区的第六要素，进而重新定义社区。

在第四次工业革命的背景下，数据资源将成为治理的一种重要基础性资源。无论是社会居民的日常生活，还是社区治理，都离不开数据资源的获取、分析、应用和再生。从居民方面看，数据成为居民日常生活的重要组成部分，居民通过使用各种数据生成的应用来获取信息和服务，同时又生成数据。从社区治理方面看，数据首先是社区居民信息和资源信息的载体，通过对数据分析来优化社区管理，让社区管理更加高效和精准。随着区块链技术的应用，未来的居民生活和社区治理将依托数据资源及其分布式决策而更紧密地自由联结在一起。由此，新兴技术实际上是通过重新定义社区要素来重新定义社区，因此未来社区之中，“数据获取方式”将是界定区分社区共同体的基本要素之一。

2.重塑社区公共空间

公共空间是公共领域不可或缺的一部分，德国学者哈贝马斯把公共领域看作是促进市民社会生成的公共场所[3]。公共空间对于社区共同体的形成而言具有正向的促进意义，公共空间本身也成为共同体的一部分而被共同体所界定。

随着现代社会的生产和生活方式的复杂化，居民日常生活空间经常重叠，需要共享，不能再用物理“围墙”对社区进行分割。对于中国的转型社区而言，又面临着社区碎片化等问题的叠加。[4]因此，打破“围墙”、突破“分割”对于共同体建设而言非常重要。网络化科技为整合社区内外公共空间提供了技术方案，它可以从空间整合、资源共享、综合治理等方面帮助解决社区公共空间碎片化问题，进而实现共同体的凝聚。

智慧社区建设能有效整合社区分散化的要素。首先，通过大数据分析，线上线下融合，能够促进社区经济要素的共享。例如，通过智慧社区实现物品（车、工具、宠物）、空间（临时居住）、时间（拼餐）、技能、生活方式等的共享。[5]其次，智慧社区还能整合社区服务，促进社区居民生活服务一体化。在互联网大数据的智能时代，社区居民可以通过O2O的方式获得更加便捷的服务。阿里巴巴、腾讯、京东等公司在城乡社区建立了各种线上线下体验店，陆续推出“准时达”“京东到家”等服务，也可以通过“饿了么”“美团”“盒马生鲜”等应用软件，足不出户订购各种餐饮外卖及农副产品，享受私人定制化的服务。依托微信、应用软件等构建起来的社区商业、社群经济也如火如荼。最后，智慧社区建设涉及节能设施、废弃物管理、环境管理、道路交通、智能建筑、健康照护、智慧安防、社区教育、文化服务、社区养老、特殊人群服务、电子政务等各个方面的内容[6]，通过数据化的集成平台建设，智慧社区可以帮助社区居民实现更方便的互动。

当然，社会关系网络是以相互让渡一部分隐私为前提的，高度私密性的封闭式社区不利于私人信息的交换。[7]因此，智慧社区还需要解决外部公共空间的碎片化问题。这方面，虚拟社区或者数字社区可以打破传统社区相对封闭隔绝的空间结构，建立一种交互式的社区网络空间结构，从而提升社区公共参与度，促进社区共同体的形成。在大数据时代背景下，社区居民时空行为和社区周边设施利用状况能得到迅速有效的获取和整合。[8]同时，通过区块链技术和分布式记账来建立社区之间各方面的广泛联系，实现社区之间的资源整合，也能够在一定程度上解决社区之间的“数据孤岛”问题，有利于跨社区整体治理的实现。此外，数据驱动的社会治理精准化可以帮助提升社区安全管理能力，开放式社区建设因而成为可能。

3.重建情感维系方式

然而，新技术却也容易造成人与人之间的“心灵孤岛”。技术的发展使共同体空间不再局限于传统的邻里范围内，降低了社区居民对物质空间环境及其设施的依赖，从而打破了传统的邻里交往方式，使人们与他们所居住的社区邻里的关系变得疏离[9]。社区居民的线下有效交流减少，邻里关系更显淡薄，社区参与感和归属感变得更低，共同体情感也变得难以维系。“心灵孤岛”的原因很大程度上是由于私人空间孤立于公共空间，网络空间孤立于物理空间。如果能使私人空间融入公共空间，实现网络空间和物理空间的充分互动，则能破除“心灵孤岛”问题。

这并非不可能。随着网络技术的快速发展，“想象的”共同体可以通过智慧社区交流平台建设而实现一定程度的重构。网络为居民个人情绪、群体心理和社会心态的表达提供了全新的可能性，原本被垄断的表达渠道被打开了，更有利于居民情感的表达[10]。例如，北京市朝阳区团结湖街道，建立了社区微群微协商机制，针对社区事务，居民可以随时在“三微”平台发表言论、参与社区治理，同时社区居委会通过这些平台与社区居民进行交流和沟通。[11]共同体的情感维系需要通过文化服务、利益共享、行动协同来实现。正如著名社会学家卡斯特所言：“地域社会生活共同体将最先诞生于居民能够为了共同利益和居住权益自发组织集体行动的地方。”互联网作为地域社会生活空间的延伸，对于共同体建设具有加速和叠加效应，并帮助社区居民的社会网络关系从“短期利益关系”转向“长期互惠关系”，从而创造出了集体意象，催生共同体精神。

四、走出“共同体困境”：智慧社区与敏捷治理

1.数字化转型与智慧社区建设

随着智慧城市基础设施的陆续铺设，中国在大数据城市治理方面取得了突破性进展，随后智慧城市建设也成为国内城市探索未来发展方向的重要战略。习近平总书记在庆祝澳门回归祖国20周年大会上提出：“要善用科技，加快建设智慧城市，以大数据等信息化技术推进政府管理和社会治理模式创新，不断促进政府决策科学化、社会治理精准化、公共服务高效化。”智慧社区作为智慧城市建设的基础单元，对实现精准化治理和高效公共服务无疑具有基础作用。国内许多城市开展了智慧社区建设的创新实践。其中，北京、上海、深圳等超大城市的智慧社区建设特色较为鲜明。

从北京的一些实例看，智慧社区建设采取了政府搭建智慧平台提供民生服务的方式，大体上还是传统互联网思维的延续。例如，西城区某街道社区通过打造智慧中心、智慧政务、智慧商务和智慧民生的社区综合服务平台，以实现政府、企业和居民的充分互动，更好地提供社区服务。通过智慧平台将街区周边的学校、幼儿园、卫生服务站、超市、银行等机构和社区商户等多种资源进行有机整合，为辖区内居民，特别是行动不便、经济困难的弱势群体、老年人提供便捷、优惠的生活服务。

由于社会组织培育相对成熟，上海的智慧社区建设大多会采取政、企合作的智慧社区运营管理方式，较为侧重社区管理的智慧化，从管理角度出发，提高服务效能。上海早在2015年便建成了一批示范社区，试图推进社区管理的智慧化、公共服务的精细化、生活方式的优化。例如，新江湾城社区以信息基础设施和特色应用为基础，结合物联网、传感器、“云计算”等技术应用，营造更加人性化、便捷化的社区环境。如快递自助提取服务，社区居家服务应用等。

但显然以上两种智慧社区建设仍然只是较为低端的发展阶段，并非真正意义的智慧社区。真正意义的智慧社区除了整合功能之外，还需要增加交互功能，还需要进一步进行政府管理体制的改革，以增加社区治理的精准化和政府回应的高效性。除了这些超大城市之外，各地也正在陆续开展富有特色的智慧社区建设，例如嘉兴市的智慧社区建设在全国来看就比较早地开始了系统化管理改革的探索和尝试。总体上看，基于数据驱动的智慧社区建设，既是数字政府与智慧城市建设的基础环节，同时也是解决传统社区碎片化问题的一种有益尝试，尽管现实发展还不尽如人意，但如果能够解决好如下四个问题，更高端的智慧社区建设方向则有可期之时。

2.智慧社区建设的四个关键问题

当然，智慧社区建设距离真正的共同体建设，真正实现共建、共治、共享，还是具有较大距离，仍有不少问题需要解决。具体有如下四个方面:

第一，数据安全问题。数据驱动的智能社区首要面对的风险是数据安全问题，其中又包括信息安全和数据处理的安全。从信息安全看，由于智能化技术需要居民信息与数据的收集、整合与处理，智慧社区治理将会极大程度上介入居民的日常生活之中，无论是年龄、联系方式、婚姻状况，还是病史、收入情况、个人癖好等信息，都可能是智能化治理所需要的信息，有了这些信息才能达到更好更精准的治理，但这些信息在智能社区之中依赖互联网进行储存，一旦信息泄露出去就会给居民的生活带来极大的困扰。从数据处理的安全看，数据本身在运行过程中存在较大风险。由于数据具有连续性和完整性，数据在录入、处理、统计或打印中，由于硬件故障、断电、死机、人为误操作、程序缺陷、病毒或黑客等原因，极其可能造成数据库损坏或数据丢失的现象，严重的可能导致信息系统瘫痪，这将严重威胁社区安全，甚至使社区陷入失序的状态。

第二，基础设施问题。智慧社区运营需要有完备的基础设施作为保障，尤其是物联网技术对基础设施的要求较高。然而，目前不少机构和领导对智慧社区的认识方面还停留在“互联网+”层面上，比较重视推进网络信息基础设施的建设，很多城市社区物联网技术的基础设施还比较薄弱，尤其是社区治理重点领域诸如消防、安全、应急等方面的智能感应设备仍没有普遍实现全方位的覆盖。不少智慧社区建设项目都只是在门禁升级、网速提升、增加公用设施等单一方面提供服务，并没有形成一个完整的智能化管理系统，实际使用的体验感也较差，并未真正实现便民目标。

第三，人才储备问题。信息技术相关人才在社区普遍匮乏。智慧社区的建设需要大量相关技术人才，智慧社区建设与治理需要那些既掌握管理、行政、经济、政策等专业知识，又具备信息技术处理能力的人才，要求社区工作者要具备一定程度的互联网思维。但目前从事社区治理的工作者，更多是行政管理、社会工作等方面的专业人员，普遍缺少专业性与技术性兼备的复合型人才。因而，即便智慧硬件设备普及了，也难以提升社区的智能化管理水平。长期来看，这严重制约了社区治理智能化的能力和水平。

第四，体制机制问题。没有形成系统方案和组织，管理制度不健全，标准规范不统一，是导致智慧社区建设碎片化的一个重要原因。不同参与者间存在封闭管理和运作的现象，部门间协调机制尚未真正建成。缺乏统一标准，系统间的兼容性、开放性差，造成宏观上把握不清，信息孤岛与重复建设现象严重，相关资源也不能整合应用。而且不少部门和领导对智慧社区的真正内涵缺乏理解，更愿意把智慧社区建设放在宏观设想层面，因而缺乏真正的、落地的智慧社区建设实例。

3.走出“共同体困境”：智慧社区的敏捷治理

新兴技术在网络空间的迅猛发展，不仅重新定义了社区，而且正在重塑社区治理所依赖的技术和社会过程。在智能时代，如果能够实现数据驱动的“快速响应”，同时最大可能降低“技术风险”，并对人工智能技术的社区应用进行更为有效的监管，一种适应技术变革的新社区治理模式就有可能出现。

在这方面，清华大学薛澜教授提出并阐释的“敏捷治理”概念，有助于理解智能治理的关键问题。所谓敏捷治理，原本是对人工智能技术的风险治理，具有两方面的含义，一是促进政府及其多元主体的快速响应，二是通过“敏捷治理”来规避人工智能技术快速更新迭代所可能带来的社会风险。正是基于这样的内涵，笔者提出，“敏捷治理”作为人工智能治理的基本原则，其思路和内涵完全可以应用到智慧社区治理之中，从而促进基于海量数据生成和传输所驱动的治理技术的改进或升级。在这方面，智慧社区的敏捷治理能够有效破解智慧社区建设过程中出现的安全风险和管理挑战，进一步推动社区共同体走出治理困境。

具体来说，敏捷治理可以从系统建设、治理主体多元化和相关制度提升改善等方面，破解智慧社区建设的关键问题。在系统建设方面，敏捷治理通过建设“大数据资源管理”的相关机构，陆续建设数据驱动的集成智能城市治理系统。这一系统以一整套结合社区治理、网格化管理、行政条线管理的综合性社会管理系统来整合治理的碎片化，实现快速响应。同时，也避免基础设施的重复建设，实现社区间的基础设施共享，从而降低建设成本、充利用现有社区基础设施资源。在治理主体多元化方面，敏捷治理有着较高的标准和要求，通过优化智能技术的人才培养和培训制度，增强智慧社区建设的人才储备基础。例如，加大信息技术人才的引进力度，针对管理人员实施信息技术培训，设立社区首席信息官，加强对社区内部信息系统和信息资源的规划和整合，通过购买社会组织服务来提高智慧社区治理工作的效率，最终实现多元合作治理。在制度提升改善方面，敏捷治理回归“治理”的本质，强调通过强化相关的顶层设计，通过立法优先、制度设计、财政保障的智慧社区建设和运营，兼顾数字时代技术变化“敏捷”的特性，对智慧社区治理进行服务效能评估，推动智慧社区治理体系的快速反应能力建设。

针对数据安全问题，则可以通过建立信息安全保障制度，加大对涉及商业秘密、个人信息和隐私等重要数据的保护。要进一步完善数据信息的采集和使用制度，建立健全信息安全防范、监测、通报、响应和处置机制。同时也可以尝试通过建立社区首席信息官制度，对各方数据进行严格的筛选和监管，规避智能化建设所带来的社会风险和技术风险。另外，敏捷治理需要有效促进“虚拟社区”的“在地化”，在多元主体合作治理的基础上，通过虚拟社区让实体社区能够更为及时地发现风险、更为精准地获取服务、更为深入地参与社区活动。反过来，敏捷治理需要政府对实体社区的治理能够进行快速反馈，对自身既有的治理结构进行扁平化改革，促进虚拟社区和实体社区的深度交互影响，走出当前的“共同体困境”。

五、结论和思考

现代社会的理性化和复杂化的另一端是传统社区共同体的衰落乃至消亡，但社区仍然顽强存在并利用新技术而重新联结。新兴技术在解构传统的基础上，也促进了新共同体的再生。总之，破解“共同体困境”并非仅仅来自治理技术单一维度的所谓创新，而是来自技术与治理双重维度的“共振”。

在第四次工业革命方兴未艾之时，社区共同体很有可能被重新塑造，并有别于传统的地域共同体而形成一种流动性的基于数据流的“孪生社区”。就目前来说，它是地域共同体和脱域共同体的叠加，是物理空间和网络空间的交流互动。在不完全的时空限制下，走出“共同体困境”不仅可能，而且新生成的社区共同体正逐渐成为一种“想象的共同体”，因为社区意识和共同体精神在未来社区的发展和共同体维系之中的作用将逐渐凸显出来，成为一种新的社区要素。在这个意义上，“社区解放”必将是未来社区共同体的发展归宿。数据驱动的智慧社区建设以及敏捷治理，完全能够让实体空间与虚拟空间的深度交互成为可能，让构建新的社区“共同体”也成为可能。网络化社区治理、虚拟社区的社区精神凝聚、跨地域社区共同体的生成，这些都有可能让社区共同体在延续的其情感归属方面被赋予新的形式。

但新兴技术对社区的再造，仍然需要面临两个随之而来的问题：数据安全与地域性的“脱嵌”。首先，当数据作为社区运行和社区治理的基础资源时，数据安全也就变成了社区安全问题，因此数据安全对社区的基础秩序维护和情感归属感培养而言，有着至关重要的保障功能。其次，新兴技术也有很大可能造成人与社区之间的“脱嵌”。网络通信技术的快速发展大大降低了居民个体对社区物质空间环境及其设施的依赖，延展了个体的活动时空，增加了社会个体化的水平，从而打破了传统的邻里交往方式，使人们与他们所居住的社区、邻里的关系变得更加疏离。当然，尽管地域性的社区面临个体化的挑战，但脱离地域限制的虚拟社区却在重新整合。因此，如何把虚拟社区与地域性社区更好地联系起来，既规避风险、保障数据安全，又推动两种社区的交互影响，不失为走出现代社区共同体困境的一条值得探索的道路。在这方面，针对技术风险的敏捷治理如果运用在社区治理层面，或许能够为解决当前紧迫问题提供新的思路。

参考文献

[1]本尼迪克特·安德森.想象的共同体[M].上海:上海人民出版社,2016.

[2]夏建中.现代西方城市社区研究的主要理论与方法[J].燕山大学学报(哲学社会科学版),2000(02):1-6.

[3]哈贝马斯.公共领域的结构转型[M].上海:学林出版社,1999.

[4]李强,葛天任.社区的碎片化——Y市社区建设与城市社会治理的实证研究[J].学术界,2013(12):40-50+306.

[5]申悦,柴彦威,马修军.人本导向的智慧社区的概念、模式与架构[J].现代城市研究,2014(10):13-17+24.

[6]端木一博,柴彦威,周微茹.国内外智慧社区建设的标准化审视[J].建设科技,2017(13):49-52+59.

[7]熊易寒.社区共同体何以可能:人格化社会交往的消失与重建[J].南京社会科学,2019(08):71-76.

[8]柴彦威,郭文伯.中国城市社区管理与服务的智慧化路径[J].地理科学进展,2015,34(04):466-472.

[9]薛丰丰.城市社区邻里交往研究[J].建筑学报,2004(04):26-28.

[10]何雪松.情感治理:新媒体时代的重要治理维度[J].探索与争鸣,2016(11):40-42.

[11]陈自立.智慧社区治理的实践经验与关键问题[J].江汉大学学报(社会科学版),2016,33(03):24-28+124-125.DOI:10.16387/j.cnki.42-1867/c.2016.03.004.

[12]郑叶昕.日常生活领域中网络空间对社区共同体的想象和生产——基于福州市高档小区H的个案研究[J].重庆邮电大学学报(社会科学版),2019,31(05):119-126.

作者简介

葛天任，同济大学政治与国际关系学院副教授。

城市共治的多维度发展
——以美国匹兹堡加菲尔德都市农场为例

Multi-dimensional Scaling Processes of Urban Commoning
—A Case Study of Garfield Community Farm in Pittsburgh, USA

郑 纯
Zheng Chun

[摘 要] 城市共治是近年来逐渐兴起的一种自下而上的管理城市资源的概念。都市农场是城市共治形态的一种，对解决食品资源短缺和社区联结断裂等问题有着积极作用。本文引入了城市共治和城市权利的概念，从横向、纵向、深度的多维度发展视角分析了美国加菲尔德都市农场的城市共治的案例。笔者认为城市共治真正的发展不能停留在单一维度，需要着眼于多维度的共同发展。

[关键词] 城市共治；都市农场；横向发展；纵向发展；深度发展

[Abstract] Urban commoning is an emergent concept of bottom-up management of urban common resources. Urban community farm, as a type of urban commoning process, has positive influences on tackling issues like food insecurity and social disconnection. This paper begins with introducing the concepts of urban commoning and the right to the city and continues with a case study analysis of Garfield Community Farm in Pittsburgh, the United States. Based on the multi-dimensional analysis of scaling out, scaling up, and scaling deep processes, the author concludes that the genuine success of urban commoning requires the synergic development of multiple scaling dimensions instead of a singular one.

[Keywords] urban commoning; urban farm; scale out; scale up; scale deep

[文章编号] 2023-91-P-045

一、城市权利和城市共治

“城市权利不仅仅是人们获取城市资源的权利，更是人们能通过改变城市环境来改变自己的权利。并且，这种权利是共有的而非个人的，因为要实现这些城市化进程中的改变不可避免地需要集体的力量。”[1]

法国社会学家亨利·列斐伏尔（Henri Lefebvre）提出“城市权利”（right to the city）的概念。他认为如今的城市生活被降级成了商品，城市空间的社交性日渐减弱，城市治理的权力分化严重。因此，我们迫切需要让城市居民成为改变他们所居住空间的主角，让城市空间重新成为构建集体生活的交汇点[2]。大卫·哈维（David Harvey）也在《叛逆的城市：从拥有城市权利到城市革命》一书中强调了城市中居民集体的、互相的协作对城市向更加满足居民需求的方向发展来说至关重要。

城市共治（Urban commoning）的概念应运而生，它是主要由居民主导，共同提案、创建、管理城市空间的过程。城市共治源于欧洲的共有地或共有资源（the commons），如今已经在全世界发展成了介于市场和政府中间的，有时与市场和政府合作的一种共享、共生、共治的社会群体机制[3]。比较常见的城市共治形式，尤其是在建筑、城市设计领域，有合作社住宅、都市农场、花园，食物银行、土地信托等等。也有许多没有特定名称的城市共治形式在我们的日常生活中随处可见。只要满足三个特征即可视为城市共治：①有一种共同治理的资源（经常是被忽视但很有价值的资源）；②有一个共享这个资源的社群；③这个社群有治理这项资源的一系列规则[4]。因此，城市共治其实可以是很生活化、接地气的。小到几个邻居一起组织一顿晚饭，大到世界各地已经形成网络的过渡型自治小镇（transition towns）。正是不同尺度上都存在的城市共治，在优化城市资源配置，调动民众参与城市空间设计和管理的积极性，在增进人与人、人与自然和谐共存等方面都有不可忽视作用。

二、都市农场：背景和定义

以食物的生产空间为例，我们的城市有许多废弃的、闲置的、无人管理的城市空间资源。它们都有潜力发展成城市农业、社区花园、垂直农业、微型农业等生态性与社会性一体的空间，但能真正被利用起来的情况却很少。政府层面无暇顾及这些面积小、不起眼的空间；个人层面心有余而力不足，不论是资金还是劳动力都存在困难；市场层面认为这些并不是最能产生经济利益的地方。由此出现了都市农场里居民集体践行的城市共治形式，并逐渐形成个人、政府、市场力量的合作关系。

在全球粮食短缺，城市不断扩张，城市空间单调均质，农业和绿化用地被高强度侵占，机械化单一农业生产模式主导食物生产市场，城市居民逐渐原子化（社会关系割裂）的背景下，产生了改善城市居住环境、在城市重新引入自然生境、重构人与人之间的联结的需求。人们通过都市农耕来满足这些需求。都市农耕对城市人并不是陌生的，从古埃及和阿兹特克的城市农业系统，欧洲战争年代的份地花园（allotment garden），埃比尼泽·霍华德的田园城市设想，到中国古代城市园囿，再到如今的小汤山都市农业示范基地，都市农场就是城市农耕在当代的一种延续。都市农场是指市民将城市土地转变为有农业生产力的土地，种植作物、蔬菜、花卉、香草和饲养动物的场地[5]。其中有以营利为目的的、也有非营利性质的。营利性质的都市农场以提高作物生产力而提高经济收入为目标，我们在此不多作讨论。如果城市农场的农民群体在运营中涉及城市共治的概念，即把农场视为共同资源，共同治理且回馈社区，就是作者着重讨论的城市共治型的都市农场。

三、加菲尔德都市农场概况

1.社区背景

加菲尔德社区位于美国宾夕法尼亚州匹兹堡市，成立于2008年的加菲尔德社区农场在这个社区的北部，在过去十多年里，将三英亩（约1.21亩）废弃的城市土地变成了一个全面运作的城市农场。通过都市

1.加菲尔德农场区位鸟瞰图

农耕实践、教育项目和本地化合作，加菲尔德社区农场不仅为周边居民带来了新鲜有机食品，恢复了土地的生产力，而且成为社区里重要的社交场所。

住加菲尔德社区南部和东部的居民可以方便地乘坐多条公交线路，也靠近社区里的商业走廊，然而与南部和东部片区截然不同的是农场所在的社区北部，这一片区的地势突然陡峭，交通的不便使这一片区成了社区里的一个孤岛。同时，这一片区的很大一部分地块是匹兹堡市住房管理局设立的混合收入公共住房，即为低收入、老年人和残障家庭和个人提供的廉租房，住户超过1000人。整体上，这一片区缺乏公共交通，房屋拥有率低，贫困率高，缺乏配套基本设施，比如公共空间、杂货店、超市等。美国农业部定义食物沙漠是指居民距离食品杂货店超过一英里（1.6km）的城市社区或片区[6]。在这个意义上，加菲尔德社区农场所在的这一片区是一个真正的食物沙漠。加菲尔德农场的成立，以及不久之前在距离农场仅200m的地方新建的小超市，虽然缓解了这里的食物沙漠问题，但还远远不够。2020年匹兹堡市的政府报告中，这一片区仍被列为全市六大健康食品优先区之一[7]。食物沙漠问题的背后涉及更为复杂的社会问题，因此，对加菲尔德农场的研究并不是集中于它的食物生产模式或者耕作技巧，而是结合系统的多维度理论，对农场的生态、空间、经济和社会状况有更全面的了解，从而认识社区农场的营造对解决复杂的、长期的社区问题的意义。

2.空间布局

农场占据了一个山坡上的三个城市街区。从上到下，三个街区被称为上花园、中花园和下花园。下花园由一个果园和一个被叫做“高隧道”的温室组成，这个大棚温室承担了寒冷季节的作物产出。中部花园分为四个部分——草本迷宫、社区空间、千层木料园（hugelkultur）和一个被果树包围的小菜园。上层花园有一个最早建造的温室，与鸡鸭舍相连。温室运用了太阳能板、屋顶雨水收集、保温墙体结构的可持续低能耗的设计，容纳了许多在美国不常见的亚热带作物。温室的一边是按照等高线规划的坡上菜园，另一边是食物森林。食物森林是层次分明的果树、浆果灌木、草本、爬藤等植物互相依附、互相供给营养而形成的森林一样的食物生产空间。西北角是一个新建的小温室，专门用来培育植物苗。养蜂和制作生物炭在上花园也有专门的区域。农场和一名养蜂人及一个生物炭创业者合作，他们在农场放置自己的蜂箱和制炭木料，他们向农场提供蜂蜜和生物炭作为使用场地的交换。这些功能区块除了承载本身的作物产出功能，很多也具有表面不易观察到的生态、社会功能。

例如，草本迷宫有大量草本植物和花卉，它们用于制作烹饪香料和花束，本身增加了农场的视觉美观性，更重要的是它们吸引蜜蜂、虫子和蝴蝶为农场的植物授粉，也是了解动植物授粉机制的教育资源。迷宫的层叠空间也让它成了一个冥想空间，一些社区活动里人们在迷宫里分散而坐，在花语虫鸣里安静冥想。边上的社区空间本来只有两个用来收拾作物的小亭子，但是在新冠疫情暴发后，工作人员和志愿者们用简单的木材沿着场地等高线铺了长椅，四周架起杆子拉上了布顶棚。这里便成了居民领取食物、教会活动、暑期夏令营、社区会议等公共活动的场所。

这些多样化的功能空间在农场里形成了各种反馈回路（feedback loops）。温室、鸡鸭舍和食物森林里，白天，鸡鸭可以走出鸡舍，跑进食物森林，以食物森林里的槐树叶为食。在鸡舍的后侧，有一个带围栏的小菜园。每当菜园换新一轮的作物时，鸡鸭就可以进去用它们的粪便施肥、清理剩余的菜叶和虫子。晚上，鸡鸭回到和温室相连的鸡鸭舍，用它们的体温帮助维持温室内部的温度。温室里植物产生的氧气和鸡鸭产生的二氧化碳互相交换[8]。生物炭创业者给的生物炭放在鸡鸭舍里吸收家禽的气味，也吸收氨和粪便物质，然后被用于堆肥又在此变成菜地需要的肥料。堆肥又连接到另一个反馈回路。社区居民带来的食物残渣，附近咖啡店送来的咖啡渣，农场腐烂的或被动物破坏的农作物，都能丢进堆肥区。经过数周的翻动和发酵，废料成为肥料，几乎能实现农场每一轮翻土耕种都由自己的堆肥满足。农场的空间布局并不是简单的功能分区，像这样的反馈回路将看似功能各异的空间串联，从很小的双向反馈到复杂的人—动物—植物反馈环，它们是农场微环境和区域社会、生态系统内的重要环节。

3.运营模式

加菲尔德农场只有三名长期工作人员。一名创始人，也是社区教堂的牧师，看到社区里的废弃用地产生了反馈社区的想法，于是用它成立了农场，一步步从招募志愿者、专家、工作人员，从零开始亲力亲为建设农场。直到最近几年，随着农场的运营逐渐稳定，他才过渡到执行负责人的角色，主要负责一些规划和决策，也仍然有经常到农场搭把手的习惯。一名生产经理在两年前加入农场负责所有日常作物生产。她统筹农场每一寸土地、每一种作物的安排，对何时播种、施肥、浇水和收获作物都有非常全面的计划。培训志愿者和经营流动农夫市场也是她的职责。她在农场的工作时间随季节变化，但是是日常在农场时间最长的人。另外还有一名负责社区协调的工作人员，她就住在农场附近，对社区的情况了如指掌。自2014年起，她负责农场的对外交涉、人员管理，以及儿童教育课程、参观或夏令营的导引。

农场的大部分的日常维护和采收工作是由志愿者完成的。志愿者中有一部分加入了工作共享（workshare）计划，以每周在农场固定的劳动时间换取一包农产品。有少数志愿者即使没有食物交换，也定期来帮忙。稳定的志愿者和工作共享者经过日常维护和采收培训，能够在自己有时间的时候来农场，独立完成固定的工作。另外，农场每周四傍晚开设志愿者之夜，任何人都能参加，每周的任务不同，经常是翻土准备种植床、修补篱笆、修剪果树等需要比较多劳动力的工作。在夏秋繁忙的季节，农场也会额外招聘兼职的实习工作人员来分担生产和运营压力。实习工作人员跟着全职员工，几乎像学徒一样，能学到所有实用的知识和技术。

加菲尔德农场的作物主要用于5个方面。产生收入的社区支持农业（CSA，Community Supported Agriculture）、餐厅供应和流动农夫市场， 和不产生收入的食物银行捐赠、社区活动和教育项目备用原料。社区支持农业是消费者（居民）和农民互相支持的一种方式，消费者在生产季节开始前支付一整季食物订阅包的费用，农民把这笔收入用于启动生产所需的工具、种子等。等到作物成熟，持续大约20周，消费者每周到农场领取一包作物。在加菲尔德农场，社区支持农业的订购面向所有远近居民，且秉承着“尽可能支付”的原则，这样即便是比较贫困的家庭，也不会因为经济原因而被拒之门外。品相好、种植工序精致的农产品被出售给当地餐厅，这是农场很重要收入之一，餐厅愿意支付比较多的经费来购买有机农产品，同时农场的一些超市少见的作物品类让餐厅的菜单更加独特。

作人团队注意到大多数社区支持农业的订户其实是来自加菲尔德周边其他社区的，所以流动农夫市场的建立是为了增进与加菲尔德内部居民们的联系。流动市场是一个农场自己建造的小木棚，底下带轮子，用货车就能拉着在社区里到处流动。拖车上的市场有一个巨大的优势，能把新鲜的农产品直接送到社区陡峭的街区里的居民家门口。在生产季节，每周三或周五，流动市场在下午和晚上营业。很多居民，常常是一家人，就会到市场来买一些果蔬。加菲尔德社区的很多老年人都是吃自己种的菜长大的，所以流动市场吸引了很多跨代家庭，经常能看到祖辈指着一样作物告诉年轻一代关于食物的文化。

一小部分的农产品保存在农场用于一些活动，比如社区聚会大家会用香料和蔬菜做简单的披萨，儿童夏令营，孩子们用番茄、洋葱、青椒学做莎莎酱。农场的各项教育活动从儿童的自然课堂，青少年夏令营，到成人的朴门永续课程，为几乎所有年龄段的人提供低门槛的生态教育和实践已经成了农场最重要的一项责任。每个月，农场将大量食物捐赠给匹兹堡食物银行和加菲尔德社区教堂，每次都有超过150人去领取免费的食物，根据生产情况每次捐赠的食物数量不稳定，有时候会出现供不应求的情况。新冠疫情期间，农场更是取消了其他销售，把食物都捐给了低收入家庭和医疗工作者。

农场的土地产权是创始人所在的教堂所有，所以教堂所属有一个农场董事会，重大的决策会经过董事会的同意。但是农场的日常运营维护、产出销售、活动项目都是由工作人员集体决定的，志愿者们和社区邻居也会提出建议一起讨论。重大的改造决定都是公开的，征求更广泛的社区居民的意见。例如，生产经理提出了再建一个小温室的想法来容纳更多的树苗，并通过出售树苗增加农场的收入。其他员工支持这一决定，一名做建筑工程的志愿者帮忙完成了温室的建造。农场里有很多区域是由不同的人或团体贡献的想法、材料、劳动和资金来从而逐步实现的构思、设计和建造的。决策过程没有具体的流程，更多的是自发的、渐进式的决策过程，是员工和居民在几轮会议后达成共识并着手实施的。农场作为在社区里时刻开放的共治空间，对所有来进行不同的休息、活动、志愿服务等活动的人来说，农场的规则只简单几条：

“以爱和尊重对待每个人，因为我们都是同胞；

保护植物，只在小路上行走，不要在菜圃上行走；

保护植物，不要在花园里吸烟或喷洒有害物质，如化学除草剂；

记得关一下身后的门，这样动物就不会进来吃掉蔬菜；

不要破坏农场里的任何植物或构筑物；

尽你所能，保证这个空间的安全；

享受你在这里的时光，我们爱这个农场，我们希望你也爱它。[9]”

四、加菲尔德都市农场的多维度发展模式

多维度发展研究模型是基于Frank Geels和 Rene Kemp的多层次模型[10]发展而来。Geels和Kemp的模型认为所有社会、经济、生态等系统都可以从微观、中观、宏观的层面来理解，不同层面之间的事件会互相影响、互相转化。也就是说，微观层面的一个小事件可以通过纵向发展成为中观或者宏观上的网络系统，从而影响更多的人和环境。在此基础上横向、纵向、深度发展的多维度模型就用于解释很多组织结构和网络的发展模式[11]。用于理解城市共治的发展模式直观清晰。 横向发展是指水平方向的扩张，即项目占地面积的扩大，人员的扩张，或者是在不同地点复制产生散布的多个卫星型项目。纵向发展是指在垂直方向上项目的影响力、参与度的提升，从单个、社区内、注重自身发展的形式，向更高层面的区域内不同层面协作、影响社会政治议题、影响市场或政府政策的目标发展。深度发展则是更长期、缓慢的人的内在世界的改变。通过城市共治的过程，往往能产生个人或者集体的价值观和社会关系的改变，比如对人对自然能无偿索取的反思，对人和人的合作关系的了解，对民主参与形式的学习，对构成幸福的不同要素的认知等。

1.横向发展

加菲尔德农场的横向发展主要体现在它的逐年逐步渐进式的扩张。三英亩的占地并不是一起投入使用，而是从最早的两小块耕种区域开始，一小块一小块区域慢慢增加。早期开垦的地块大部分是用来满足食物生产所需，在食物产量逐渐稳定之后，更多教育、休闲、社区服务的空间才慢慢加入。随着可耕作面积和产量的增加，需要的工作人员和志愿者的劳动力也随之增加。另一方面，逐块开发使用也考虑到土地修复的时间，有些区域土壤质量比较好可以直接使

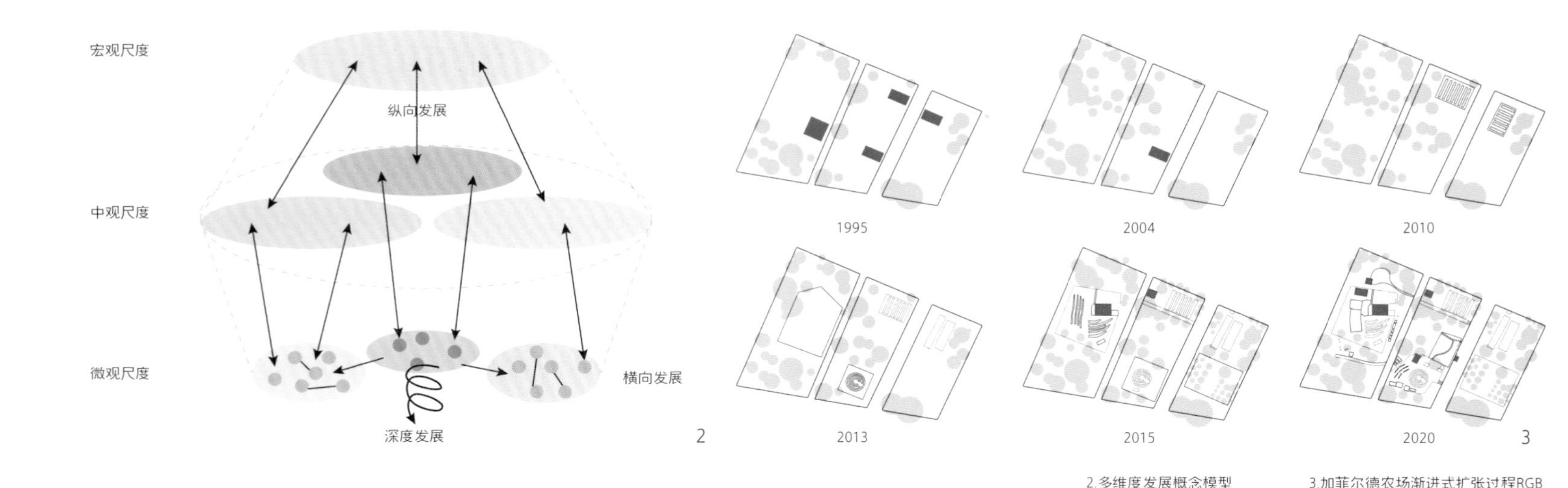

2.多维度发展概念模型　3.加菲尔德农场渐进式扩张过程RGB

用，但是也有一些地块存留着建筑碎片和污染物质，需要先利用堆肥来修复才能开始种植。

这样的横向发展方式实际上是一个摸索的过程，且每一次扩大用地和增加新的功能，大部分是为了应对新的需求。渐进式扩张的好处之一就是对需求满足的灵活性。相比于大部分人造景观（如公园、城市广场）的一次性精心设计、投入使用的方式，加菲尔德农场逐步地横向发展不仅减少初始成本，降低设计门槛，而且给未来土地使用的方式留有足够的灵活度，也无意中为后期更多人参与新片区的设计提供了机会。逐步建造中有设计的过程，比如依据朴门永续农业的原理来设计空间形态和植物品类，或者是志愿者和工作人员一起绘制一个新区块的设计图。也有很多试错的过程，像是一开始为了提高土地的使用率，种植的间距比较小，但是随着志愿者增多，经常会因为他们对地块的布局和作用不熟悉而踩踏到作物幼苗，所以负责播种的人需要留出足够宽的种植间距且插上标签。

2.纵向发展

加菲尔德农场的纵向发展涉及它与不同层面的利益相关者之间的互动关系。所谓利益相关者，可以理解为城市共治里共享资源的社群，也可理解为影响这个项目发展或者被这个项目影响的任何个人或群体。前文已经讨论了加菲尔德农场本身层面涉及的工作人员、志愿者、养蜂人、生态炭制作者之间的劳动力、空间和食物的交换关系。农场的纵向发展中联结了尺度更大的社区内和地方区域里的利益相关者。社区层面，加菲尔德社区和周边相连的几个社区内的社区发展非营利组织（CDC, Community Development Corporation）、教堂、餐厅和咖啡店、中学和高中，以及广泛的社区居民都与农场都有不同的合作关系。在这个层面，同样也是建立在相互之间的劳动力、空间、食物，或资金的交换关系之上。比如教堂会在农场举行礼拜和志愿者服务活动，也会每年为农场提供运营资金捐款，农场也会将产出的食物捐给教堂设立的公益食物银行分发给居民，借用教堂外的场地举办流动市场。地区层面，匹兹堡区域内的大学有学生、教师或者一个班级集体来农场学习其生态营造，也用自己的学术专业知识帮助农场的营造。区域内的基金会组织主要是根据农场提交的一些小型项目申请提供经费支持。还有像匹兹堡监狱、关注生态发展的企业等将农场作为生态教育实践基地。近期，农场与美国朴门永续学会合作开设朴门永续课程，加菲尔德农场是朴门永续落地实践的展示，是更多人了解朴门永续设计的窗口。同时通过美国朴门永续学会的平台，农场也正在探索更进一步的横向和纵向扩展，例如如何找到更多有相似目标的组织和个人来发展稳定的合作关系，如何丰富朴门永续课程内容、授课方式和实践合作方等。农场的纵向发展还未涉及到例如对土地区划（zoning）或地方政策的影响，更多的是在现在的市场和政策环境下保证自身的生存，侧重于强化现有的合作网络，对新的合作关系保持开放的态度。

3.深度发展

深度发展是潜移默化的，很难直接和客观地反映出来但并不是无迹可寻的。经济学家Max-Neef提出人类需求和满足理论中，他认为人的需求大致由物质、保护、情感联系、理解、参与、休闲、创造、身份、自由九个大类构成，人类的行为也是被这些需求所驱动的[12]。这九类需求也正是由基本到深层的需求。农场满足更深层的人类需求的过程是它深度发展的过程。在加菲尔德农场中，社区居民和志愿者提到的农场对他们的影响就涉及很多深层需求的满足。一位加菲尔德的居民说："我们喜欢来这里休息，看看这里的动物，学习一些关于种花的知识，也了解一下这些小动物都吃些什么。"这反映了农场通过直接或者间接的自然教育满足了居民的"理解"需求，通过提供开放的休憩空间满足了居民的"休闲"需求。而另一名志愿者回想农场对他的意义时说道："我从这个社区、这个城市得到了很多，我不仅仅是在这里劳动，在这里做志愿者也成了我回馈匹兹堡这个大社区的一种方式。"这段话中折射出这个志愿者将都市农耕看作建立个人与地方联系的媒介，是一种找到自己在社区和城市中归属感的方式，也是将身体的劳动转化为一种精神的寄托。在这中间，"情感联系""参与"和"身份"这几种需求同时被满足了。每一个农场的利益相关者几乎都有自己与农场的故事，用需求和满足理论来剖析它们，几乎每个人都有多重的需求以不同的方式被满足了。

参考Arnstein的参与度阶梯，阶梯自下而上是市民参与度最低的"无参与"，居民被专家和设计师允许发表一定意见的"象征式参与"，到完全由市民主导的"自主型参与"[13]。从参与决策的层面来看农场的深度发展就可以理解为在此梯度上更加上层的、更加自主型的参与方式。如果将创始人和工作人员认为是普通的居民的话，加菲尔德农场的初始决策本身是完全自导自主的，但将它们看作设计师的话，起始阶段其他居民的参与非常少。而如今的丰富活动和高参与度是日积月累的社区交流形成的。现在的农场日常决策更偏向自主参与型里比较下层的"合作"和"委托分权"参与。与其他机构、餐厅、学校等形成"合作"关系，志愿者参与农场的管理维护是"合作"也是一种"委托分权"，每个人分别承担日常浇

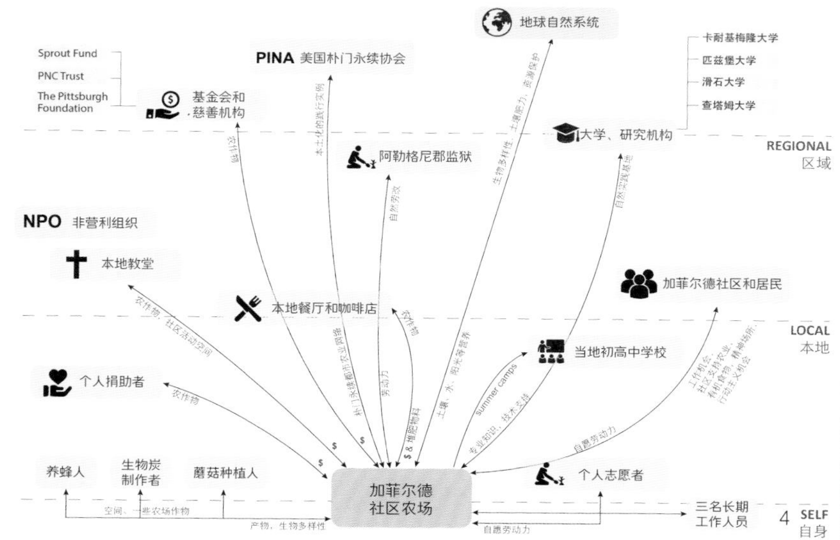

4.加菲尔德农场利益相关者和纵向联系

5.社区活动空间

6.高隧道温室

7.社区支持农业订阅包内容

8.流动农夫市场

灌、收获、除草等责任。这些合作也让居民和志愿者愿意给农场出谋划策，更主动地加入具体项目的设计、建造中或者日常的劳作中。农场致力于举办一些低门槛、高参与度的活动，不断地推进居民参与度往阶梯上层演化。以前很多青少年到农场捣乱，破坏农作物、偷窃耕种工具。农场通过呼吁父母带着孩子来参与免费的活动，比如一起建造种植床，教孩子们摘番茄做番茄酱，让青少年自己设计工具仓库门上的图案并涂鸦出来。这些青年真正自己参与，成为农场的一部分，感受到耕种的不易，捣乱的行为就减少了。深层需求的满足、深度的参与和深层价值观的改变都构成了农场的深度发展。

这里所提到的满足和需求理论和参与梯度理论只是用来分析和思考深度发展的其中两种方法，由于深度发展是一个有多种理解角度、潜在的且不断变化的过程，能捕捉这些过程的方法和理论有很多。单从这两种理论就已经可以对设计师有所启发，例如城市共治的设计中是否需要更加有意识地考虑什么样的需求能通过什么方式满足，或者是否有更好的方式满足同样的需求？设计是不是可以引导多重需求同时被满足，以及促进居民参与度的更进一步？

五、结语：多维度协同发展的重要性

本文首先引入了城市共治和城市权利的概念，再从横向、纵向、深度的多维度发展视角分析了美国加菲尔德都市农场的城市共治的案例。一方面，从各个维度分析城市共治的发展模式可以了解到城市共治中存在着的发展规律，利益相关者关系，日常协商决策、运营维护的责权分配，以及在非物质层面产生的影响。多维度的研究可以为参与的民众以及协助共治的设计师和政府部门，在决策中提供更加系统性的参考。另一方面，人们在关注这些城市共治案例时容易片面地用横向的发展来衡量它们的表现，即项目的年限、用地的大小、参与的人数。但实际上，共治更深远的发展需要我们进一步讨论纵向和深度这两个维度。纵向的发展使城市共治不再是一个个孤岛，找到合作伙伴或者政府和市场的支持能让共治项目有点成面，形成更加强壮的网络。深度发展实际上是最有社会意义的发展维度，需要投入大量时间和精力来改变“人”。深度发展对设计的要求更高，因为设计不仅仅是停留在空间和物质的创造上，而是进一步通过外部的设计激发内在思维的改变。深度发展的角度也让我们回到最初讨论的城市权利上，城市权利并不代表着直接把所有决策的权利给市民，让他们拍脑袋就决定城市是什么样子的。城市权利的实现更应该是通过这些城市共治项目的深度发展，让市民理解城市中自下而上的力量是如何形成的、各类社会力量协同共生的方式有哪些，在共治中激发社区凝聚力、市民的民主参与意识、传授给市民实用的共治技能。只有这样的多维度的共同发展才能允许市民在被赋予城市权利的时候不盲目地去使用。

参考文献

[1]戴维·哈维. 叛逆的城市：从拥有城市权利到城市革命[M]. 北京: 商务印书馆, 2014.

[2]亨利·列斐伏尔, 埃莱奥诺尔·科夫曼, 伊丽莎白·勒巴斯. 关于城市的著作[M]. 纽约: 布莱克威尔出版社, 1996.

[3]侯志仁. 反造再起: 城市共生ING[M]. 台北: 左岸文化, 2019.

[4]大卫·鲍利尔. 像共治者一样思考: 共治生命周期的简介[M]. 加比奥拉岛: 新社会出版社, 2014.

[5]大卫·汉森, 埃德温·马蒂, 迈克尔·汉森. 突破混凝土建设城市农场复兴[M]. 奥克兰: 加州大学出版社, 2012.

[6]保拉·杜特科, 米歇尔·弗普洛格, 特蕾西·法里根. 食物沙漠的特征及影响因素[DB/OL]. 美国农业部, 2012. https://www.ers.usda.gov/webdocs/publications/45014/30940_err140.pdf

[7]喂养匹兹堡. 了解匹兹堡市的粮食不安全情况[DB/OL]. 匹兹堡城市规划局, 2020. https://apps.pittsburghpa.gov/redtail/images/16669_FeedPGH_Print_Version_11.18.21.pdf

[8]达雷尔·弗雷. 生态温室花园. 朴门永续农场[M]. 加比奥拉岛: 新社会出版社, 2011.

[9]弗兰克·吉尔斯, 勒内·坎普. 从社会技术角度看转变[M]. 马斯特里赫特经济研究所, 2000.

[10]汉斯·德·哈纳, 扬·罗特曼. 转型中的模式: 理解复杂的变化链[J]. 技术预测与社会变革, 2011(78): 90-102.

[11]曼弗雷德·马克斯·尼夫. 发展和人类需求[J]. 发展伦理, 2017: 169-186.

[12]雪莉·阿恩斯坦. 公民参与阶梯[J]. 美国规划师协会杂志, 1969(3): 216-224.

作者简介

郑　纯，卡耐基·梅隆大学设计学院博士，美国朴门永续学会认证朴门设计师。

一个社区培力的基层制度实验
——以泉州社区营造行动计划为例

A Grassroots-Mechanism Experiment of Community Empowerment
—A Case Study About Action Plan of Community Empowerment in Quanzhou

林德福
Lin Defu

[摘　要]　社区营造行动计划是泉州“美丽古城 家园共造”具有创新性的试验性计划之一，也是市府提出的自上而下与自下而上相结合的创新性共治制度。在做足准备后，启动一连串的创新试验性举措与过程，包括将原本惯行的“行政委托专业”的选点做项目再招商的做法，改为 “培训—提案—竞赛—选点”的新做法，也就是“先选人，后选点，再社造”的新制度过程，来激发有意愿及积极性的“基层干部+专业者+热心人士”三合一团队，要的就是真心实意的社造团队与试点社区。

这样的改变过程虽曲折却还算顺利，因而也确实激发出有主动性的团队，以及社区自主提案的项目。可是到了需要团队及社区扮演后期计划拟定与执行主体之时，却也面临了这个选出团队并非法人身份而无法成为执行主体的困扰，以及经费缺乏既有行政机制保障的难题；基于此，在市、区、街道三级政府各相关单位多次开会协商，一方面协助三合一团队法人化，以及建立全程参与合议制评审团，再由团队依“可行性、居民参与性、策划方案及设计方案等四个到位”的前期试验过程及计划项目拟定，来提升项目的可行性和可持续性，协助团队成为权责相符的推动主体；另一方面突破原有行政部门经费使用的限制，新出台了社区营造计划专款专用及退出机制的规定，借以奠立此社区营造行动计划执行力及落地性的制度基础。

[关键词]　自下而上；培力赋权；退出机制

[Abstract]　The action plan of community empowerment is one of the innovative experimental plans of "Beauty Gucheng Building Jiayuan" in Quanzhou. It is also an innovative co-governance system of integrating top-down and bottom-up proposed by the municipal government. After making full preparations, a series of innovative experimental measures and processes start, which include changing the usual practice of "administrative entrust professional" to "training-proposal-competition-selection", that is, the new system process of "selecting people first, then selecting sites, and then community empowerment". To stimulate the three-in-one team of "grass-roots staff + professionals + enthusiastic residents" with willingness and enthusiasm, what we want is a sincere social creation team and making a pilot community.

Although the alteration process is tortuous, it is still smooth. It does stimulate active teams and projects independently proposed by the community team. However, when it comes to the requirement for teams and communities to play the major role of the plan formulation and implementation, they are also faced with the problem that the selected team is not a legal team and cannot become the implementation role, as well as the lack of existing administrative mechanism guarantee for subsidies. Based on this, various relevant units of the municipal, district and street governments held meetings and consultations for many times. On the one hand, they assisted in the legalization of the three in one team and the establishment of a Collegial-system jury participating in the whole process. Then, the team will improve the feasibility and sustainability of the project according to the preliminary test process and plan project formulation of "feasibility, public participation, planning scheme and design scheme", and assist the team to become the driving major role with consistent rights and responsibilities. On the other hand, it broke through the original restrictions on the use of subsidies by the administrative departments, and newly issued the provisions on the special subsidies and withdrawal mechanism of the community empowerment plan, so as to lay the institutional foundation for the implementation and implement of the community empowerment action plan.

[Keywords]　bottom up; empowerment; withdrawal mechanism

[文章编号]　2023-91-P-050

一、社区营造行动计划的背景：原有模式需要改变

在开展社区营造行动计划之前，泉州也曾基于过往经验的惯性：由上级政府找些“表现优秀”的社区领导或干部，配搭所谓“具参与观念“的专业者协助，再由他们去发动热心居民来参与的方式，推动社区发展工作，只是这种“由上而下、精英式领导”模式，在期待较快有效的要求下，通常的结果不仅不尽如人意，还经常产生干群关系紧张，甚至社区居民养成“等、靠、要”的情境。有此经验后，泉州市于2017年8月启动“美丽古城 家园共造”社区营造活动，是以政府引导、群众参与、自下而上、协会帮扶、共建共管为主要形式，并以决策共谋、发展共建、建设共管、效果共评、成果共享为主要特点，最终达到群众深度参与社区建设管理，完成自组织、自治理和自发展的过程。为达此境，就需要一个不同于过往“由上而下、精英式领导”的运作机制与平台模式，不过尽管上级有意改变，但社区干部及相关专业人士并没有新的想法与经验，更不用说是一般民众了，面对这些尚无社造行动经验的各方人士，又该如何入手呢？

社区营造行动是一个培力社区各方人士对社区认同感的过程，在过往的经验案例中，如果能有社区党政或政府部门的行政支持协助、各类专业者的帮忙和担当，以及有参与精神的社区团体和居民，通常会取得较好的行动成效，如果缺乏任一方参与的行动，则

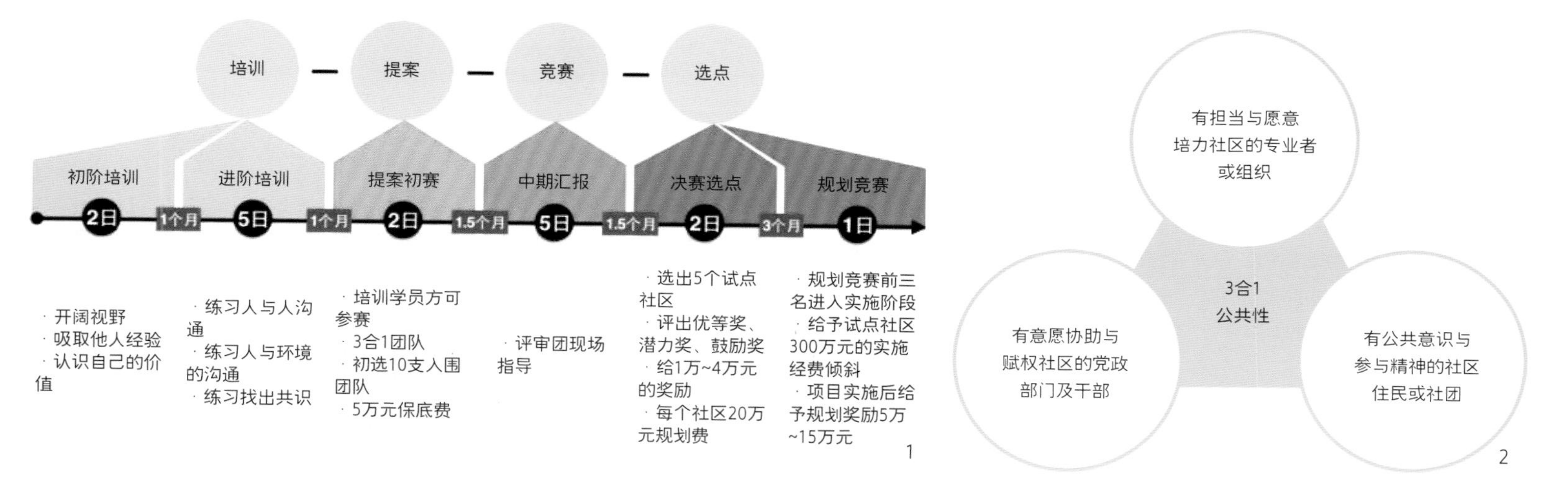

1.泉州“美丽古城，家园共造”社造行动计划主要运作模式

2.泉州社区营造的“三合一团队”基层组成示意图

会状况频出。那么要如何让当前缺乏社造认识与经验的这三类人群在较短的时期里能有基本认识和初步培力，同时又能激发这三类人群成为一个团队，且是一个有主动性及能动性的团队，也是一个不同于过往的运作模式，成为当务之急。

二、社区草根培力的基层设计：增设自下而上、培力赋能的逆向操作

前述背景下，市区级政府与第三方专业团队共同研提一个由市、区级政府“由上而下”的行政操作、配加一个“自下而上”“培力赋能”社区三合一团队的双向运作模式，为避免各类人士只是被指派地应付或只为寻求利益才来参与，同时策划一个相对长效且绵密的行动实验过程，借以激发对古城社造有心的这三类人成为具有主动性与能动性的社区团队；同时筹建“泉州古城社造推动小组”来增加行动计划的可持续性。

前述所谓的“三合一团队”：是由社区干部、相关专业者、地方热心人士或创客三类人共同组成，是社区营造行动过程中不可或缺的社区公共参与者。然而过往社区干部在推动工作时，常需要专业者帮忙把脉出药方，却不太知道好的专业者在哪里；相关专业者也在主动进入社区后，却常常遇到软棉花，有力使不上；另外，热心人士或创客有时因不能与社区形成合力而瞎折腾，或是只顾自己，三者间很少有共谋的经验，更难形成具有社区公共性的合力情境，因此我们需要一个改变创新的过程。

基于此，不再一味追求高效的泉州古城社区营造行动，启动一连串培力赋能的创新实验工作步骤，就是在选出有心的“三合一团队”及其所在的社区作为试点，每个试点能获得政府在策划规划费和项目实施费上的支持。为了确定选出来的人员能对社造有基本认识与理解、是“自己想做社造”，特别设计了通过“培训—提案—竞赛—选点”一系列的长效过程来选拔试点社区，这个过程又细分为“初阶培训—进阶培训—提案初赛—中期汇报—决赛选点—试点规划竞赛”，总时常大约6~8个月，每1~1.5个月有一个有检验性的阶段节点，每次2~3日，借以相对长期的培训课程及工作坊的赋能培力过程，借以激发参与者的主动性与能动性；再进一步让参与者自组“三合一团队”，自主提案、实地实训磨合、提案竞赛，最终选出真心实意、具有公共性的社区团队，进行提案的优化。

整个过程就是一个认识社造、形成团队、提案实践、行动磨合、培养团队公共性的过程，也是一个自下而上、培力赋能的创新过程。最终经过约九个多月的行动实验，各阶段的主要成果如下：

（1）初阶培训就是创造大家认识社造、互相结缘，共有400多名学员参加培训，初阶培训的学员已体会和认识到：社区营造最好的办法就是多沟通、多磨合，最后达成共识。在此基础上，参加过初阶培训的学员才能报名进阶培训，且须维持“三合一团队”的特质。

（2）进阶培训是以三周时长工作坊的实操方式，以期让参加者能研判社区问题，找出病因，并寻找解决之道，同时赋能参与者互相倾听、对话讨论、寻找共识的学习与经验。共有近百名初阶培训人员报名参加，经过分组实习的讨论与操作练习，学员们学到的是：和过去完全不同的社区建设模式，一种自下而上的社区营造模式。正如市级领导在进阶培训闭幕致辞中表示：“我们通过进阶培训，已发现许多社区营造工作的好种子、好苗子、好的‘三合一团队’，希望能为下一步的‘提案初赛’打下基础。”

（3）自组提案的初赛是让自发自愿的人士以团队化方式，自主提案参与社区发展和管理，并给予社区较长周期（超过一个多月）的自行组队来报名参加这次的实验行动方式，同时为了尽可能地多渠道、多路径、多方式探索，在3个月的决赛时间才最终选出5个试点，评审团决定这个阶段以鼓励为主调，给予10支团队全数人围，但保留中期淘汰的可能性。在开工仪式上更是明白地申告：“我们要的是真心实意做社造的团队。”

（4）竞赛选点是为了让团队能在实际的行动过程中，通过自组提案的实践尝试，以及实际行动中进行团队的磨合，为避免团队出手习惯仍是项目竞争而不是社造行动的互联互助，设计了竞赛的中期汇报，由团队带领评委走访社区现场，说明社造工作、思路和愿景，听取评委点评并交流，评估的重点在社造团队与社区民众的关系，不再是“我—他者”的客观距离，群众不再是被调研、被动员对象而是自愿的参与者，团队与社区逐渐凝聚出具有共同体感的“我们”。

（5）决赛选队选点的过程就是一个“像增进生命那样增进社造行动，赋能与培育社区草根力量”的过程。古城社造是一个老城区日常公共生活的探寻和培育过程，它不是模式移植，更不是招商。这个以赛代练的过程，既是竞赛，也是团建，更是培力社区草根团队的过程。因此并不求快，仅此选队选点的时间就耗时近半年才决选出5个试点社区，在项目落地中通过“做”和“参与”过程，体现和深化社造的新生活方式。

经过较长时间的小步快跑，整个过程一定程度地使社造团队和社区民众体会到社造是一个行动的过程，像生命那样展开的过程，而不是应急性项目；也一定程度使地方发展的矛盾在一个比较放松的、非正式的、友善的、柔性的社造以赛代练的场域中，提前出现和化解。古城社造，就是泉州与国家要求创新社会治理、“共建共治共享”高度一致的创新实验，核心内涵是要基于群众真实的生活经验，发动群众爱护古城、认同古城、参与古城提升。

三、初阶段的成效：社区培力成效正显、改变已然发生

至此，第一批参与者的能动性已被激发出来，对古城保护和发展能主动提想法、主动参与，而不是等着上级机关下命令，这是最难得的，因其体现了政府和居民之间的互信重建，以及彼此允诺的责任。尽管整个实验计划仅进行过半而已，但社区草根培力的效果已然呈现，这可以从“三合一团队”中各类人的自省与转变中看到。

（1）社区干部的转变：反映要有用、真为社区做点事。社区干部之所以会有这样的转变，主要是他觉得往常社区干部说了自己的意见或建议也没用，那干脆就不说了，但这次好像有点不一样，真的是在为社区做点事，且提出意见后团队也会有所回应，这是他转变的基础。

（2）社区热心人士/幼儿园老师的感触：学校要与社区联手才能有特色。这位以社区热心人加入的幼儿园老师，深深感受到幼儿园只有积极与社区联手，有效利用社区资源，形成资源共享的模式，才能探索出有效的教育途径，形成幼儿园富有当地特色的课程，对于推广学园和社区、提高教师教育教学水平等方面，这些都具有重要的意义。

（3）一个专业者的反思：社造从自造开始，且不是一个人在战斗。根据一位担负团队组长的专业者反思说：“我们正在通过这个过程认识世界，找到自己的位置和存在的意义。曾有朋友问：‘溪亭社造这么苦，你们怎么活下来的？’我笑着说：‘因为我们不是一个人在战斗呀！’”

前述三合一团队成员自省与转变的案例中，我们可以感受到：一个愿意改变、协助与赋权社区的党政部门及干部，一个有着“鸡婆”精神、坚持而有担当且愿培力社区的专业者，一群有公共意识与积极参与精神的社区住民或社团——这些愿意为地方付出、热爱家园的“三合一团队”，这三种力量对泉州社造而言确是缺一不可，合力追求社区公共性的共识。

泉州古城社区营造行动期待的效果是社区整体达到平衡，促进共同发展，不是嘴巴上的廉价承诺，而是行动上的身体力行。为此，我们为社造设计了前述一系列的行动计划与基层制度，不仅要求社造团队遵守，也要求政府的承诺自己也要做到。

原泉州古城保护发展工作协调组办公室主任李伯群2018年7月6日在微信公众号“乡愁经济学堂”发表文章《泉州基因的古城社造》中称：“泉州‘美丽古城 家园共造’社区营造工作，从2016年策划开始，至今已两年多，正式启动以来，大家参与也近一年，想来，着实不易。社造是一个启动较慢、想法较复杂、不太好下手的工作。迄今，尽管泉州古城社造还带有行政痕迹，但第一批参与者的能动性都被激发出来，对社区层面的古城保护和发展能主动提想法、主动参与，而不是等着上级机关下命令，这是最难得的，因其体现了政府和居民之间的互信重建，以及彼此允诺的责任……社造是一个过程，困难而真实，然而，工作就是生活中的点点滴滴，我们因困难而感动。”泉州古城社区营造实验计划就是自上而下推动、增设自下而上、培力赋能的逆向操作，更是在实践行动过程中开展的工作。

四、机制再创变的需要：名实相符、权责相当、协进能出

泉州古城第一批有心的社造试点已经选拔产生，既是阶段性成果也是新阶段的开始，接着而来即是如何让这些经过多时磨合而有初步共识的社区项目扎实地落地，就成为当时的主要课题。由于主要的经费仍是由行政部门编列、执行与监管，就产生了如何与行政运作接轨的议题，尤其是团队虽是过程中产生的，却不是法人组织，仅是由自然人组成的“三合一团队”，社区服务采购及项目建设的经费难以直接拨付到团队，因而社区选点及有心的团队成员虽已找到，但进行至半程的社区营造行动计划却也因此需要再创新与改变，如何让团队名正言顺地成为后半程行动计划的推动主体—有法人身份的“自组织”，也成了当务之急。

1.团队法人化机制推动：从合理性到合法性的自组织

经过多时培训及实践过程所选出的三合一团队，基本上已对社区营造理念及行动计划的做法有一定程度的理解与掌握，应是推动后续行动计划最合适的主体，算是具有相应合理性与正当性的，但却因非法人组织的身份而难以扮演推动主体的角色，在多方调研、协商及会议后，最终在相关行政部门与各团队间努力奔走、来回推敲协商下，完成各团队自组织的法人化过程，五个条件各异的团队完成了一个社区联合会的自组织、一个挂跨文史类民非组织的自组团队，以及三个团队自行成立类工作室形式的工商企业组织，基本上，五个团队均完成法人化的社区自组织程序，并都得到社造团队的书面委任和签章。

这看似耗力耗时的过程，却也让时间与过程作用于法人化行动的认同之中，虽有三个团队转型为带有“私人营利疑虑”的工商企业组织，但大家也知道我们必须持续观察其后的行动后效，非仅停留在非议阶段而产生行动认同。这正如同社会学家布迪厄所指出的：“实践的特性是由实践在时间（过程）中建构的，并从其中获得其（行动）作为顺序的形式，以及由此而产生的意义（和方向）。这种情况常见于（至少在行为人看来）那些被确定为由相对不可预知行为构成的不可逆转的定向序列。”至此，各团队不仅完成了社区自组织的法人形式要求，也可合法地被认同重新纳入行政运作的系统之中，让三合一团队合理且正式地回到原有的行动计划运作主体的角色，也是让三合一团队从正当性转向合法性的过程。

2.全程参与的合议制评审团：从行政决策到合议共决

基于新创行动计划的习性养成需要循序渐进，经过一段时间的行动过程，将外部创造条件内部化为参与者的新习性，那么要推进与实践新习性，就需要依据新规则：强调民众参与的专业规划设计项目方案来判准与推展。首先，改变过往由上而下之行政权单独决策模式，为项目审查设置了评审团，采合议制的方式，并确立合议制评审团具有最终的决策权。基本上，评审团的成员组成为行政主管单位、地方专家，以及社区营造专家各占1/3，形成各方均不能形成单独决策的主体，而必须融合各方意见成为多方合力的决策，这也充分展现了参与其中的相关人员以开放态度尊重和接纳评审团专业意见与建议。其次，为了让评审团与社造团队间有较紧密的联结，也能对社区有更深刻的了解和认识，特意安排了全过程参与式的评审团机制，尝试让评审团也能养成新习性。

这个全程参与的过程是：在培训阶段担任导师，在竞赛阶段到现场了解与指导，以及担任评委，最终在择优选出团队及试点社区后，在古城

办下设社区营造项目审议小组，皆由同一群委员担任；并设立了审议小组的组织章程：规定拟定项目运作和审议程序，这不仅是确立了评审团的一贯性、权威性及合法性，也是将扩大决策参与的新习性带入既有的行政机制里；尽管行政类的评审成员在不自觉中仍会有原有的惯行思维，但在一次次的反复操作练习之下，也感受到扩大参与的决策模式相对较为公开、专业与公平的优点，进而尊重并习惯性地听取专业意见。

3.赋权担责的项目推动主体：从培力赋权到权责相符

就在这公开和专业的新合议机制，以及社造团队已确立了合法性的形势之下，社区营造行动计划正式地进入试点社区项目拟定阶段，为了让已法人化的团队组织扮演好行动主体的角色与功能，除了赋权团队：给予合法性与经费支持其行动之外，也应让团队在项目拟定过程能更专业化，且有更多的民众参与其中，也就是在赋权的同时也应要求承担责任，让社造团队成为一个权责相应的推动主体。

为此，设计团队提出了阶段性管理规定：（1）要求团队报送“三合一核心团队名册”和“三合一核心团队成员登记表”，以示对自身角色的慎重；（2）要求团队报送项目时填报“社区营造项目和资金预算一览表”和“社区营造项目申报表”，这既是协助团队检查自身工作是否到位的工具，也促使团队在自我检查中自我负责。同时要求每个提报的社造项目必须达到以下四个到位内涵：项目策划到位、概念方案到位、可行性探索到位、群众参与到位。

紧接着再排定多次定期的社造项目审查会，依据前述四个到位的原则要求，由合议制的评审团核定那些项目达标而准予通过，那些未达标而继续提升，甚至有些项目条件不足或可行性不高，必须进行项目调整。评审团的结果以会议纪要的形式，由市古城办以正式文件通知所有团队，其中项目业经审查通过者，则可接续进行项目的实施与落地工作。

4.社区经费使用的改变与突破：选择权下放的退出机制

就在团队法人化的同一时段里，还有另一个关于行政机制转变的行动亦在发生，就是关于社区团队推进行动支持费用，有着如何确保其专款专用、落实到位的议题需要面对。在泉州古城社造行动中却也隐含着“上下两头热、中间相对凉”的状态，即市古城办积极热烈地发起和行动，社会/社区也相应地热情响应及行动，但与社区工作更直接相关的区级和街道级政府的参与有限，更显示出了被动的承上转下之状。究其因，在新机制沟通阶段旧习性发挥着顽强的惰性力量：在为其他部门设想机制创新时，大部分人思想活跃、力求突破，一旦涉及自身需要担责时，则以无前例可循、对审议小组决策机制存有不信任的态度，尽可能地回避或推辞，使新机制的推行遭遇到阻力，显现着基层的普遍顾虑是这个新的机制和既有的旧规之间存在缺口。

为了填补这个缺口，经多方征询、多次协商会议后，泉州市政府出台《鲤城区社区营造专项经费管理规定》，明确了“社区营造资金专账核算、专款专用”与“不愿意承担社区营造专项经费支出流程的相关街道、社区可以选择退出社区营造项目”的推出机制。一方面为了避免社区经费在移转至区政及街道办期间，因地方财政缺口而挪作他用，特别规定社区经费必须专款专用，同时要求区政府及街道办担起管理社区经费使用的权责；另一方面为了避免形成强迫基层单位与社造团队接受上级政府的强加任务之感，特别安排了一个要求基层及团队均应直面权利与责任间对应关系的退出条款，给予一个“由下而上”的选择机会，而非一个“由上而下”的指派式任务。

这个退出机制虽说是泉州古城社区营造的随机之作，却对基层单位及社区团队的赋权担责起了关键枢纽作用。其退出机制的内涵为：①社区营造项目遵循权责相符的原则，承接社区营造项目的街道及社区在享有项目资金补助的同时，也须勇于开创和承担社区营造专项经费支出流程的制度创新式实践行动；②社区营造项目的申报遵循自愿原则，不愿意承担前述制度创新式实践行动的相关街道及社区，可以选择退出此行动计划。这样的退出机制不仅适用于基层单位，也适用于社造团队，同样要求他们必须直接面对赋权与责任之间需有的应对关系，需要自主地选择是否扮演推动此行动计划的主体，为自己的选择负起应有的责任与义务。

五、阶段性结语：“自上而下”与“自下而上”相结合的制度创新

在前述的新形势下，历时2年多的社区营造行动计划已孵化成熟了数个可实施的项目，且将这些已成熟且经审议团审查通过的项目，以正式函告基层与团队的方式纳入基层行政常规化流程之中，为此鲤城区政府出台文件，对社造团队赋权（法人化+团队签章）及赋能（专业培训+专款专用），要求项目执行小组成员必须包括社造团队成员，同时对政府惯常标准化一刀切性质的规定加以松绑，允许除了集中采购的事项之外，为提高居民参与度之单体采购事项可以采取多种尝试，并因应社造团队的差异性也放宽社区项目提报期限，采取多次分批合议审查方式，以求做好社区项目的四个到位要求。

如此，一方面强调公开、专业的全程参与式合议制评审团，将原先的行政决策转变成合议共决，再以四个到位的社造专业原则要求，以及专款专用规定的社造经费支撑，在赋权的同时赋能社造团队成为权责相符的项目推动主体；另一方面，借由补助经费管理权下放、自主选择，以及退出机制的过程，激发基层行政单位参与其中而确立其担负权责相符的基层主体。这个由市一级古城办“由上而下”启动的“由下而上”的底层设计，正式从推动主体的转变到推动机制的转变，更进一步地将“由上而下”与“由下而上”深度地结合起来，让“美丽古城 家园共造”的社区营造行动计划成为更具基层单位与热心民众参与基础的行动计划。

作者简介

林德福，集美大学美术与设计学院教师，成都市成华区社区规划师导师。

多元产权主体参与的社区更新
——以华富社区公共弄堂为例

Community Regeneration with Multiple Property Owners
—A Case Study of the Public Alley in Huafu

秦梦迪 童 明
Qin Mengdi Tong Ming

[摘　要]　上海市漕河泾街道华富社区的公共弄堂是一条人车混行、环境杂乱的社区内部通道，周边地块涉及民企、央企、事业单位、居民等复杂的产权主体。文章以该公共弄堂的更新改造为例，分析了社区空间现状的问题和空间权利关系的现实情况，探讨了社区规划中多元利益主体之间的博弈和协调过程，试图解释空间更新和权利边界重构背后的利益再分配，并提出了社区空间资源再配置的策略和方法。

[关键词]　社区更新；多元主体；产权

[Abstract]　The public alley of Huafu community in Caohejing subdistrict is an internal passageway with vehicle-pedestrian mixed traffic and chaotic public environment. Its surrounding land plots involve private enterprises, government-owned enterprises, public institutions, residents and other complex property owners. Taking the regeneration project of Huafu community as an example, this paper analyzed the problem of the public space and the current situation of spatial right relationship, discussed the gaming process and coordination among the multiple stakeholders in community planning, and tried to explain the redistribution of benefits behind the spatial renewal and the reconstruction of rights boundary. The strategies of community space resource reconfiguration have been put forward at last.

[Keywords]　community regeneration; multiple stakeholders; property right

[文章编号]　2023-91-P-054

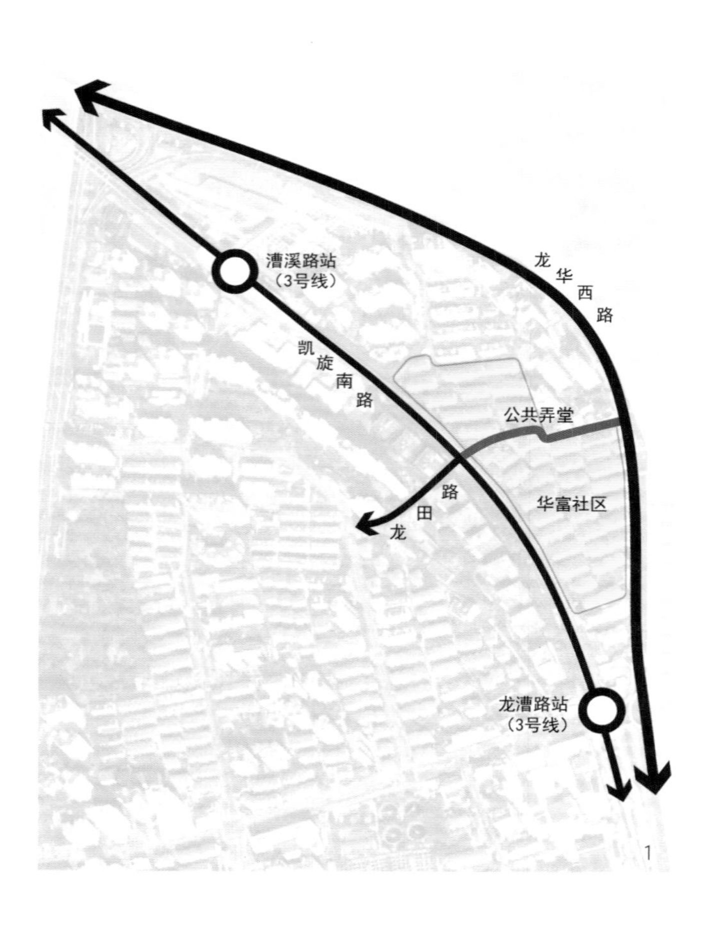

1 华富社区公共弄堂的区位

随着老旧社区更新工作的广泛和深入开展，“改造事项工程化，工程实施碎片化，改造成效表面化”的环境整治工程引发了越来越多的反思和批判[1]，被认为是“涂脂抹粉”、治标不治本的表面文章[2]，因此，更为实质性和可持续的社区更新方式逐渐成为关注的议题。

社区更新的实践操作过程，一方面是对社区空间的重构，需要挖掘社区中低效利用的边角用地、闲置资产，通过规划设计重新分配空间资源，使其能够得到有效利用，并进一步以功能更新、文化培育等方式激发社区活力，提升社区品质；另一方面，物质空间的更新往往会涉及不同产权的地块，面对多元的产权主体，需要通过社区治理的方式进行利益调和，并形成一种联合行动来推进社区发展的持续过程[3]。在这个过程中，社区更新不仅仅是对空间外观的美化，而更多地触及空间权利边界的重新构建和利益的再分配。

在上海市漕河泾街道华富社区公共弄堂的更新项目中，我们摒弃了以立面和铺地刷新为主的表面化更新方式，深入挖掘了社区内的低效利用的空间资源并进行整合，在与多元产权主体的博弈和协调过程中达成了对空间权利边界重构的共识，最终实现了社会总体效益的提升，形成了多方共赢的局面。

一、华富社区公共弄堂更新项目的背景

华富社区位于徐汇区漕河泾街道北端，在龙华西路与凯旋南路之间，是一个由5个小区组成的居住区，包括1个混合型小区和4个售后公房小区，常住人口约4500人。社区最早的一批房屋建成于20世纪50年代，直到90年代形成了目前的社区空间格局，是一个典型的老旧社区。与上海其他的老旧社区类似，华富社区也面临着公共空间狭小、基础设施老化、配套服务设施不足、物业管理维护困难等问题。

华富社区公共弄堂是社区中一条横贯东西的无名道路，连接了凯旋南路与龙华

西路，是南北两个片区居民出行的必经之路。但目前整个弄堂的空间环境是比较差的，行人、非机动车、机动车混行，空间狭小局促，弄堂两侧的建筑老旧，功能业态低端，与居民的生活需求存在一定落差。

对于这样的一种现状，居民的意见很大。公共弄堂目前的状态不仅给他们的出行带来了很多不便，形成了安全隐患，还影响了整个社区的形象，降低了居民的生活品质。2019年4月，漕河泾街道开展老旧社区综合整治，将华富社区列入试点，并计划重点对这条公共弄堂进行改造。

二、公共弄堂的产权边界现状

对于华富社区公共弄堂的改造，街道最初的设想是对其两侧立面和店牌店招进行统一更新，在小区入口处新建门头和围墙，并铺设黑色沥青地面。这也是对于一条街进行整治最容易想到的操作方法，事实上我们目前许多的街道改造也是在这种方式下进行实施的。但这样的“表面化”改造是否能够真正解决这里的实际问题，满足居民的实际需要，作为社区规划师团队，我们是存疑的。

通过对这条公共弄堂现状的深入调查，我们发现，其空间环境品质差的本质原因并不是建筑立面不够美观，或者地面不够平整，而是由于不同利益主体对公共空间混乱无序的使用方式而造成的。这条公共弄堂两侧存在着不同产权的若干个地块，除了华富社区5个小区中与公共弄堂相接的华富小区北区、龙吴路11弄小区之外，还有一些非居住功能的不同单位的产权空间。西入口南侧的两个厂房，是属于凯旋南路对面天华企业的权属，已经多年不进行生产工作，仅作为仓储，用于堆放杂物，两幢建筑堵在华富社区的入口处，如鲠在喉；入口北侧的一幢三角形二层建筑是属于国投集团的产权，目前已经切割成小门面进行了出租，业态主要包括房屋中介、水果餐饮、日常维修等，其商业规模小、品类少、品质低；公共弄堂中段拐弯处的南侧是一家快捷连锁酒店，正准备装修后重新营业；北侧是一家楼宇设备公司的办公大院，底层的一部分租给了联华超市；公共弄堂东段的北侧一段较长的界面都被教育局的产权地块占据，这里包括了一个教育学院和一些配套用房，但留给公共弄堂的是高大而封闭的界面。居民小区的入口就穿插在这些不同权属的地块中间，居民出行不得不穿过这些功能所围合

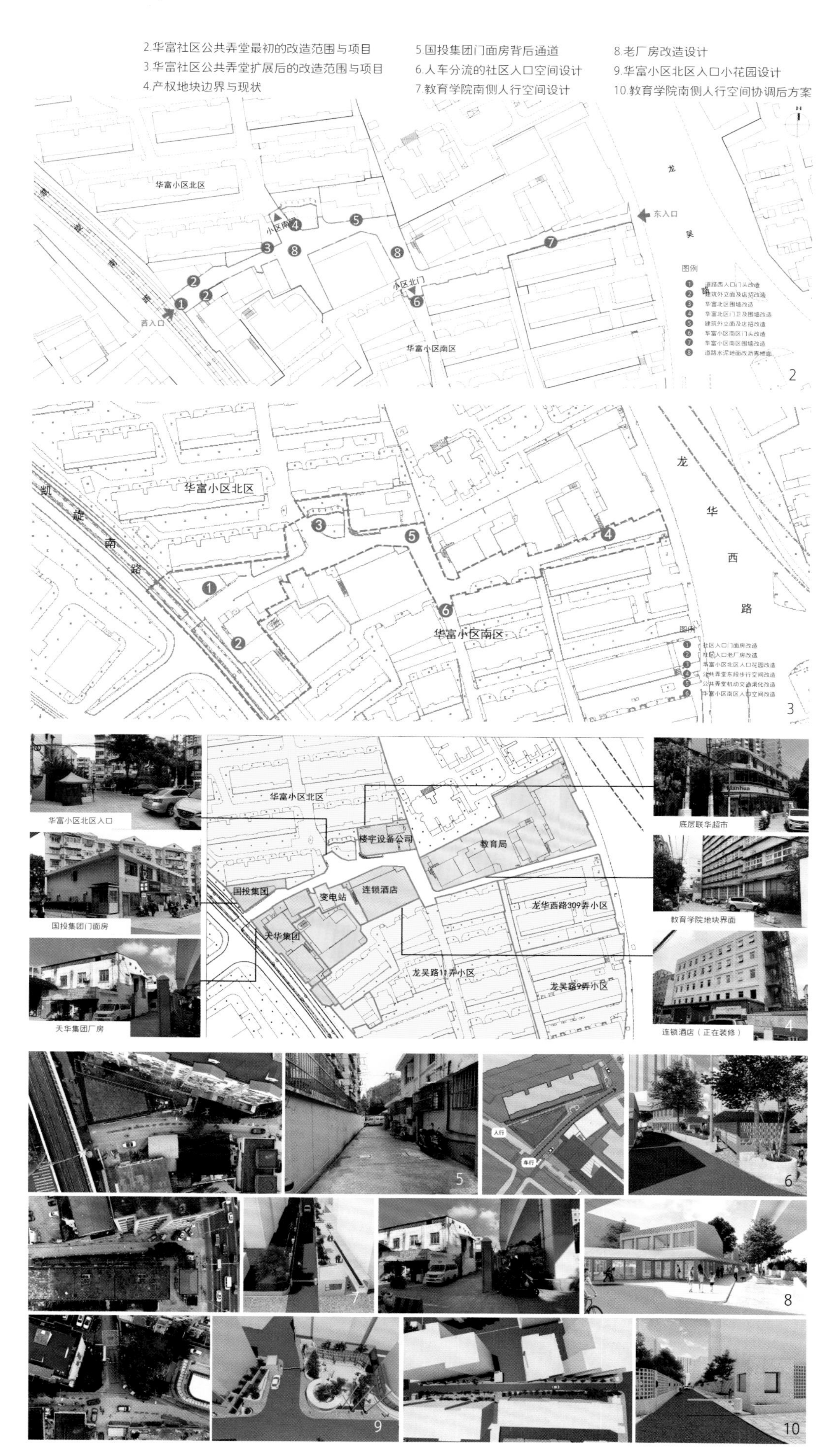

2.华富社区公共弄堂最初的改造范围与项目
3.华富社区公共弄堂扩展后的改造范围与项目
4.产权地块边界与现状
5.国投集团门面房背后通道
6.人车分流的社区入口空间设计
7.教育学院南侧人行空间设计
8.老厂房改造设计
9.华富小区北区入口小花园设计
10.教育学院南侧人行空间协调后方案

形成的一个促狭的通道。

这种多元利益主体纠缠的空间关系，使得公共弄堂变得更为复杂，本可以承载居民日常的一些公共活动的空间，要么内向化于产权地块，要么难逃公地的悲剧，空间品质持续衰败。再加上公共弄堂缺乏明确的道路渠化、空间分隔和有效的交通管理，处于一种机动车、非机动车和行人随意混杂通行的状态，甚至弄堂两侧的一些商贩和企业还会将一些货品和杂物随意堆放在公共通道上，使得本来就不宽裕的道路变得更为拥堵。

在这种局面下，我们应该可以明确，简单的立面粉刷更新是不能解决问题的，因此我们决定采取一种更为实质性的操作手段，当然也面临着更大的挑战。

三、多元产权主体参与的社区空间重构

1.社区空间资源的整合

这种更为实质性的社区更新方式需要将相关的产权主体都纳入思考范围，因此不仅仅是对空间本身的修葺改造，更多的是对空间背后的社会关系的梳理和重构。因此，我们的规划范围也有所扩展，从原来的仅限于对公共弄堂这个通道本身的改造，拓展到了对公共弄堂及其周边地块的研究，并试图将整个弄堂作为一个城市脉络的组成部分，连接到更大尺度的城市空间结构中去。在这样的视野下，我们可以看到更多可以进行激活和整合的资源。

对于华富社区公共弄堂的改造，交通的秩序化是首先需要解决的问题。然而面对有限的空间，保证了机动车道的前提下，能够给行人留出的步行空间少得可怜。但如果将国投集团的三角形门面房地块考虑在内，就可以发现新的转机。在这排门面房背后有一条约4.5m宽的通道将其与华富小区的居民楼底层天井隔开，目前这段通道东西两侧大门常年上锁，内部仅用于停放一些破旧的自行车和堆放一些杂物。如果能够将这条通道重新开放利用，就可以在小区入口处形成一个人车分流的新步行路径，如果与门面房的商业功能进行联动，就可以重新塑造一个更有生活气息的小区入口。

在弄堂靠近龙华西路的一段，北有教育局用地红线，南有小区围墙，剩下的空间仅能满足车辆通行。但教育学院的建筑并非贴着红线建设，因此与公共弄堂之间形成了锯齿状的一片空地，目前主要用于临时停放车辆，如果能够进行步行化改造，就可以为居民提供一段人行空间。

将人行和车行空间进行了合理安置之后，我们面临的就是如何在这条公共弄堂中增加一些公共生活。我们将目标对准了社区入口处的两栋老厂房，并与街道达成了共识，希望能够对老建筑进行改造，注入包括社区图书馆、展厅、放映厅、为老餐厅、活动中心、会议室、办公等社区综合服务功能，打造华富社区的“邻里汇”。此外，在华富小区北区入口处有一个年久失修的小花园，虽然位于小区入口处，但由于围墙的隔断，与公共弄堂并没有空间上的实际联系，虽然人来人往却鲜有人进入使用。在这次更新中，我们希望将其纳入公共弄堂的改造范围内进行整体化的更新，在居民出入的必经之地，打造一个能够游憩休闲的活动场所。

通过将相邻产权地块都纳入统筹考虑，对现有的边角空间进行充分利用，原来混乱无序的公共空间重新被梳理成为了一个双向两车道，人车分流，同时承载了居民日常所必需的休闲健身、餐饮零售、助老为老等一系列社区服务，成为真正的社区公共生活空间。

2.空间权利边界的重构

然而美好的空间设想仅仅是一个开始，艰苦卓绝的协调沟通在等着我们。我们的改造方案不仅涉及街道能够掌控的公共弄堂本身，还涉及国投集团、天华集团、教育局和小区居民等不同的产权主体。

与国投集团和天华集团的沟通是比较顺利的。在街道的主导下与国投的相关负责人进行方案沟通之后，他们表示认可并愿意积极参与改造。不仅同意将背后的通道进行开放，为居民提供步行空间，同时还提出自主对目前的二层建筑进行业态升级，并计划将分割出租的小门面进行统一收回，合并改造成为一家连锁生鲜超市，这与我们对整条公共弄堂的未来愿景是十分契合的。虽然在收回门面房的过程中需要与租客进行艰难的沟通协调，但目前一切都在持续推进中。天华集团的两栋老厂房是街道纳入改造计划的重点项目，街道与天华集团进行协商之后以长期租用的方式获得了两栋老厂房的使用权，改造后的邻里中心将由街道和社区共同使用和维护。

在与教育局和小区居民的协调上我们遇到了一些阻力。虽然教育局愿意让出部分地块红线内的空间给居民作为人行步道，但是仍旧希望能够在人行道和自己的建筑界面之间保持一定的隔离和缓冲空间。最终我们在方案上进行了妥协，对原本就已经十分狭窄的锯齿状空间进行了进一步分割，留下了能容纳一到两个行人通过的人行道宽度，还挤进了一些绿化空间，可以说是有限空间下的极限利用了。

而最困难的其实是与居民的协商和博弈，矛盾的焦点聚焦在了华富小区北区入口的小花园改造。虽然我们的初衷是希望能够改善小区入口花园的品质，打造一个更为开放和活力的公共空间，但居民对我们的动机产生了怀疑，因为我们将拆除原有的小区围墙，把入口花园从一个内向化的区域变成一个公共的区域，这有可能吸引不是本小区的居民前来使用。再加上我们利用花园外侧的区域设置了人行道，更加让居民认为政府占用了他们小区的用地来建设公共道路。由于居民的强烈反对，我们的项目一度停滞，甚至面临彻底重做方案的境地。但后来在居委的帮助下，与居民进行反复沟通后，了解到居民主要是出于对安全的考虑。因此，我们重新在方案上进行了出入口的调整，并尽量保持入口花园相对围合和私密的空间感受。进一步将花园改造前的小区围墙边界、改造后的小区围墙边界以及改造后的小区管理边界通过图示的方式与居民进行沟通，说明了对空间的改造并没有实际影响到居民对于空间的使用和占有，反而增加了居民生活的便利和休闲活动的可能性，最终得到了认可。

这种多元利益主体协调的过程，实际上是一种空间权利边界重构的过程。经过调整后的弄堂空间表面上看来只是划定了车行人行区域、开放了一些通道、置换了一些功能，但其背后涉及空间产权主体对自己权利的让渡和交易，打破了原有围墙所代表的空间权利边界，重新构建出新的空间秩序。

3.社会总体效益的提升

这种新的空间秩序，一定程度上实现了空间资源的更优配置和社会效益的总体提升。

国投集团打开了自己的后门，让渡了部分属于自己产权地块的空间给社区居民日常通行，看似是“吃亏了”，但由于步行环境的改善和街区活力的提升，给国投门面房提供了商业业态升级的机会和可能。教育局虽然让出了部分自己产权的空间给行人通行，但同时也美化和提升了教育学院入口形象，既方便了居民，也方便了教育局自己员工的出入。可见，空间的所有权、使用权和收益权并不一定局限于一个主体才是最优解，通过将使用权让渡给最有效率的群体，反而可以提升了空间所有者的收益，实现双赢的局面，促进社会效益的整体提升。

对社区入口老厂房的改造更是一种三赢。天华

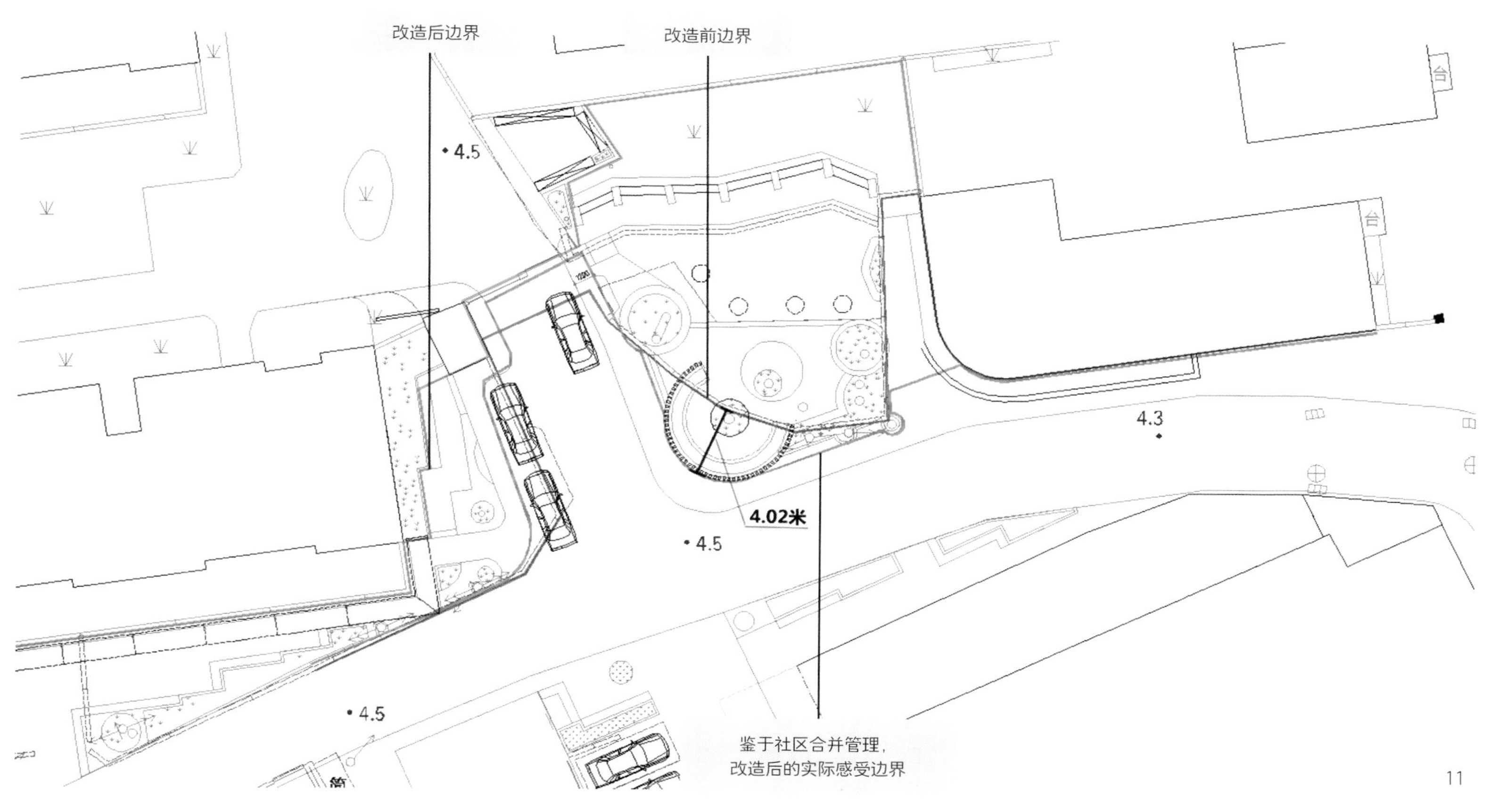

11.华富小区北区入口小花园的三个边界

集团的厂房原本是一种封闭内向的空间状态，却又位于社区入口的重要交通节点，将社会生活限制在了狭窄的通道中。通过空间设计，这块用地的边界被打开，室内与室外联动，并且与公共弄堂和高架下绿带结合形成完整的居民活动区域，大大拓展了公共空间的边界。街道通过与产权主体的协调，将空间的使用权重新分配给居民和社区机构。一方面居民的消费活动、机构的办公活动都能够产生相应的经济价值，另一方面社区服务设施的完善、社区入口的美化又产生了社会价值。虽然我们无法准确量化这两个价值的总量，但确实与街道对天华集团的货币补偿是一种对应关系，而天华集团又可以利用补偿款去寻找更为适合的仓储空间。这个过程形成了空间资源价值的转移和利益的再分配，也实现了居民、街道和企业的多方共赢。

而华富小区北区入口的小花园，虽然既没有变更使用权，也没有改变空间用途，但转变了花园空间对公共弄堂的态度，从之前的“背对”变成了“面对”。通过建立花园与公共弄堂的连接，使之从原来小区的末端无人问津的荒地变成了居民回家的必经之处，纳入公共空间的边界之内。可达性的强化，提升了空间的使用效率，形成了正向的社会效益。

四、结语

对空间资源的占有并不能真正产生价值，对空间资源的有效利用才能够产生价值。在高密度的城市区域，存量空间的每一寸都是珍贵的，而我们既有空间资源的配置往往并不是效率最高的配置。当所有产权地块都以一种封闭的姿态面向公共领域的时候，所谓的公共空间就会失去原有的意义，变成消极、混乱的公地。只有以开放的姿态去与公共空间连接，才能够促进有秩序的、活跃的社区生活。

因此，精细化的社区更新工作，不仅仅是对社区环境的美化的表面文章，而更应该是对社区活力的真正激活，这就需要挖掘还没有能够被充分利用的空间资源，将空间的使用权分配给更适合的群体，实现对空间资源更为高效的利用。这个过程中面临着与多元产权主体之间的反复协调与博弈，相比简单的环境整治具有更大的挑战性，不仅需要社区规划师以社会工作者的身份介入与多元主体的沟通，更要求以精巧的设计来促进多方共赢，通过价值的转移和利益的再分配来使得空间的所有者获益，进而实现总体社会效益的提升。

参考文献

[1]代欣.王建军.董博.社区更新视角下广州市老旧小区改造模式思考[J].上海城市管理.2019.28（01）:26-31
[2]黄昌钦.既有小区更新实践——以福州市鼓楼区龙峰社区综合整治为例[J].建筑设计管理.2014.31（01）.60-64
[3]王承慧.走向善治的社区微更新机制[J].规划师.2018.34（02）:5-10

作者简介

秦梦迪，同济大学建筑与城市规划学院城乡规划专业博士研究生；

童　明，东南大学建筑学院教授、博士生导师。

艺术为人人
——新加坡文化政策与社区艺术参与

Arts for All
—Cultural Policy and Community Art Engagement in Singapore

薛 璇
Xue Xuan

[摘 要] 全球化背景下，社区在身份认同和社会联结方面扮演了重要角色，与这一认识相对应的是社区艺术的广泛推行。2018年，新加坡国家艺术理事会推出了《艺术拓展蓝图2018—2022》，其愿景是 “启发我们的人民，连接我们的社区，迈向国际的舞台”。该计划接续2012年发布的《艺术与文化战略评论》，开启了从营利性创意经济到艺术社区营造的文化政策转向，并经历多年的发展壮大，产生了诸如 “全民艺术计划” “百盛艺术节” 等多项社区艺术项目。本文着眼于新加坡政府主导的社区艺术计划，并就国家政策愿景、艺术项目实施和社会影响评价三方面展开讨论。它首先梳理了新加坡自独立以来的文化政策，并重点阐释了近十年来的“社会”转向，旨在通过促进社区艺术参与建立国家认同和促进社会团结。接着，文章从政策到实践，探讨社区艺术计划的在地实施，包括增加观众、培养人才、赋能社区等。在检视了现有的社区艺术参与表现和评价之后，它指出艺术促进社区建设所面临的问题和挑战。

[关键词] 文化政策；艺术介入社区营造；社区艺术；新加坡

[Abstract] In an era of globalization, the community is playing an active role in identity recognition and social bonding. Coinciding with this awareness is the promotion of community arts engagement. In 2018, Our SG Arts Plan (2018-2022) has been launched by National Art Council (NAC) with the vision of “Inspire our people, connect our communities, position Singapore globally”. The plan stems from the Arts and Culture Strategic Review (ACSR) in 2012 and shifts the arts and cultural policy from profitable creativity economy to arts-led community development, producing varied community art programs, like Art for All, PassionArts, etc. This paper looks into the state-led community arts programs in Singapore and presents the tripartite discussion on policy vision, program implementation and engagement measurement. It begins by outlining the cultural policies and practices in Singapore since its independence and articulates the “social” turn in the past decade which aims at building national identities and facilitating social cohesion through community arts engagement. Later, how the community arts programs are implemented will be explored from policy to practice, including growing audience, building capability, and empowering community. After reviewing the community arts impact assessment framework, it highlights the weakness and challenges of community arts engagement in facilitating community building.

[Keywords] cultural policy; arts-led community development; community art; Singapore
[文章编号] 2023-91-P-058

一、新加坡文化政策的三次转向

早在20世纪70年代，新加坡即已出现政府组织和草根自发的社区艺术行动。此后几十年，受制于严格的制度管理和经济导向的公共政策，社区艺术一直作为边缘性的文化活动而不被重视：缺乏持续的资金支持，社会参与度低。近年，随着2008年《文艺复兴计划III》（Renaissance City Plan III）和2012年《艺术与文化战略评论》（Arts and Culture Strategic Review）的发布，以社区为基础的文化政策重新重视社区艺术的价值，并将其纳入新加坡文化艺术发展的重要内容。纵观新加坡自1965年独立以来的文化政策，大致经历了三次重大转折，从“政治性”到“经济性”再到“社会性”，深刻反映了国家不同阶段的发展议程[1-2]。与此同时，新加坡文化政策下的社区艺术发展，也凸显出其不同时期的意义和价值。

1.政治生存与思想灌输

在新加坡独立后初期，即20世纪60年代和70年代，国家奉行“生存政策”，并将发展经济置于首位。其中，公共住房的大力推行为社会解决了重要的民生问题，并为社区建设提供良好的物质基础。与此同时，艺术和文化政策处于边缘地位，并主要作为国家建设的意识形态工具。主要有两方面原因，一是国内的多种族，多文化，亟待建立新的国家身份认同促进社会融合。二是西方社会的“黄色文化”渗透侵蚀本国人民。对此，新加坡政府大力宣扬健康的艺术文化追求，并执行严格的审查管理机制，启动了一系列国家主导，面向社区的艺术文化项目，比如爱国歌曲创作，艺术作品的公共巡回展出。这些社区艺术项目主要作为政治教育的手段，以培养新加坡人的国家身份认同和爱国主义情怀。

2.经济发展与资源建设

到20世纪80年代，新加坡传统产业发展陷入瓶颈，文化和艺术的经济价值被逐步认识和发掘。1985年，地方经济委员会将“文化娱乐服务业”列为未来的潜在增长领域，以完善全球化经济下的多元战略发展[1，3]。1989年，《文化与艺术咨询委员会报告》（Reports of the Advisory Council on Culture and Arts）系统地阐释了未来艺术文化发展道路，通过提高组织和教育体系、建设文化设施、加强宣传力度等方面构建文化活力社会。自20世纪80年代以来，新加坡国家艺术理事会、国家文物局、国家图书馆局等一系列文化机构纷纷成立，新加坡美术馆、亚洲文明博物馆、滨海艺术中心等高规格文化场馆相继建成开放，极大地完善了新加坡文化艺术事业的 “硬件” 设施。与此同时，有学者批评指出新加坡艺术文化发展的软硬件不平衡。政府的 “经济主义” 态度只着眼于文化设施建设，而忽略了人文修养的培育[4-5]。根据一项由TC Chang[5]发起的问卷调查，其中列出了与新加坡艺术相关的15个常见名词，近70%的受访者知道的名词不到10个，这说明人们对于国家文化艺术事业的知情度和参与度不高。

到2000年启动的“文艺复兴城市计划”（Renaissance City Plan），新加坡艺术文化事业的“软件”建设被提上议程。这项为期十二年的文化政策，分三个阶段（2000—2004年、2005—2007年、2008—2012年），旨在将新加坡打造为全球艺术之都。随着国家艺术资金的注入，越来越多的本土艺术团体涌现，在艺术节上呈现作品，也参与海外的交

1.“我们共享的家园计划”展览现场 2 参与“我们共享的家园计划”的长者 3.新加坡“艺术和文化据点”

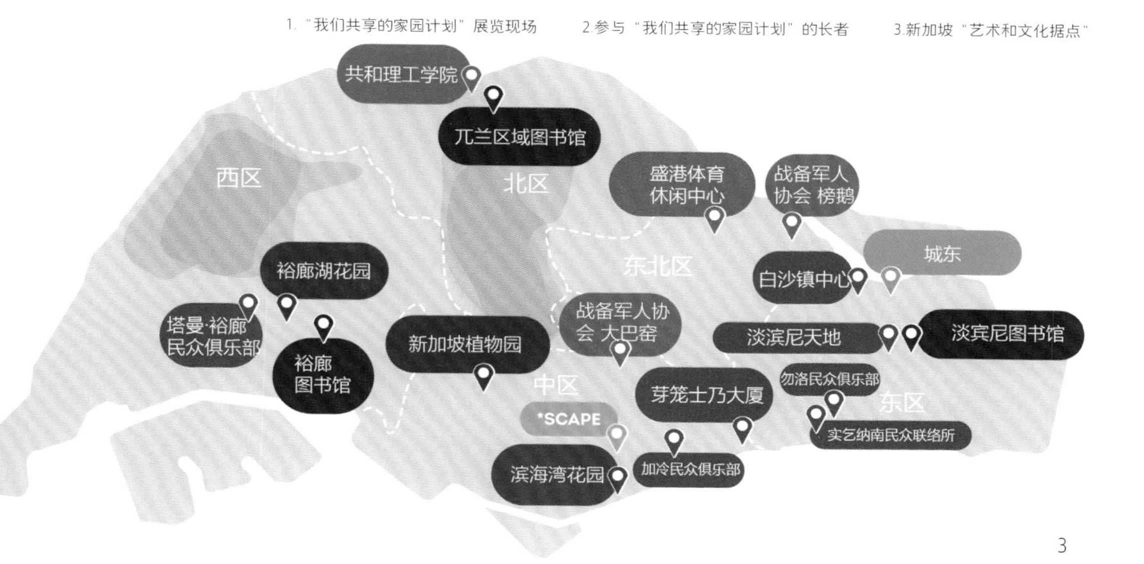

流项目。据《城市文艺复兴计划Ⅰ》报告，政府每年拨款150万，旨在打造亚洲顶级的艺术文化节庆，包括新加坡艺术节、新加坡作家节等。然而，这一系列高端艺术场景却遭遇了普通大众的缺席对待。林（Lim）[6]指出政府试图引导民众建立一种全球化的高端艺术审美以塑造其全球艺术城市的公民身份，但没有尊重和考虑大众的日常生活文化惯习。

从《文化与艺术咨询委员会报告》到《文艺复兴城市计划Ⅱ》，新加坡文化政策是以经济为先导而制定的全球化创意城市战略。通过提供世界级的硬件和软件来吸引国际资本，企业进驻，专业人才和旅游观光。地方民众作为国际文化艺术场景的组成部分却被边缘化，被动地充当了接受者的角色，参与度不高。不过，这一阶段艺术基础设施的提供和艺术家社区的培育为后来文化政策转向社区艺术参与奠定了坚实的基础。

3.社会融合与社区艺术参与

“为了成为一座真正与众不同的全球城市，新加坡不能只是一个经济市场。我们还必须创造亚洲最好的生活环境——一座有着丰富文化的城市，焕发出我们新加坡人独有的多样和活力。”①学者们大多同意自2008年发布《城市文艺复兴Ⅲ》和2012年发布《艺术与文化战略评论》以来，新加坡文化政策的“社会性”转向[1, 7]。今天的新加坡，正面临着不断变化的社会结构和日益复杂的国际形势。在国际上，恐怖袭击、民粹政治和超级大国之间的紧张关系，都直接导致了一个更加复杂的国际形势[8]，给新加坡这样高度依赖全球化发展的国家带来了巨大的威胁。从国内来看，新加坡一直是一个多种族、多语言、多宗教的国家。促进种族融合是新加坡独立以来的重要使命。随着全球化合作的进一步加强，跨国婚姻和移民在新加坡也日益普遍。因此，促进新移民与土生土长的公民融合也成为维护社会团结的重要内容。霍（Hoe）[9]指出，政府多年来一直扩大引进外国劳动力，引发了当地人的不满，2011年的新加坡大选，执政党得票创历史新低。政府随即收紧移民政策，并转而重视本地创造性人才的培养，并重视地方社会议题，比如老龄化和贫富差距等。

在2008年《城市文艺复兴计划Ⅲ》中，虽然其主导的发展基调仍然是追求高端艺术文化，但是社区参与已经作为全球艺术城市建设的重要内容纳入其中。2008年10月，新加坡国家艺术理事会推出“全民艺术—社区参与计划（Arts for all—Community Engagement Plan）”，支持与社区有关的艺术项目。该计划耗资500万，包括两大支柱，“艺术普及”和“艺术连接”。“艺术普及”是一个面向广泛大众的艺术提案，其中包括三项计划：①社区参与基金，资助社区团体开展活动；②艺术社区巡回展演，让专业艺术团体将艺术作品带到社区中心；③艺术101，传播专业艺术家的艺术技能和知识，服务特定群体，如囚犯、长者等。“艺术连接”推出的三项艺术计划包括：①针对老年人的银光艺术计划（Silver Arts）；②青年艺术参与计划（Youth Engagement through the Arts）；③社区艺术家计划（Artists in Community）。针对特定人群的项目制定更能有效加强公众参与的热情。

2012年的《艺术与文化战略评论》将“人民和社会”作为下一阶段至2025年文化发展的主要重点。评论指出，“参与”和“卓越”应该互动发展，以催化一个可持续的生态系统，并由此启动了社区参与总体规划（Community Engagement Masterplan）。从2012年到2016年，国家拨款2.1亿新元。该计划旨在促进新观众的欣赏能力，增加艺术和文化的据点，为社区兴趣团体和爱好者提供更多的资助。与2018年的“全民艺术—社区参与计划”相比，该计划得到了法定机构和草根组织更广泛的支持，并提供多元化的形式和方法，将文化艺术带入社区。在新加坡文化、社区及青年部的领导下，部署了四个主要机构，包括国家艺术理事会、国家文物局、人民协会和国家图书馆，合作开发公众社区艺术外展项目。人民协会和国家图书馆负责促进大众参与，广泛传播艺术和文化的影响。国家艺术理事会及国家文物局则主导艺术及文物的深度参与，并加强能力培育。

新加坡艺术文化政策的“社会性”转向是对过去全球艺术城市外生型发展战略的反思和纠正。从全球来看，文化政策的城市化发生在20世纪80年代的西方社会，用以解决后工业城市的经济衰退和人口外流。通过艺术和文化改善城市环境，发展第三产业，吸引全球流动资本。到90年代，创意城市的概念被广泛传播，成为城市发展新范式。新加坡、上海、香港、首尔等亚洲城市也随即加入世界城市的争夺之中[10]。可是，外生型的经济发展战略给地方民众的生存资源造成挤压，边缘化弱势群体，加剧社会不平等。到2008年金融危机之后，地方问题进一步凸显，各国都启动了全球—地方的结构性调整，文化政策也逐渐转向了以本土“社区”为中心的人才培养和地方营造。它更加注重地方的福祉和民众的文化表达，强调社区的内生力，以谋求全球—地方的稳健发展。

二、从政策到执行：社区艺术计划的实践

本节从三个维度阐释国家主导的社区艺术计划的实践路线。①在广度上拓展观众；②在高度上培育艺术家技能；③在深度上促进社区赋能。

1.从人口结构和空间分布上拓展观众

“把艺术和文化带给每一个人、每一个地方、每

一天"，拓展新的观众是新加坡现阶段发展艺术和文化的首要任务。多年来，新加坡制定并实施了一系列策略，包括招募志愿者、开发线上平台、因人因地定制艺术项目等。这些策略主要从两方面进行考虑，人口结构和空间分布。

大量的学术研究已经表明，年龄、收入、性别直接影响了人们对艺术的偏好和选择[11-12]。精准部署艺术项目能催化更强的黏性和更深的参与度。自2011年起，"新加坡艺术人口调查"对艺术观众进行了明确分类，包括青年、PEMB（专业人士、经理人、行政人员、商人）、已婚有子女者和老年人。相应地，所发起的社区艺术计划根据特定人群的需求和偏好而设计。如面向年轻人的"新加坡噪声"（Noise Singapore），面向家庭的"艺术在你身边"（Arts in Your Neighborhood），面向工作的成年人的"艺术@工作"（Arts @ Work）和面向老年人的"银光艺术节"（Silver Arts）。

"银光艺术节"由国家艺术理事会于2012年发起，与地方艺术家、艺术机构和社区伙伴合作创建，每年9月，为社区老人带来丰富多彩的活动。2019年9月，"银光艺术节"共发起了31场艺术活动，包括2场展览、11场演出、7场工作坊和11场电影放映。其中有4个中期的参与式艺术工作坊，主要面向60岁以上的长者，在9月之前已经启动。这些工作坊由国家艺术理事会提供资金支持。艺术家招募的消息通常提前一年在官方网站上发布，并对公众开放。有兴趣的艺术家会被邀请参加介绍会，了解工作内容。政府对艺术家的提案没有具体的体裁和形式要求，但希望能做到：①长者能够分享他们的故事和记忆。②长者能够通过艺术创造性地表达自己。③长者们能够参与到共同创作的过程。④可以包含代际间的互动参与。典型的工作坊可容纳16到20名参与者，提供6到16次课程，每次1.5到3小时，每周1到2次。成功申请到该计划的艺术家之一Michael Lee从2019年6月至8月与16位老人发起了名为"我们共享的家园计划"。他们一起工作，想象心目中理想的社区模样，并以纸切模型的形式创作出来。除了消磨时间、结交朋友，长者们还积极提出自己的意见和对社区的设想。艺术家说："大家都对工作坊充满热情，做得非常认真。"最终，工作坊的模型成果在国家图书馆的广场上展出。

除了基于人口结构的项目规划外，自2012年以来，国家也进一步系统部署了基于空间分布的艺术参与计划，主要包括正式的社区博物馆建设和非正式的艺术文化据点。目前，国家文物局与各社区组织正在着手建构一个遍布全岛"社区博物馆"网络。2013年1月，新加坡首个社区博物馆在达曼裕廊（Taman Jurong）向公众开放。它位于达曼裕廊社区中心，可达性很高，由三个集装箱组成，面积为85平方米。除了展示新加坡国家收藏的艺术品外，馆内还设置了一个画廊来展示社区的历史和遗产。长期居住在裕廊的居民Kim Whye Kee说："（社区博物馆）是一个很好的方式，可以向这里的居民介绍艺术，而不需要他们去市内的博物馆[13]。"2016年，全岛第二家社区博物馆"我们的淡滨尼画廊"（Our Tampines Gallery）在淡滨尼地区图书馆二楼开放。这里的展出有地图、照片和手工艺品，以呈现社区的集体记忆。同时也为孩子们组织各种活动[14]。

不过，封闭式的艺术场所建设成本高，且空间相对隐蔽，很难接触到对艺术不敏感或对艺术一无所知的观众。因此，人们同时希望调用一些现有的正式和非正式空间，比如社区中心、学校、图书馆、公共空间等，成为多元化的艺术场所，以更高的辨识度和可达性吸引更多新观众参与其中。自2012年起，国家艺术理事会和国家文物局共同启动开发"艺术和文化据点"，旨在设置更多用于社区内的艺术活动现场。现已完成17个，预计到2025年发展到25个。

2.培养社区艺术家才能

为了更好地开发和开展多元化的社区艺术项目，需要对艺术家进行能力培养的培训。社区艺术的发展有赖于艺术家的专业性，提供以人为本的包容性实践。现行的才能培育项目涵盖了专题讨论会、交流会、工作坊等多种形式。由国家艺术理事会发起的"让我们连接"是一个季度性的交流平台，让艺术家和社区伙伴分享经验。除了掌握一般的社区艺术参与方法外，在面对特殊社区（如养老院、监狱、医院等）时，尤其需要掌握专业知识和技能。2014年1月，由国家艺术理事会与社会服务学院合作举办了"艺术与长者护理研讨会"。共有340名长者护理人员和医疗专业人士、艺术家参加了研讨会，由国际演讲者珍妮特·莫里森（Janet Morrison）分享了英国老年人艺术参与的经验。这样的国际交流项目并不局限于嘉宾讲座，还延伸到海外实习项目。2014年，新加坡国家艺术中心与国际艺术组织合作，发起了新加坡青年艺术海外实习计划，为青年艺术家提供为期三个月的实习机会，学习青年参与的第一手经验。

3.赋能社区：跨部门伙伴关系

为了实现社区艺术的可持续发展，重要的是赋能社区组织，开展自己的活动，说出自己的需求，这也被列为"参与"的最终目的。国家艺术理事会蔡爱良女士认为社区艺术的发展是循序渐进的过程，她说："事实上，国家艺术理事会一直在思考一个没有我们的社区艺术场景，因为保持控制权不是我们的目的。这就是为什么伙伴关系和合作对我们来说非常重要，以创造一个共同的对话和旅程。然而，这个场景往往是发展不平衡的。虽然我们可以设想一个理想的情况，即不同层次的人聚集在一起，但我们还是需要不同的方法来应对复杂的环境，而不是做一刀切。"

在促进参与的初级过程中，广泛的跨部门合作有效分散了法定机构的领导权。首先，国家艺术理事会增加艺术志愿者，丰富参与形式，共同完成工作的创造性过程。为了让志愿者和社区组织具备启动常规社区艺术项目的基本能力，国家艺术理事会与艺术家合作，针对不同的目标社区开发了一系列以艺术为基础的工具包。例如，"再生艺术工具包"是指导实践者如何将废弃的日常材料回收利用，创造出功能性产品。同时，自2012年起，国家艺术理事会举办了一系列的培训师工作坊，指导员工和志愿者开展基本的艺术项目。另一项推动文化慈善事业的策略，则是希望构建艺术资源的独立性，为艺术家和社区提供更大的自由度。自2013年起，文化、社区及青年部成立文化配捐基金，为符合条件的文艺团体提供定向的私人现金配捐，并在2017年收获1.5亿新元的计划注资。

三、社区艺术参与的表现和评价

笔者整理了自1996年到2019年的《艺术人口调查报告》，数据显示近年来新加坡的艺术出席率和参加率总体有所攀升。通过一系列可达性高的艺术文化活动，人们越来越多地参与其中并认可艺术的价值，包括建立更强的归属感和身份感，获得荣誉资本，改善生活质量等。与此同时，兴趣率持续走低，正与出席率拉开差距，这表明国家主导的社区艺术计划仍然主要停留在扩大观众数量，而亟待提高参与的深度，培育人们对于艺术的兴趣。

在另一项艺术对社区的影响评估中也进一步说明了类似的情况。特里维奇（Trivic）考察了5个已经开发的"艺术文化据点"，评估其空间使用，艺术活动和参与状况。结果表明"据点"策略在吸引新观众方面效果不错，因为约70%的受访者是"第一次来"。然而，大多数人（80%）更喜欢被动参加，而不是主动参与[15]。

与此同时，不少艺术家指出现行的量化评价体系过于强调拓展观众，增加参与人数，而对于社区艺术的质性发展关注不够。一方面，艺术界对社区艺术的评判缺乏对话，对于什么是好的社区艺术缺乏共识。

另一方面，社区艺术的质性提升需要建立在一个包容的社会环境之上。从目前的社区艺术项目来看，普遍被批判为“大同小异”“只讲快乐”[16]。内容的简单化源于过度管理和过度审查，限制了社区的表达。社区艺术更多关注的是一个过程，而不是一个成品[17]。它基于这样一种信念，即文化含义，表达和创意蕴含于社区之中。因此社区艺术家的任务是帮助人们解放他们的想象，为他们的创造力赋形。艺术家与人们的合作是社区艺术实践的核心和必须。

四、结论

自独立以来，新加坡文化政策大致经历了从“政治性”“经济性”到“社会性”的重心转移，国家主导的社区艺术参与也经历了从边缘到中心的转变。在独立后初期，以社区为基础的艺术项目主要作为政治教育的工具，培养国家身份和爱国主义情怀，防止“黄色文化”的侵蚀。20世纪80年代，以经济为导向的文化艺术发展促成了广泛的“硬件”和“软件”建设，打造独具特色的全球艺术城市。而公众被排除在文化艺术发展的共建者之外。直至近十年，随着《城市文艺复兴III》和《艺术与文化战略评论》的发布，“人民和社会”成为艺术文化发展的重心，并从拓展观众、培养能力和赋能社区这三方面部署深化社区艺术参与。近年来，通过一系列可达性高的艺术文化活动，人们的出席率和参与率都在不断攀升，更加认可艺术的价值，但也暴露出一些亟待解决的问题。一方面，法定机构追求以数量为导向的艺术发展，忽视了对项目质量的关注。同时，社区艺术与官方博物馆之间缺乏对话，无法将社区艺术定位在艺术领域。这就需要建立一个共识来解读和评价社区艺术，以增进艺术家的能力培养。最后，在管理和权力分配上，期待一个更加包容的社会环境出现，通过社区艺术的参与发出自己的声音，实现社会变革。

注释

①新加坡总理李显龙在2008年4月25日霹雳州博物馆新馆正式开幕式上发表的讲话中提到。

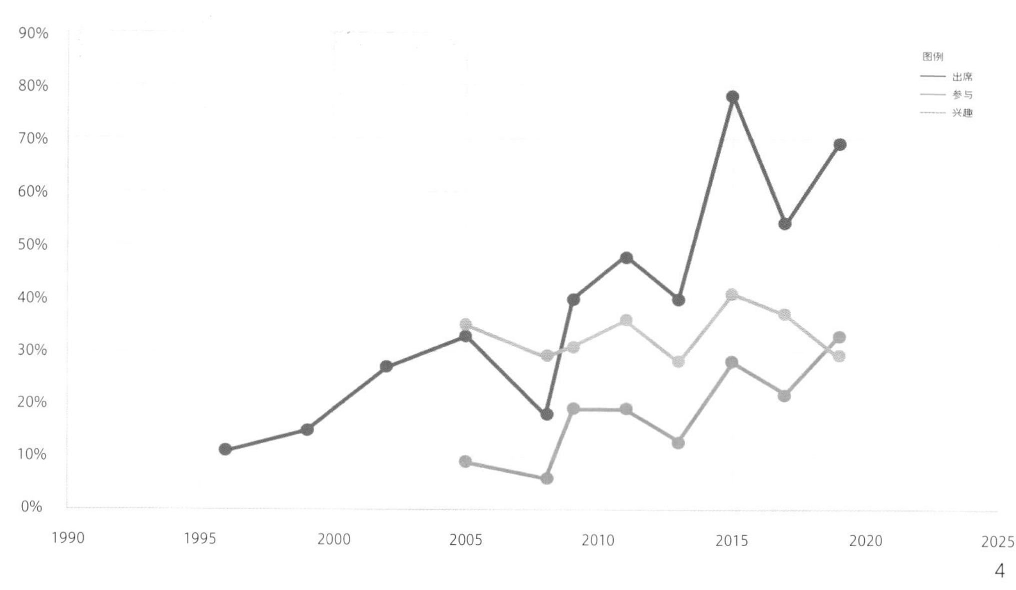

4

4.1996—2009年艺术活动出席、参与和兴趣比例统计

参考文献

[1]KONG L. Cultural policy in Singapore: negotiating economic and socio-cultural agendas[J]. Geoforum, 2000, 31（4）: 409-424

[2]KONG L. Ambitions of a global city: arts, culture and creative economy in "Post-Crisis" Singapore[J]. International journal of cultural policy, 2012, 18（3）: 279-294.

[3]POON A. The Singapore Writers Festival and the Promotion of Literary Culture [M]// CHONG T. The State and the Arts in Singapore, 2018: 127-145

[4]CHANG, T C. Renaissance revisited: Singapore as a "Global City for the Arts" [J]. International Journal of urban and regional research, 2000, 24（4）: 818-831.

[5]CHANG, T. C., & Lee W K. Renaissance City Singapore: a study of arts spaces[J]. Area, 2003, 35（2）: 128-141.

[6]LIM L. Constructing habitus: Promoting an international arts trend at the Singapore Arts Festival[J]. International journal of cultural policy, 2012, 18（3）: 308-322

[7]CHONG T. The state and the new society: the role of the arts in Singapore nation-building[J]. Asian studies review, 2010, 34（2）: 131-149

[8]TAN D, TENG E. Fostering Social Cohesion in 21st Century Singapore[M]// LEONG C H, MALONE-LEE L. Building resilient neighbourhoods in Singapore: advances in 21st century human Settlements. Springer Singapore, 2020: 13-27

[9]HOE S F. The arts and culture strategic review report: harnessing the arts for community-building[M]// CHONG T. State and the arts in Singapore: Policies and institutions. World Science Publishing, 2018: 447-472.

[10]KONG L. Making sustainable creative/cultural space in Shanghai and Singapore[J]. Geographical review, 2009, 91（1）: 1-22.

[11]DIMAGGIO P, & MUKHTAR T. Arts participation as cultural capital in the United States, 1982 – 2002: Signs of decline[J]. Poetics, 2004, 32: 169-194

[12]CHAN T W, GOLDTHORPE J H. Social stratification and cultural consumption: The visual arts in England[J]. Poetics, 2007, 35: 168-190

[13]ZACCHEUS M. First community museum at Taman Jurong pulls in heartlanders [N/OL]. The Straits Times, 2014-01-09 [2022-03-22]. https://www.straitstimes.com/singapore/first-community-museum-at-taman-jurong-pulls-in-heartlanders

[14]National Heritage Board. Our Tampines Gallery [EB/OL]. (2022-03-07) [2022-03-22]. https://www.roots.gov.sg/places/places-landing/Places/landmarks/tampines-heritage-trail-tampines-town-trail/our-tampines-gallery

[15]TRIVIC Z. Bringing arts closer to local communities: spatial opportunities and impacts on community bonding[M]// Building Resilient Neighbourhoods in Singapore. Advances in 21st Century Human Settlements. 2020. Springer Singapore: 101-128.

[16]HOW T T, et al. Beyond "happy arts for happy people" [R/OL]. Institute of Policy Studies. (2017-03-15). https://lkyspp.nus.edu.sg/ips/news/newsletter/beyond-happy-arts-for-happy-people-ips-sam-spotlight-on-cultural-policy-series-roundtable-on-the-development-of-community-arts-in-singapore

[17]KELLY O. Community, art, and the state: storming the citadels [M]. Comedia Publishing Group in association with Marion Boyar, 1984: 143

作者简介

薛　璇，新加坡国立大学设计与工程学院建筑系博士。

基于多方参与视角下社区微更新机制研究
——以上海市杨浦区宝地东花园8号楼睦邻客厅微更新为例

Research on Community Micro-regeneration Mechanism from the Perspective of Multi-participation —Take the Micro-regeneration of Neighborly Living Room, Building 8, the East Baodi Garden, Yangpu District, Shanghai as an Example

李晓红 陆勇峰
Li Xiaohong Lu Yongfeng

[摘 要] 随着我国城市发展进入到由量到质的“内涵式”治理阶段，以政府为主导的自上而下的职能在逐渐转变，通过“赋能”的方式将权力下移，居民、社会组织、政府等多方共治形成的良性运作模式。本文以上海市杨浦区宝地东花园8号楼睦邻中心微更新为例，以过程为导向，论述在社区能人的牵头带领下、社区规划师团队提供技术支持以及街道办事处提供相应的资金支持的情况下，微更新实现了睦邻客厅物质环境的进一步提升以及良性的可持续管理，进而通过本案例探讨社区内在的运行模式。

[关键词] 微更新；治理模式；自下而上

[Abstract] With the development of cities in China entering the stage of "convolution" governance from quantity to quality, the top-down functions led by the government are gradually changing, and the power is transferred down through "enabling", and the benign operation mode is formed by multiparty co-governance of residents, social organizations and government.This paper taking the micro-regeneration of the Neighborly Living Room of the East Baodi Garden, Yangpu, Shanghai as an example, discusses how micro-regeneration, led by community competent people, with technical support from community planners and financial support from the street office, has led to the further improvement of the physical environment and sustainable management of the Neighborly Living Room, and then explores the inner operational model of the community through this case study.

[Keywords] micro-update; governance mode; bottom-up
[文章编号] 2023-91-P-062

一、研究背景

我国居住区管理体制自新中国成立以来，经历了从“单位制”到“街居制”再到“社区制”的历史演变。在单位制时期，国家采用社会控制、资源分配和社会整合的组织化形式，承担着政治控制、专业分工和生活保障等多种功能；街居制时期，名义上是以“街道办事处”和“居民委员会”为权力机构的群众自治的管理制度，但实际运行上仍为政府占主导色彩。[1]到了20世纪末，随着商品房社区的兴起，社区制的权力主体也逐渐多元化，主要包括业主、居委会、物业公司等，虽然业主有一定的权力，但是由于国家体制的原因以及政府长期的“大包大揽”的形象，使得居民在社区关系中仍然处于被动状态，居民对待政府的态度仍然是“等”“靠”“要”。自上而下的以政府主导的社区治理结构一直保持着主导地位。

中国的“社区制”是伴随着商品房的产生而产生，商品房兴起于20世纪80年代，是在市场经济条件下，具有经营资格的房地产开发公司通过向政府机关单位租用土地使用权后开发的房屋，建成后用于面向市场出售出租。截止到2017年年底，上海、北京等城市的城镇化率超过80%，房屋的商品化带来了居住环境改善的同时，也由此改变了社区的人际关系，将之前的“街居制、单位制”社区的“熟人社会”变成了“生人社会”。另外，随着时代的发展，建造时的公共空间结构和功能很多已不再满足当下社区居民物质文化生活的需求，作为城市治理的前沿与公共服务提供的“最后一公里”，不断满足人民日益增长的美好生活需要，不断促进社会公平正义，形成有效的社会治理、良好的社会秩序，不仅仅需要政府自上而下的力量，更需要社会组织、居民、物业等多方共同努力合作完成。

二、宝地东花园8号楼多元参与的微更新实践

本项目位于上海市杨浦区唐山路1188弄，宝地东花园小区，小区建于2012年。由于为现代小区，绿化景观配置的指标都是按照新的标准进行设置，绿地率较高，有良好的水体景观。小区周边交通设施完善，4号和12号地铁线都在15分钟步行圈覆盖的范围内；附近有大型的购物中心：宝地广场C、D座小区；宝地广场公园和匹克篮球公园分别位于小区的南边和西部，可以称得上现代的高档商品房小区，2021—2022年均价在7.8万元/m^2。同其他的商品房小区一样，在小区居民入住伊始，居民之间是相互不认识，但是在社区能人不断的奉献与帮助下，形成了社区独特的文化，重塑了现代社区的新邻里关系。

1.从“无”到“有”——社区能人带头作用

社区能人是指在社区发展中自发形成或经培育产生，能满足和反映社区群众的需求，影响社区思想、生活趣事的社区人物。社区能人具有某一面的专长或能力，愿意为社区公共事务无偿出谋出力且能够获得社区群众的支持和信赖。[2]而本社区的夏阿姨就是这样一位具有志愿精神、无偿服务的社区能人。实际上睦邻客厅在建筑落成初期是非机动车随意停放的空间、环境比较凌乱。退休的夏阿姨每天在上下班的高峰期为大家开门关门，方便大家进出，时间一久，大家对这位热心服务的阿姨熟络起来。大家开始关心本栋楼公共空间的利用，社区关系的发展大致经过了以下几个阶段：第一阶段：门的从无到有，门的安装使公共空间有了相对静态休闲空间，闲暇之余，居民会在这个空间聊天休息。第二阶段：家具的从无到有，有了空间，大家自发把家里淘汰的或用不上的家具带到公共空间，做到资源的再利用和共享。第三阶段：自治机制的从无到有，随着公共空间越来越丰富，居民在此逗留的时间比较长，大家彼此熟知，因此安排了轮流值班的管理机制，每天负责照料睦邻客厅日常

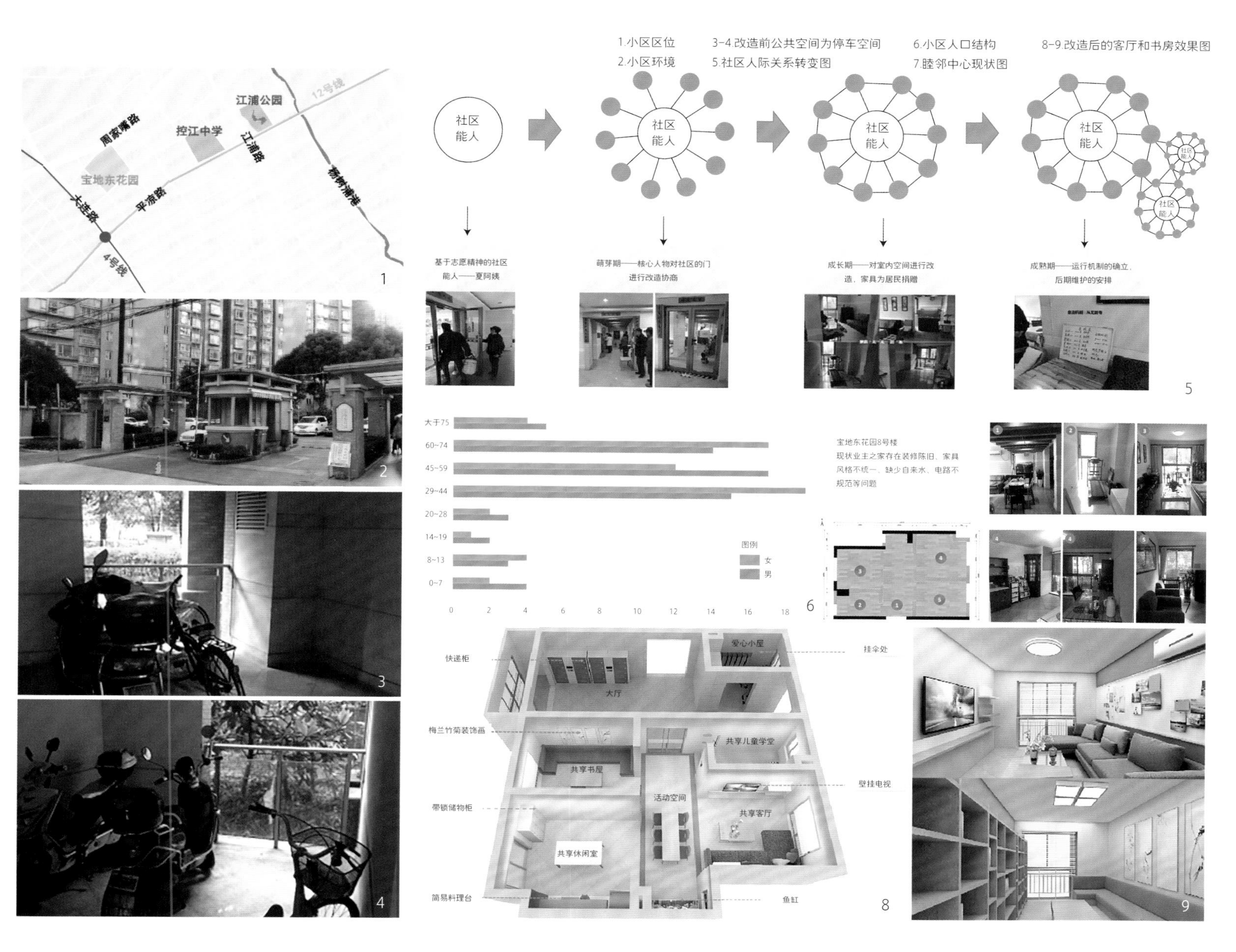

1.小区区位
2.小区环境
3-4.改造前公共空间为停车空间
5.社区人际关系转变图
6.小区人口结构
7.睦邻中心现状图
8-9.改造后的客厅和书房效果图

的生活，例如：打扫卫生、给金鱼换水等，在节假日还会举办各类才艺活动或者邻里之间小聚，已经形成了比较熟络的人际关系。

宝地东花园8号楼共有65户居民，该楼栋的主要职业为学生、职员、医生、护士、经理、公务员、退休干部等，社会地位较高，这在后期资金筹集和协商沟通方面也奠定了良好的基础。

2.方案的征集——专业力量的介入

在社区规划师介入之前，小区已经有了良好的群众基础，因此在本次的改造中，大家都比较积极响应。其中8号楼的54户共110名居民参与了问卷调查。且问卷的发放统计都是本社区自主完成的。本栋楼的年龄结构分别是：0~7岁，4人；8~13岁，4人；14~19岁，2人；20~28岁：4人；29~44岁：32人；45~59岁：25人；60~74岁：30人；75岁以上：9人。82%的居民表示愿意参与改造。因此他们内部经过的商议，聘请了社区规划师团队对其进行了专业的规划设计。

改造主要分为两部分：睦邻中心和公共通道空间。睦邻中心现状存在如下问题：①装修陈旧，空间无属性定位；②家具风格不统一，家具过多，因为大部分家具都是居民自家淘汰的作为公共使用，家具占地大且不易移动；③电路不规范，电线线路紊乱及灯光昏暗不好独立控制；④室内无自来水出水点；⑤储藏功能不足。

根据与居民协商讨论改造的需求具体如下：①公共区域：走廊部分满足会议及会客功能，客厅采用换成壁挂电视、组合沙发便于根据沟通需要灵活组合，客厅有居民的照片墙，走道增加磁性公告白板玻璃墙；②儿童区：墙体增加儿童图画功能，满足小朋友玩耍及做作业的区域，其中插座需要安全设置，尖角部分防止小朋友磕碰；③线路：希望灯光明亮，分区开关控制，需重新规划设计增加局部的点位；④储物功能：业主之家内部增加12格带锁的柜子，方便衣服、物品的储存问题；⑤鱼缸：不改变原有位置，增加出水点，方便老年人换水清洁；⑥留部分可利用的家具。

公共通道空间存在的问题：①缺少展示居民文化的空间；②缺少正规公告、广告张贴的空间；③缺少快递存放的位置。爱心小屋存在杂物乱放、空间浪费等问题，针对以上的问题，提出解决的途径如下：公共区域解决展示以及快递存放的问题；爱心小屋：解决轮椅、雨伞借存功能，解决暂放物品功能。

鉴于以上的种种问题，结合与居民之间的几次讨论，社区规划师团队采用参与式设计方式，通过游戏及发放道具卡片，征集更多居民的意见，还举办了面对面的开放日及工作坊的方式，使更多的居民了解本次的改造活动。最后设计团队提出了“全龄共享”的理念，即：儿童可以学习嬉戏，青年人可以健身休闲，老年人可以读书下棋的全龄段共享空间。其中，儿童房：照片

10.施工现场居民与规划师监督　11.居民捐书整理　12-13.改造后场景　14.运作机制

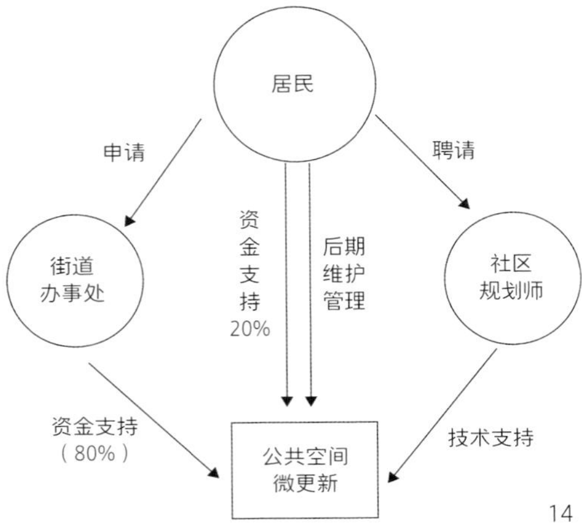

墙换成磁性展示墙，展示小朋友作品；插座需要安全设置；桌椅可以结合储物功能，建议用圆形，防止小朋友磕碰，细节更注重人性化的设计。客厅：电子屏幕的设置可以靠近窗口，与窗帘一起进行设计，多媒体设计可以挂在空中，形成小型的家庭影院，方便居民使用。线路：将灯放大，对线路进行分区控制。储物功能：业主之家希望内部增加12格带锁的柜子，方便12个值班人员放置衣服、物品，解决储存问题。鱼缸：不改变原有的位置，因为夜晚可以成为亮点，将水直接引入，方便老年人进行换水。天花板做了木制美化的改造。家具：睦邻客厅的家具太多，需要保留一些实用的，剔除占地大且不易移动的。

3.施工落地——公众参与协助

施工过程中，除了社区规划师团队负责日常的施工，居民，尤其是社区能人也基本在工地上，盯着工程进度的同时，也做一些力所能及的事情。例如：为员工买水，递个工具等，作为社区真正的使用者，居民具有极大的自发性和能动性，对社区有主人翁的意识，因此在更新过程中，居民积极参与，这就使社区居民成为社区更新的原动力，也使得设计更加符合社区的内在需求。工程还未结束，就有一些热心的居民和孩子开始为睦邻客厅捐书。实际上，从前期的调研可以发现，居民的诉求呈现出来的都是日常碎片化的状态，项目的类型往往是小而零散的；项目资金来源与配给之间也同样缺乏一定的关联性---造成居民的诉求与政府的资金的发放存在脱节，而设计师可以将各类碎片空间及各类抽象的计划进行整体的统筹安排及整合，为空间的提升带来实质性的积极的影响。

整个项目的资金状况是：居民筹资20%，80%的资金来自街道办事处。由于居民前期对项目持肯定态度，因此在施工过程中，不像其他小区一样存在施工扰民投诉的问题，居民更多是积极配合。施工落成之后，在客厅举办了落成典礼活动，邀请了本栋楼有才艺的居民前来表演，也吸引了其他楼栋的居民前来参观。

4.经验分析和挑战

国内的社区微更新发展时间较短，最开始关注的重点多在方案的实施和更新过程上，对建立相关信息整合平台自己居民参与的渠道仍较为欠缺。这就导致了政府投入大笔的资金但是没有得到居民的认可。近几年，政府也做出了一系列的调整，其职能不再是“大包大揽”的角色，释放更多的“权力”。例如在北京、上海等一线的城市，设立了社区规划师制度，政府通过与高校教师、专业学者合作的模式，进驻社区，从专业的视角了解他们最迫切的需求。而本次的微更新改造虽然政府部门投入了更多的资金，但是在整个过程中，是“赋权”给社区规划师与居民，因此社区居民有很好的参与度。

另外，社会组织作为相对公正的“第三方”，其非营利性、志愿性、民间性、自治性能让居民的排斥心理大大降低，近几年，政府也在逐渐与社会组织寻求合作，如上海的四叶草堂、上海大鱼社区营造发展中心等非营利组织，政府通过与有经验、有一定知名度的社会组织进行合作，定期举办社区规划师课程的学习，其理念都是通过社区硬件设施的改造来加强人与人之间的关系，培育社区同心协作的机会，进而增强社区凝聚力。

本项目宝地东花园8号楼是在居民自下而上的主导下，专业力量参与，街道办事处提供部分资金的情况下实现的，是多方参与共同作用的结果。所谓的自上而下是由居民自发的、全过程的参与，前期的调研、问题的提出，居民实际上占主导地位，由于他们是最直接的体验者和使用者，每次的交流和沟通，问题都会特别具体。例如在空间有限的情况下，他们提出家具尽量选用可折叠的、灵活性大的家具，方便一些弹性空间的利用，而在方案的比选以及后期的施工过程，居民是全程参与的。

在这个过程中社区能人发挥了重要的作用，但是缺少一定的机制作为保证，例如，在志愿活动的群体中大多都是年龄大的退休老人，如果他们由于各种原因中途退出后，其替补的机制如何，同时，未来社区发展也存在一定的挑战，作为一线城市，随着流动人口的增加，如何使租户对社区产生归属感，凭着志愿的精神维护社区的可持续发展还是有待于进一步商榷的。另外，从社区大的环境来看，通过社区营造来链接人与人之间的关系并非一朝一夕的事情，每个社区的条件、资源、群众基础是不同的，如何将社区的资源效益发挥到最大化，需要提供怎么的专业力量、居民自治能力如何培育都是我们研究的重点。

三、结语

总体来说，宝地东花园8号楼睦邻客厅的微更新是在居民自发情况下，引入社区规划师的专业力量、向街道申请资金支撑的情况下，自发完成的现代商品房公共空间微更新改造，虽然规模很小，只是对本楼栋公共空间进行的改造，但它实现了物质环境的从“无”到“有”，从“有”到“优”的转变，且正在向良性的方向运转，这种良性的运转模式具有溢出效应，在公民意识逐渐崛起的今天给我们提供了一个良好的开端。

参考文献

[1]卓健，孙源铎.社区共治视角下公共空间更新的显示困境与路径[J].规划师.2019(2)：5-8.

[2] 刘佳燕，沈毓颖.社区规划：参与式社区空间再造实践.规划师.2020.(2)：10-15

[3]Li xiao-hong, Chen-yong. Research on the Operation Mode of Old Community from the Perspective of Resident Autonomy-- A case study of Jin You Li Community in Shanghai[C]. 丝路起点的新思路：为人的城乡.第十四届环境行为研究国际会议论文集.2020.274-279.

[4]陆勇峰.基于空间正义价值导向的上海老旧住区邮寄更新规划实践[C].共享与品质：2018城市发展与规划年后论文集，2018.

[5]李晓红.许潇.陈泳.基于校社共享理念的教育建筑综合体探索：张家港凤凰镇中心小学[J].建筑技艺.2018(4).46-54.

[6]白雪燕，童明.城市微更新：从网络到节点，从节点到网络[J].建筑学报.2020(10).8-14

作者简介

李晓红，同济大学建筑与城市规划学院博士研究生，井冈山大学建筑工程学院讲师；

陆勇峰，上海同济城市规划设计研究院有限公司。

老旧社区治理中“失而复得”的公共场所空间与场所精神重建

——以西安解放门街道尚俭路“社区会客厅”营建为例

"Lost and Recovered" Public Venue Space and Reconstruction of Genius Loci in Old Community Governance —Taking the Construction of "Community Meeting Room" on Shangjian Road, Jiefangmen Subdistrict, Xi'an as an Example

杨 光 张克华 武 潇

Yang Guangzhao Zhang Kehua Wu Xiao

[摘 要] 城市更新社区治理中社区公共空间是社区营造的必要条件，社区公共空间缺乏，社区治理就无法正常开展。场所中多标准值体系带来私与公碰撞，使得原本具有良好条件的社区“公共空间”被破坏，究其根本在于社区居民尚未建立“公共空间”意识。通过对个人行为与公众利益梳理，并基于场景策划的公共场所空间培育，实现场所精神及社区居民利益共同体的重建。

[关键词] 社区治理；个人行为；公众利益；场景策划；场所空间；场所精神

[Abstract] Community public space is a primal necessity for community governance in urban renewal. Lack of community public space, therefore, would probably result in the impossibility of community governance by social norms. Differences of opinions between public sectors and private ones rest on a multi standardized value system in a place, leading to the damage of the original well-conditioned public space, the main reason behind which can be traced back to unestablished awareness of public space for an average person. The same community with shared interests between genius loci and native residents could be rebuilt by going through personal behavior and public interests on the basis of public venue space building in scene planning.

[Keywords] community governance; personal behavior; pulics interests; venue space; genius loci

[文章编号] 2023-91-P-065

社区更新作为城市更新框架下重要而又基础的一个环节，涉及到普通百姓生活，需要关注人的需求与生活方式。同时作为城市更新的组成部分之一又要回应兼顾城市功能需求。在老城区以“小微更新”方式介入社区更新与治理，一方面对于社区记忆和风貌的元素要给予充分的尊重和保留，减少对原有城市进行颠覆性变更；在另一方面通过精细化修补与改造，更能体现城市治理精细化公共服务。

解放门街道，隶属于陕西省西安市新城区，因境内原有西安城墙城门解放门得名。辖区面积0.97km^2，是全市面积最小的街道。现有路网和街区格局启动形成于辛亥革命后，是西安现代城市空间结构发展的开端。具有小街廓——密路网城市形态肌理，也是西安近现代城市发展的缩影。1936年陇海铁路潼（关）西（安）段修通后为解放门地区及周边带来卓越发展，因为曾经的辉煌，它拥有百年街区的美誉。

1998年春始，解放门街道尚俭路上东大院社区居民李宝明夫妇在一楼自家窗下种植了爬山虎，最初仅仅出于喜爱，但真的行动起来前后经历三次才成活到如今已有二十多年头。虽然爬山虎种植占地面积不足1m^2，但是所提供绿色面积却覆盖爬满了整幢楼的山墙，郁郁葱葱俨然成为街区的一景。平时大家路过或在山墙下面驻足交谈时都亲切地把这株爬山虎叫“虎子”。22年中它荫庇街区，看着街区中的孩子一个个成长……由于尚俭路周边大多是20世纪七八十年代老小区，基本上一栋住宅、一个院子就构成一个小区，空间局促而狭小，基本上没有什么绿化与公共空间，所以这片山墙的爬山虎也就变得弥足珍贵。它见证了街区发展的点点滴滴，承载了周边居民的温情记忆。2019年街道办事处出于城市街道记忆与街道社区环境景观打造想法，计划把老藤“虎子”作为辖区内一张名片给予保护。在2020年市政府提出老旧社区改造惠民政策，要对老旧建筑进行外墙保温加固装饰工程。社区居民希望通过外保温工程来提升居住的舒适度，这样一来，老藤势必要被拆除。这引起了养护老藤夫妇的担忧，毕竟与“虎子”一路走来，像是照顾自己的孩子一样，还有夫妇互相扶持的三十多年生活记忆。街道办事处出面与施工单位和居民都进行了沟通和协调，尝试通过调整施工工艺、更换材料等办法，既保证室内的舒适度又能够对老藤给予保留。但是在实际操作层面又遇到很多的难处。譬如外保温调整为内保温。在现有政策法规下不能入户施工，会对居民带来影响；材料更换不符合原有立项招标范围等难题。街办通过与社区居民开展座谈会协商等办法也都收效甚微，甚至与老藤山墙没有关联的社区群众也表达想去除老藤，事件进展一度陷入僵局。笔者作为第三方社区规划师介入其中调研观察中发现，社区居民对于户外绿色空间还是有需求的，但是对于老藤还是表达要去除。个别楼上住户在占用屋顶露台进行自家花园建造虽然非常积极，但是面对老藤的问题上却表达出强烈的反对意愿。最后事件激化成一楼李宝明夫妇与楼上居民乃至整个小区居民之间的直接矛盾。

一、多标准价值体系带来的碰撞

前文事件冲突的核心本质来自多标准价值体系的碰撞。不能简单地通过正确或者错误对任何一方进行判定。

街道层面：城市街区文化记忆元素的挖掘与保护。艾默生曾表达“城市是靠记忆而存在的”。城市在城市化的“大发展”与“大破坏”中“速生”与“速灭”，这种“建设性破坏”带来“城市的失忆”。城市的发展是一部动态史，城市的失忆带来了城市文化发展的断层。街道办事处从辖区治理的

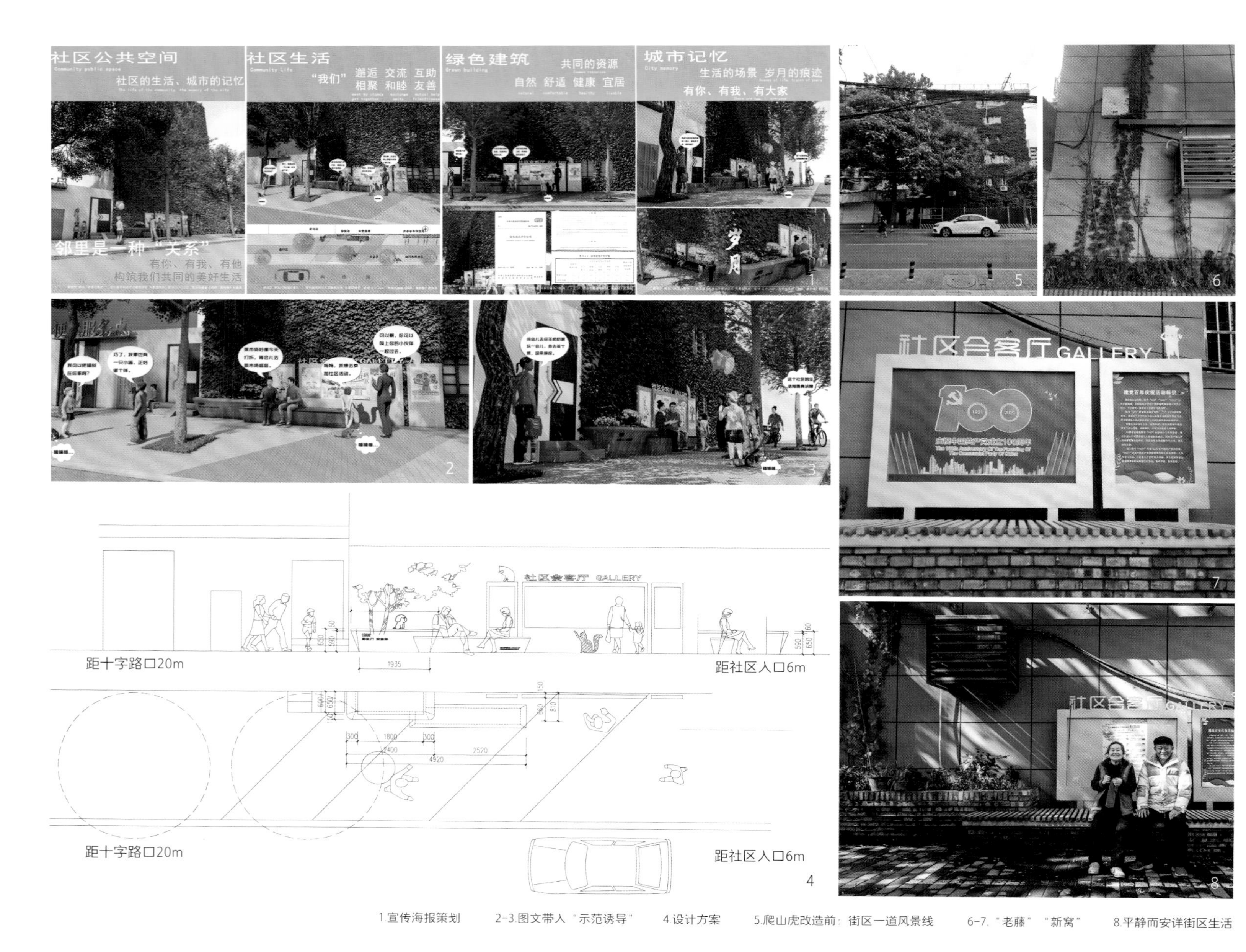

1.宣传海报策划　2-3.图文带入"示范诱导"　4.设计方案　5.爬山虎改造前：街区一道风景线　6-7."老藤""新窝"　8.平静而安详街区生活

角度力求挖掘保护城市街道记忆与文脉，形成街道社区文化特色，从积极方面讲确实体现了城市基层管理的创新与睿智。市级政府层面：宜居是城市生活首要考量的内容，而住房保障是宜居的核心内容。改善居住条件完善城市基础设施也就是我们所说的"兜底"是政府工作的主要方向。从政策制定到实施核心目标都是为了让人民群众有更多的获得感和幸福感。

社区群体居民层面：作为政策受惠方有着维护自身权益的主张也是无可厚非。老藤的种植养护者：既有多年来个人时间和情感的无偿投入的一面，也有为城市带来积极影响的一面。

激辩中并未形成统一的意见，为尽快推进落实市里政策，完成老旧社区改造的外墙保温加固工程项目，整面墙的老藤在街办和一层居民无奈不舍中被清除，成为事件暂时的结果。

二、基于第三方视点剖析与介入

社区规划师作为第三方在整个事件参与调节过程中并非是利用自身专业来压制裁定其中对错是非。帮助多方建立对话机制与价值体系梳理是工作的重心。从城市管理角度来看城市文化记忆固然重要。城市文化的背后还是人的生活。政策的制定虽建立了底线标准但缺乏对于生活动态性的兼顾。从社会群体角度来看"旁观者"身份是当下社区群体共同特点。以己为中心，等待专业部门和政府部门提供各种各样的服务，也就是经常被提到的"有权利而没有义务"是传统社会自我主义的表现，甚至还有部分极端的利己主义掺杂于其中。从老藤的种植养护者角度来看，以自身的兴趣和爱好为中心向外延伸，虽然带来了一定公众效应但归根结底还是个人层面活动。综上所述在整个事件梳理中忽视其背后复杂的社会关系及价值取向谈论目标都是不可取的。

老藤被清除后，为避免在居民间造成事件中一方战胜另外一方消极影响，作为社区规划师笔者在街道办事处支持下着手进行了一系列的设计研究实验。

1.基于场景策划的社区公共场所空间培育

社区公共空间是社区营造的必要条件，缺乏社区公共空间，社区治理就无法正常开展。公共空间不仅影响着空间环境、同时也影响着人和社会的关系，它有利于居民间的对话自然发生。原具有"公共空间"良好基础的空间被破坏，究其原因是公共空间意识并未形成。因而首先需要培育公共空间。笔者在老藤原来的位置基于使用场景策划设计进行户外公共空间规划设计。

前文提到的老旧社区中几乎没有室外绿化与公共空间，老藤种植的位置毗邻社区门口，也就是居民每天回家必须要经过的场所。抓住场所空间位置优越性，实用性和美观性相结合，在满足基本社区使用功能基础上提高场所空间的舒适度。在这个场地内设计爬藤的种植池，适当扩大种植池面积提高种植品种的丰富度，提供更多样视觉空间体验。增设宣传栏和休憩座椅，满足舒适度增加社区居民参与度。

2.基于“公共意识”带入式场景氛围营造与宣传

公共意识的建立也需要一个过程。如何引导居民间理性对话，笔者进行一系列宣传活动策划。首先是海报的制作。通过“带人式场景文化宣传”提出解释框架，客观性、戏剧性、合法性，反映了生活场景中所蕴含的文化价值观。其中包含邻里公约共识建立、生活共建场景营建展现、国家政策导向说明、城市社区文化宣传四个方面的说明。由单纯的利己到建立在利他基础上的利己。引导社区居民营造对话氛围，形成公众意识。通过图文带人“示范诱导”的方式提高居民认可参与积极度，起到类似空间使用说明书作用。

3.基于“共同体”原则的场所精神培育

在有限场所空间内，通过社区会客厅、社区社区GALLERY设置，实现“小资金”“大治理”的目标。既可以用作政府政策宣传阵地，同时也是城市社区文化演绎空间，更是社区居民才华展示的空间。在这个过程中通过公众参与增加社区认同感和归属感建立特有的场所公共精神。进而实现社区的共建、共治和共享。

城市更新背景下，公共空间具有多重含义。为“日常生活”和“社会生活”提供场所是城市公共空间的基本属性。 公共空间的双面性以及使用对象动态性，是本次设计关注的重点。在新城区解放门街道办事处和多方共同支持展开了从场所空间；到空间行为；再到场所精神培育的一系列营建培育探索。2021年5月爬山虎又被重新移栽回来，“虎子”迎来了它的涅槃，“老藤”搬家了“新窝”。经过半年来的持续观察除了空间环境得到美化提升以外，邻里之间的关系正在逐步趋于缓和。从事件发生、项目策划及设计与落地整整一年当中我们思考如何在多标准价值体系中建立场所精神同时完成个人行为向公众共同利益、公众行为的转化。

三、个人行为向公众利益转化

1.个人行为

个人行为，个人是主体。“行为的开始之点，就是行为所为的目的”，行为本身具有很强目的性。社会中任何个人行为都会有行为成本和行为效益。个人在这其中付出了时间、体力、物质以及技能成本，产生或获得相应的效益也就是个人利益。个人利益是个人行为的主要动机。

2.公众利益

公众利益，公众是利益的主体。其公众意指社会上的绝大多数人，而利益指的是一种社会资源分配。公众利益体现在个人利益中，它是社会所有人或绝大多数人的个人利益的有机和。值得注意的是，公众利益存在于个人利益中，但它不是简单地将个人利益加在一起，它不可能平均分配给具体的每个人；它是在剔除掉个人利益中的偶然性和独特性并结合个人利益中的必然性和普遍性的前提下，将个人利益进行有机结合。 所以公众利益简单地理解就应当是一种适存于整个社会上绝大多数人的资源分配关系。利益受惠面上具有无倾向性，全体公众都能均等地享受到这种利益的实惠，如生态环境、人文环境、卫生环境、安全环境等；消费对象之间的相容性，不会形成竞争；资源消耗上具有重复性。满足了一个消费者的某种需要，还能满足其他消费者的同种需要，等等。

3.个人利益与公共利益之间的关系与转化

个人利益和公众利益中，个人利益是公众利益的基础，公众利益又制约着个人利益。

个人利益与公众利益在某种条件下可以相互转化，相互依赖，相互包含。公众利益与个人利益同时具有矛盾性。首先是观念的调整。把握场所内的对象的动态性。个人行为转化为公众利益，由公众利益树立公众观念，在公众观念基础上进而产生公众行为。行为主体、收益目标、受益对象、可持续性四方面的调整转换以及重新构建来实现个人行为到公众利益的转化目标。公众利益观念与公众行为密切相关，公众利益观念决定着公众行为，公众利益观念的形成或者变化会对公众的相关行为产生重要的影响。 个人行为转化为公众行为。

本次案例看似环境空间营造本质是社区营造，是一个社会发育的过程，更是社区组织的过程营建。基于使用场景活动策划的空间环境营造实现社区居民间利益共同体的构建。在兼顾人兴趣爱好基础上转化为社区公众共同的资源。由旁观者转化为参与者，既有权利同时也承担责任。通过政府政策引导支持，场所的营建由政府提供服务或个人力量转化社区居民“聚力”共建，并在场内形成场所公共精神。由个人责任转化为公众共同责任，有利于社会治理。

四、总结与展望

本次案例的特殊性在于社区治理中于私与公的碰撞，个人利益与公众利益的交织。社区作为若干私人构成的公共领域，家门之内是居民的私人空间，不容任何组织和个人侵占；家门之外是社区居民共同的公共空间，居民个体也不能擅自占用与破坏。这也就决定了社区公共资源的供给需要建立一种多元互动的合作机制。在机制建立过程中探索共商、共建、共享、共赢发展路径，最大回应微观层面人地关系，促进场所空间正义的公平高效。展望当下阶段零散孤立的点还很难形成片区整体性系统化空间品质优化提升。需要建立系统化社区更新机制的同时还需赋予基层政府一定社区规划权限。今天的社区营建一小步，明天社会治理建设的一大步。

参考文献

[1]李德华.城市规划原理[M].3版.北京：中国建筑工业出版社，2001:491

[2][古希腊]亚里士多德.亚里士多德全集：第八卷[M].苗力田，译.北京：中国人民大学出版社，1994：125

[3]牟云磊.公众利益论[D].上海：复旦大学，2013

[4]洪远朋.利益关系总论：新时期我国社会利益关系发展变化研究的总报告[M].上海：复旦大学出版社，2011

作者简介

杨光炤，西安建筑科技大学建筑学院讲师，西安新城区解放门街道社区规划师；

张克华，陕西营境景观规划设计有限责任公司城市更新研究所景观规划师；

武　潇，陕西营境景观规划设计有限责任公司城市更新研究所景观规划师。

城市微更新下的社区公共艺术设计
——以上海市吉浦小区为例

Community Public Art Design Under Urban Micro-renewal
—Take the Jipu Community in Shanghai as an Example

孙 磊
Sun Lei

[摘 要] 随着城市规模与社会经济的高速增长，社区公共艺术越来越多地介入城市微更新，这将有利于推进社区营造的全面有效发展。本文以上海市吉浦小区微更新项目中的社区公共艺术为实践案例，发挥在地性、公共性、安全性、参与性、生态性等原则对社区公共艺术的介入策略进行研究，从提高社区资源利用率，促进公众参与，加强社区美育，激发居民共建等多角度进行案例分析。本文从公共艺术设计的理论出发，侧重于上海市社区公共艺术项目的实践探索，以期为其他城市微更新的社区营造活动提供有效的建议与参考。

[关键词] 社区公共艺术；城市微更新；社区营造；艺术介入

[Abstract] With the rapid growth of urban scale and social economy, community public art is more and more involved in urban micro-renewal, which will be conducive to promoting the comprehensive and effective development of community building. This paper, taking Shanghai JIPU community in the micro update project case practice of public art, plays in the ground, the public, such as security, participation, ecological principles to the community public art intervention strategy study, improves the utilization rate of community resources, promoting public participation, to strengthen aesthetic education community, and stimulates residents to build various case analysis. Based on the theory of public art design, this paper focuses on the practice and exploration of community public art projects in Shanghai, in order to provide effective suggestions and references for micro-renewal community-building activities in other cities.

[Keywords] community public art; city micro renewal; community building; art intervention
[文章编号] 2023-91-P-068

随着上海市经济与城市规模的迅速增长，城市土地建设面积急剧扩张以及城市空间结构基本稳定，导致可用于城市公共空间建设的面积日益变少，在此背景下上海市微更新项目越来越受到公众的重视。近年来上海市政府出台的相关文件中都提倡聚焦丰富社区发展内涵，鼓励有针对性地保护社区空间特色，塑造和谐住区环境，提高居民获得感和幸福感，让居民生活得更舒心。政策上的支持使得社区发展的品质逐步提高，居民在精神文化层面上的追求也不断提升，因此社区中公共艺术的社会功能越来越受到重视，著名艺术评论家南条史生说过：“无论从建筑、都市规划，或是艺术的角度来看，时代正逐渐将注意力转向公共艺术。”[1]公共艺术以其独特的魅力促进着社区文化的发展以及情感的表达。

一、城市微更新概述

20世纪90年代末至今，我国城市更新活力快速推进，对城乡规划理念不断加强，逐渐转变成了与以往“大拆大建”不同的城市更新思路，开始从微观尺度关注城市更新。聚焦社区这一城市中最基本的单元，努力提升城市空间的利用效率，注重社区营造和街道环境提升等多方面的城市微更新与城市修补。“微更新”是一种小规模、渐进式的更新方式。与推倒重建式的城市更新是相对立的，更提倡从微小空间入手。“微”字在空间层面上主要体现在社区或街区及以下范围，是当今城市更新发展的一个必要趋势。

2015年5月上海市人民政府颁布了《上海市城市更新实施办法》标志着上海从“大拆大建”的扩张模式转入到注重品质提升的城市更新的新阶段。2016年上海市规划和自然资源局启动“上海城市空间艺术季”和“城市更新四大行动计划”推动了一批城市更新示范项目。2016年、2017年的城市微更新计划率先以“社区空间”为题，以刘悦来为代表的专家团队们对上海市老旧小区中公共空间进行了微更新实践，表明了上海市城市更新的理念将会更加关注空间重构和社区激活，更加关注人们的生活方式和空间品质[2]。

二、社区公共艺术概述

从改革开放以后城市建设飞速发展，住宅空间的建设也日益完善，人们的居住环境相比之前得到了很大的改善，在物质生活被满足时，居民开始重视精神文化上的追求。为了满足居民以及社区发展的需求，雕塑、壁画开始进入社区为美化社区环境，为丰富居民的精神享受起到了良好的点缀作用。这个阶段被安置在社区公共空间中的艺术品被称为社区的公共艺术，而如今社区公共艺术更强调在特定的社群空间内，注重公共的利益，强调公众发挥的作用，并且是公众参与的艺术创作或设计。这与美国艺术家苏珊提出的“新类型公共艺术”（New Genre Public art），也被称为“社区艺术”（Community art）的概念相似，这种以社区为主题的艺术相比之前在材料和造型上的创作而言，如今的社区公共艺术更注重公众的参与，构建人与人之间的关系，是公共艺术在空间和创作主题上发展转变并探索产生的，以公众议题为导向，以公共利益为出发点，以社群为基础，以社区为场地，更注重实用性、民主性、开放性及其大众参与性，强调居民的参与，还有着根植于社区的特点，并试图用艺术的方式去探讨问题。社区公共艺术主题是直接回应有争议的公共行为，或旨在挑战公众对现状的认知。以社区为基础的艺术更注重让公众参与到作品的制作过程中，而不是艺术家独立完成作品本身。

2002年随着上海获得世博会举办权，上海市在推进现代化和国际化的过程中对社区文化的建设也越来越重视，多元化的公共艺术形式不断进入上海市的社区中，并在其中发挥越来越重要的作用。曹杨新村和同济大学四平路微更新都是上海市艺术微介入的实践成果。相对于前几年的艺术介入，近两年上海市的社区公共艺术也更注重社区动员，公众参与和地方重塑的实施机制，关注公众在创作中的角色。

三、城市微更新与社区公共艺术

大规模的城市更新中垂直的高楼大厦阻碍邻里之间搭建和睦亲切的关系，人们逐渐意识到需要拉近人与人之间的关系。在此背景下人们开始注重对社区文化的建设，提倡社区营造，鼓励居民主动参与社区建设，使居民相互之间和居民与社区环境之间建立良好的联系，从而打造更好的社区生活。城市更新从大规模逐渐转变到重视小规模渐进式的微更新，同样随着城市的发展在精神文化层面上的艺术领域中也从涉及范围宽泛的公共艺术逐步聚焦到城市公共艺术，再从街区公共艺术开始重视社区公共艺术，强调艺术对社区文化的思考，在设计中重视植根于地方、集体、传统或精神。

在城市的微更新项目中引入社区公共艺术，能助力微更新的全面有效发展。从基层层面小规模艺术介入的活动，如社区公共艺术创作、社区公共艺术活动策划、公共艺术设施等，在微更新过程中起到了推动着社区公众参与，培养社区居民对社区的归属感，美化社区的环境、增强社区的凝聚力，塑造社区精神文化等重要作用，同时也为社区营造的后续工作进行了较好的铺垫。

四、以上海市吉浦小区微更新为例

2018年1月杨浦区首创社区规划师制度，并同步启动社区规划师培训，全面指出社区微更新，微改造和微治理。2019年初步形成社区规划师团队支持下的社区居民和青年设计师结队共创模式。2019年11月习近平总书记在上海考察时精准地提出“人民城市人民建，人民城市为人民”[4]。基于此，2020年杨浦区社区规划师创新性提出先锋种子计划，招募空间设计、社会学、人类学、社会工作、公共艺术、心理学等不同领域的人士，并邀请国内外专家学者进行专业指导，聚集多方力量与智慧，探索专业力量和社区当地居民开展协同的机制。以“1+1+n”（第一个“1”即社区居民，作为社区规划的主体；第二个“1”是“先锋种子计划学员”，能深入社区赋能社区的专业力量；“n”是社区周边待发掘愿意参与社区规划和社区共创的社会力量，

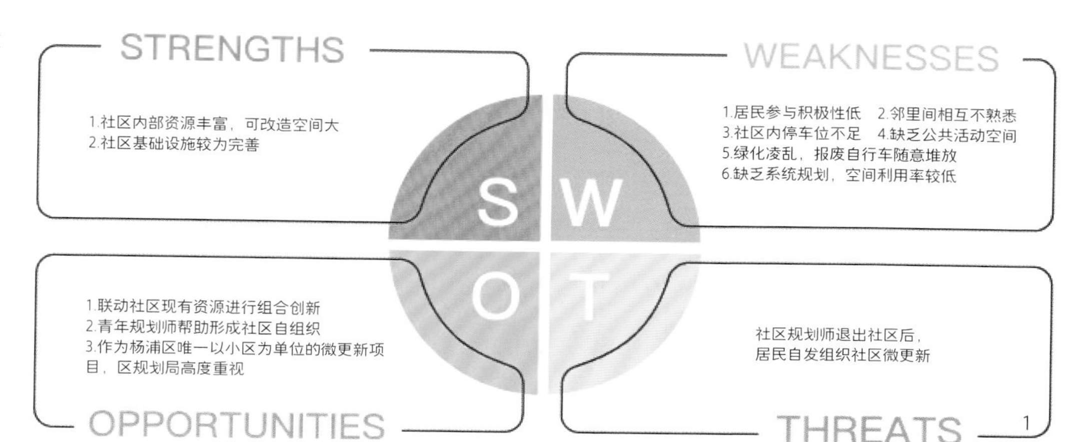

1.吉浦小区SWOT分析

如学校、商铺、企业等）的社区规划师队伍结构展开微更新的探讨。

吉浦小区是本次更新试点中唯一以小区为实践场地的项目。位于杨浦区五角场街道吉浦路395弄，小区于2001年建成，占地约1.5万m^2，有500户居民，约1500人。西侧隔吉浦路与河道相邻，周边多为居住区，东侧有政立路小学和上海市三门中学。目前小区绿化状况一般，严重缺乏公共活动空间，希望通过青年规划师团队的介入能够提升社区公共空间品质和挖掘社区精神文化。本次吉浦小区微更新项目中有来自不同背景的15名成员，从2020年9月开始调研并根据调研的结果制定好相应的议题后展开为期三个月的实践探索，议题一是针对社区内机动车停车占据了居民活动空间的问题，议题二是围绕社区内一处重要节点中的小花园改造作为议题，议题三是考虑到社区活动空间有限，想提高地下室空间的利用率为地下空间创造更多可能性为提议。作者以青年社区规划师的身份在项目中展开实践并用社区公共艺术的理论在社区空间内展开社区公共艺术活动，激发公众参与，以微介入的方式助力各组在议题上的发展。

五、上海市吉浦小区社区公共艺术微介入策略

城市微更新下的社区公共艺术应注重在地性、公共性、安全性、参与性、生态性等原则，不能仅局限于艺术的视角应该有着更整体的视野去发掘社区文化资源，促进公众参与，提升居民的审美，向居民宣传积极的生活理念，推进社区营造更好地发展。基于以上原则为出发点，作者在吉浦小区展开了一系列的社区公共艺术创作与策略研究。

1.社区寻宝活动——建立社群信任感

基于前期团队成员共同敲定的三个议题，在社区内选择三个节点与三个议题相对应并串起寻宝节的活动。寻宝节中“宝”有两层含义，第一层是从青年社区规划师的角度出发，把社区中有能力的人当作宝藏，让青年规划师寻找到他们。第二层是以寻宝游戏奖励机制和各场地的趣味工作坊来吸引并根据地图引导居民到达目标场地，发现社区问题，并参与趣味工作坊，完成该地的打卡，集齐三处的打卡即可获得一份宝藏礼物，过程让居民去探索社区空间中未被发现的资源宝藏。这种活动更容易与居民形成交流并建立信任感，同时也能够在活动过程中发现积极参与社区活动且有想法和热情的一些社区能人，与他们取得信任能够帮助社区后续活动的更好开展，以他们为代表更容易形成社区基层自治。对居民来说如果陌生的青年规划师团队进入社区直接询问改造问题，居民更容易有防备心理。但通过趣味活动这种柔和的形式进入社区可以更婉转地与居民建立信任，引导居民发现问题，提出问题，提高居民的公众参与。

2.地下室摄影活动——激活地下空间活力

青年规划师们发现社区内地面上可供居民活动的空间不足，而地下室空间率不高。地下室层高3.6m，停了不多的电瓶车，还有些空间没用上，以公共艺术活动的形式将地下室空间布置成临时摄影棚，为居民拍照，根据居民心中想去的城市，将各地风光作为背景，合成到照片中，并要求居民加入共创微信群中把照片发到微信群里，居民领取照片时在群里做一下简单的介绍，一方面弥补大家疫情期间不能出去游玩的遗憾，另一方面居民在群里自我介绍时可以让原本不认识的居民互相认识，还让居民与青年规划师团队之间建立联系，进一步了解彼此。在这次摄影活动中充分发挥了社区公共艺术在地性与参与性的原则，策划了适合地下室空间且只能在地下空间完成

2.社区寻宝活动宣传
3.社区儿童共同参与绘画
4.居民共同参与单车改造
5.单车改造共创成果
6.居民参观地下室展览

的公共艺术活动，带动了社区居民的公众参与，激发居民对地下空间改造的想象，为后续地下空间改造议题奠定了基础。

3.儿童绘画活动——社区美育大家建

社区公共艺术微介入的方式组织开展绘画活动，鼓励社区儿童发挥想象力，绘出心中理想的吉浦小区，并向其他居民展示。儿童可能不擅长口头的表达，但可以把心中的想法通过绘画的形式展现出来，这样也能帮助社区规划师收集到更全面的社区中人群的想法。同时用这种活动的形式更能凸显社区美育的功能，提升居民的艺术修养。除了居民个人绘画创作以外，还有协同绘画的形式，邀请居民与艺术家共同完成一幅画，在创作前，艺术家抛砖引玉，居民在引导中参与协作共创，在创作的过程中居民可以一边跟着艺术家学习，一边与其他居民交流，以这种轻松愉快的方式完成艺术作品。这种形式能更好地与居民拉近关系，完成作品时还能激发儿童和家长的成就感，建立对作品以及对社区的感情。

4.单车改造工作坊——生态可持续再发展

针对社区内废旧单车严重堆积影响环境美观的问题，社区公共艺术介入以单车改造工作坊的形式展开活动，活动前半个月与居委会对接并粘贴报废单车清理的公告，清理出一些报废自行车进行工作坊改造的主要材料，从自行车上拆卸下的车轮，并召集居民从家里带来废旧的材料，与自行车相结合，通过艺术的手法可以使原本废旧的单车变成时钟、圣诞树、灯具等。居民参与后都纷纷表示，没想到报废的自行车还可以这样利用。在居民共同创作的过程中，对活动和作品投入了情感，更容易激发居民对社区的归属。单车改造的活动让居民重新审视自己身边一些不起眼的资源，形成了节约资源的良好观念。此次活动不但促进社区居民之间的交往，更激发居民共建的积极性，提高了社区资源的利用率，强调和科普了生态的理念。

5.地下室展览——重塑社区凝聚力

基于社区地上活动空间有限，地下室空间利用率不高。以社区公共艺术的视角去思考前期与居民共创的艺术作品和与居民积累的良好关系，并结合地下空间特性与居民在公同策划了一场艺术展览，这些艺术品都是居民参与完成的，在地下室举办成果展一方面可以增强居民对社区的认同感，同时还能让没赶上前期活动的其他居民能够欣赏到共创的成果。并邀请居民公共参与地下室墙绘活动，社区公共艺术以文字的形态出现在地下室。“今天你好漂亮！”“小朋友们祝叔叔阿姨出入平安！”简单的话语能够为地下室增加更多的人情味，使邻里之间的气氛变得更加和谐，让冷清的地下空间变得更加温馨。社区公共艺术以艺术展的形式介入地下室并激活地下空间的同时还能为地下室吸引人流，这样利于共同探讨居民对公共空间的诉求，更好地收集居民的改造意见和建议，通过后期设计提高社区空间的使用率，为微社区空间增加更多可能性。

六、结语

本文在城市微更新的背景下，以社区公共艺术介入社区营造的过程，激活老旧社区的空间活力和邻里关系。以上海市吉浦小区为例进行公共艺术实践探索，以人文关怀为导向，激活社区的潜力和特色，促进公众参与，培育居民对社区的认同感和归属感，提升社区环境和品质，并推动社区营造的发展。在实践过程中注重居民在艺术中承担的角色，以及艺术在社区中承担的角色，创造被居民接受且助力社区营造发展的社区公共艺术创作，并对理论进初步探索验证。除上述探索外还有值得今后深入研究的问题，即如何对社区公共艺术介入的效果进行判断，是否根据介入后对社区影响、与环境的融合度、居民的满意程度等多维度客观数据进行综合的评价并以此为指标，建立起对社区公共艺术的评价体系。

参考文献

[1]Rumiko Shida.南条史生访谈[J].画刊,2006(2):62-63.
[2]马宏,应孔晋.上海城市有机更新背景下社区营造路径的探索[J].
时代建筑,2016（04）:10-17.
[3]吕佩怡.“新类型公共艺术”的转译与在地变异[J].艺术观点,2011(7):76-86.
[4]习近平.人民城市人民建，人民城市为人民[EB/OL].(2019-11-03)[2021-04-19].http://www.xinhuanet.com/politics/2019-11/03/c1125186430.htm

作者简介

孙 磊，江南大学设计学院硕士研究生。

营造共同体的乡村振兴探索
——以中关村墨仓空间为例

Rural Revitalization Throughout Community Empowerment
—A Case Study of Zhongguan Village in Guizhou

施盈竹
Shi Yingzhu

[摘　要]　乡村振兴战略为目前的中国农村建设与发展提出了综合性要求。要实现产业兴旺、生态宜居、乡风文明、治理有效、生活富裕，激发农民的主体性，重新营造乡村共同体是必经之路。而乡村公共空间作为培育村民公共意识的载体，串联城乡融合的窗口，其营造与活化对于乡村建设有重要意义。本文以中国乡建院贵州桐梓中关村的社区营造实践为例，通过对中关村“墨仓”空间从设计到落地，从营造到活化，从社工带领到村民自发维护的变迁过程描述，呈现了通过社区营造的手段，修复村庄联结，重塑村庄共同体的另一种可能，为未来的乡村社区营造提供了可参考路径和经验。

[关键词]　主体性；公共空间；社造活动；乡村治理

[Abstract]　The rural revitalization strategy has put forward comprehensive requirements for works of rural development in China. To achieve the goal of thriving businesses, pleasant living environment, social etiquette and civility, effective governance and prosperity, it is the only way to motivate the subjectivity of farmers and rebuild the connections in the rural community. In this case, rural public space, as a carrier of cultivating villagers' public consciousness and a window connecting urban and rural integration, is of great significance during the process of community empowerment. This article takes the program of China New Rural Planning and Design Institute in Guizhou Province as an example to illustrate how to make the villagers empower themselves and participate in collective affairs, and then to reshape the community through a series of professional works from social workers. The purpose of this article is to present the working process of social workers in an honest way and to provide valuable experience and reference for working in this field.

[Keywords]　agency; public space; community empowerment activity; rural governance
[文章编号]　2023-91-P-071

传统的乡村是基于“差序格局”的血缘关系和私人关系而自发建立起来的封闭性、单向性共同体。然而，现代化的建设和城市化的扩张，迫使乡村社区的共同体功能不断被破坏。与此同时，大批的村里人尤其是青壮年选择离开村庄外出务工，地域造成的物理性隔离，使得村民间情感失联，这些现象直接导致村民对于村落的认同感逐渐消逝，对于公共事务漠不关心，社区共同体意识逐渐缺失。21世纪初的社区建设政策体系则旨在营造一个精神、生活共同体，更加接近共同体的本质意涵。未来乡村建设势必以村民为主体的社区总体营造之路，其中乡村公共空间是作为培育村民公共精神、公共意识、公共责任感的载体，是连接城乡的窗口，也是新时代文明实践站的有效呈现形式。

本文所述案例中关村坐落于贵州省遵义市桐梓县的西成故里茅石镇，处于桐梓县、娄山关镇、板桥镇交界的大娄山北麓，与桐梓县小西湖水库南北相望，遥相呼应。下辖七个村民组，包括泥狮坝、石窖平、龙塘、田湾、艾上、大湾、关底下。平均海拔约1250m，森林覆盖率达50%，现有农户379户，总计1762人。由于地处深山、交通闭塞，村庄仅有以烤烟种植为支柱的单一产业发展，村民的谋生和增收手段极其有限，导致大量年轻劳动力外流，留在村里的多是老人、妇女和儿童。乡村发展面临着人口流失、空心化、老龄化等诸多问题，昔日热闹的村庄渐渐失去了活力。针对这一现状，2015年在政府的扶贫政策指引下，中国乡建院作为第三方协作者，协助建设中关村试点，为桐梓县推动农村综合改革发展、农村人居环境整治提供经验。

一、空间的改建：墨仓的“前世今生”

基于村民对社区公共空间的需求分析，设计师团队在考察村落之后，发现村中有一处老宅，不管是从建筑形式还是建筑的材料、构造都很有当地特征，所以设计师尝试将它保存下来，作为对村落原有风貌的尊重，最大程度地打造该村的特色，想要为村民改造一处可以用于日常交往、举办集体活动并且能够传承和发扬中关村优良传统文化的空间。因此设计师通过入户调研、访谈等方式去了解村民对于公共空间的需求，确定了将此处作为全村的文化活动中心去改造。

宅院原为村民荒弃已久的宅子，外形看起来相对简朴，没有过多的繁缛装饰，只是在用材和体量上体现出与周边普通民居的不同，它位于山坡的位置，可以远眺山峦和村庄，视野极佳。但由于常年荒废，老宅原有的三合院建筑格局早已破损，仅剩下主体建筑结构，若想投入使用就必须进行加固和扩建，将主屋里原本坍塌的木结构，重新上梁和整修，设计师与当地木匠共同参与老宅的修复，并将原本露天的灶台拆除并扩建为乡村图书馆，使空间能够满足更多的功能需要。

二、空间的营造：村民协同参与改造

老宅的硬体设施改造完成之后，2017年5月，乡建院社区营造团队开始正式的驻村工作，老宅渐渐地拥有活力。社工们刚来的时候，此处还是一个水电不通的空房子。首先，社工们经过讨论，按照整体功能需求，将墨仓空间一分为二，上下两层分别进行内部设计。虽然和老宅的格局相比，硬件改造并不算大，但每一处改造都充分考虑了社区和村民的需求，增设了儿童书屋和妇女手工学习空间，将文化展示与民俗教育结合在一起。同时，设计了文化娱乐区和服务驻

1-2.墨仓空间在地社工、大学生志愿者组织城乡夏令营
3.驻村社工正在向比利时鲁汶建筑学院师生介绍中关村徐氏家训
4.中关村大学生正在带领孩子参与乡村支教营队
5.墨仓空间妇女组织手工艺活动
6.墨仓空间孩子参与社工组织的四点半课堂

村社工以及乡村志愿者的工作和生活区，如在一楼公共空间增加了开放式厨房，增加空间的归属感。中国饮食文化源远流长，饮食交流是拉近人与人之间距离的有效方式，驻地社工们就曾尝试带着村民在开放厨房区制作蛋糕和小火锅，其乐融融，很好地拉近了社工与村民之间的距离。另外，二楼设置了仿日式的茶室，也陈设了自动贩售咖啡机，这种具备现代化和城市风格的细节，又能很好地满足城市参访者的需求，颇受参访者的青睐。临近户外窗台设计成简易画室，闲暇时可供村中儿童画画写生使用，寒暑假期间则是很好的接待参访者场所。访客来来往往，留下丹青于此处，不停地给这个空间增添新的生机。

早在我们入村调研时，村里的老人曾提起，中关村家家户户门口挂着装满字的纸篓，是因为这里的惜字习俗，中关村是徐姓大村，80%都姓徐，约两百年前江西搬迁过来，惜字习俗也跟着传到这里。“以墨为耕，惜字研心，宅似仓型，涅槃新生”，故将老宅取名为墨仓，全称中关墨仓乡村实践空间。老一辈的都是用毛笔写书法来学习和记录，写过字的纸，不会乱扔，会统一收集到字纸篓，再到水边焚烧，表示对文字的尊重和爱惜，如今已不复存在。社工请村里竹编艺人编织了惜字篓摆放在墨仓空间室外展示，也在墨仓书法室继续使用，延续村庄的惜字传统。

墨仓成型的过程中，最重要的是村民的参与。在设计布置之初，驻村社工就有意识地激发村民的参与激情，让大家以各种形式参与墨仓空间的装饰与活化。比如在布置图书馆的时候，社工透过宣传招募村里的小朋友们帮忙，一是小朋友是村庄最具活力和感染力的群体，能够带动更多大朋友；二是让小朋友动手完成属于他们的空间，之后他们参与空间举办的活动积极性会更高。果不其然，整个装饰布置过程，孩子们乐在其中，帮忙搬运图书，安装书架，铺设图书馆的泡沫地板，自己动手为部分墙面增加装饰。从好奇的围观到作为小志愿者轮流维护公共空间的清洁，参与社工组织的社区活动，墨仓化身为儿童四点半课堂的最佳场所。

在进行社区教育的课堂上，由村里擅长手工的妇女教村民和小朋友一起制作塑料花、手工挂件、玻璃瓶涂鸦和毛线鞋，课堂结束以后也作为装饰物摆放于墨仓；在传统假日的课堂上，由曾经担任过村庄支书的徐爷爷，讲述徐氏家风家训，发扬传统美德，并结合书法仪式，由乡贤、村民与孩子共同将徐氏家训写到卷轴上，悬挂展示，村民共同遵循铭记。以墨仓空间为载体加强农村的文化建设，立足传承延续中华优秀传统文化，同时也成为中关村向外展示的平台。

墨仓位于村庄地势稍高的位置，从村中主交通干道行至墨仓需要沿着石阶而上，在这五米高的石阶两侧是两块迷你的村庄集体用地。观察了气候、地形、水文等特点后，驻村社工发起了朴门乡村实践工作坊，来对这一方天地进行微改造。消息一出，来自大专院校的设计系师生、业界的小伙伴们自费食宿，报名作为乡村志愿者，与村民共同建造了墨仓空间的螺旋花园与朴门菜圃，最后还一起用修建墨仓的老瓦片和村民捐赠的空心砖，为墨仓的小狗修了一个家。透过墨仓空间的营造，加强了城乡之间的互动，促进城乡交流和情感的联系，让大家明白乡村也是城市人的远方，美丽乡村，你我共建。

经过村委干部、村民、志愿者、访客参与共建，老宅有了图书馆、书法室、手工室、茶室、朴门农法花园的公共活动空间，完善了农村公共服务与生活体系，丰富民众业余公共生活。过去居住在老宅的徐家后代，见证了老宅新生的活力，白发者老旧地重游忆起幼时点滴，也乐于与来访墨仓的客人介绍老宅的故事，现今老宅成为村庄公共文化的中心，也变成最美的城乡互动平台。

村庄的儿童、妇女、长者和党员干部依托墨仓空间开展丰灵活多元的文娱活动和村庄丰富多彩的节庆习俗，为墨仓空间的软件建设打下良好的基础。在这个过程之中，不仅成功地激活了社区空间，通过对空间的使用，达成人与空间互动的目的；而且在参与营

7.墨仓空间城市志愿者开展英文支教　8.墨仓讲习所村小校长为村民进行家庭教育培训　9.墨仓空间一公斤盒子工作者、社工带领零食盒子工作坊

造的过程中，村民之间开始频繁地互动和交流，形成相互间的信任和合作，村民通过参与共同的活动，逐渐信任并凝聚成一体，社区共同意识的形成就是一股无形的强大力量，会对每一个村民的个体发展起着巨大的潜移默化的教育、激励和制约作用，从而推动社区的可持续发展。

三、乡村社区共同体的再生

2017年6月，乡建院社造团队进驻村庄，在村里与村民同吃同住，建立起了良好的关系。在对村庄进行调研了解之后，社工结合台湾社区营造的经验，根据村庄实际情况，从乡村教育、乡村文化、乡村旅游三个维度经营社区空间，将墨仓塑造成集图书室、绘画室、茶室、书法室、手工坊等于一体的综合文化公共空间，并依托墨仓空间筹划传统书法学习课程、妇女的手工课程、各式各样服务于当地村民的学习讲座、以及面向儿童的自然教育等系列活动课程，从6月到10月墨仓会举办城乡夏令营、大学生三下乡、社区营造工作坊，吸引了很多来自全国各地的游客。

2018年的暑假，墨仓空间接待了大大小小十多个团队的参访，参访人次预计四五百人，墨仓的运营离不开为墨仓空间出人出力的政府及各界人士的帮助和努力，其中就有生于斯长于斯的中关村大学生徐珊，作为在地的社工和活动的助教，积极参与了墨仓的成长过程，直至墨仓真正成为中关村的新地标，村民心中认可和乐在其中的公共空间。在乡建院社造团队的动员下，重新组织起来的村民、成长起来的在地社工，对中关村的基层治理改善也发挥了重要作用。怎样做好社区工作，给村民带来便利，让群众更满意，新时期新形势下社区是社会的基础。因此在地社工的孵化和培育显得特别重要，在地社工具有良好的群众基础，能够促进社区的认同感和归属感，相比外部协助者，具有天然优势。中关村本地社工的工作收到了村民们的极高认可，甚至原村小校长将自己珍藏多年的教育期刊赠予年轻的社工，鼓励她更多了解故土民俗文化，更好地服务村民。逐渐紧密的关系中，原村小校长也开始在课后义务为村民开展家庭、音乐教育课堂，希望发挥余热，让家乡因为教育而变得更加美好。

2019年6月，社工团队隐退后，村民自发负责墨仓空间的运营和日常管理。平时由村委推派的老党员来负责保管墨仓的钥匙，同时，安排了在社区事务中表现非常突出的妇女来负责墨仓空间的清洁和社区工作。间或有集体活动活动时或有远道而来的参访者时，村委会安排社区骨干在墨仓接待。尤其是寒暑假，村里的大学生回来，墨仓会集中开放一段时间。这段时间的墨仓可谓热闹非凡，远道而来的参访者、志愿者、夏令营亲子家庭、放假在家的小朋友，务工归来的大朋友，相聚一齐，整个村庄都显得生机勃发。2020年初，中关村的大学生徐珊作为在地的社工协助贵联会黑龙江分会团队从事“梦起中关，莫负韶华”志愿服务，并撰写公众号系列文章《阳光正好、墨仓你好》《墨仓日记，我为祖国添色彩》《墨仓日记，小小朗读者的故事》《墨仓日记，时光悄然流逝，爱意持续升温》《墨仓日记，最终篇不说再见》，2021年初中关村大学生徐珊分享经验，贵联会黑龙江分会团队因疫情原因未能再访中关村，遗憾不能发放2020年拍摄的全家福照片，改由她发给村民，当时正值大年三十，刚好去到村民家里唠唠嗑，村民们特别热情邀请她一起吃年夜饭。看到照片的时候，村民们拉着她的手，脸上洋溢着幸福的笑容，这也是她最好的新年礼物。

从村民能够自主管理和运营墨仓空间，村民社区治理能力在提高。从最开始需要专业的社会工作者引导参与社区活动，到一步步激发村民管理空间的意识，部分村民在社工的培养下，能够独立地组织活动，处理社区公共事务，对于村民来说，这是非常明显的成长。作为社区的主人翁，积极地参与，为乡村社区的营造提供可持续的动力。良好的公共意识源自于人参与到公共活动中时养成的，村民公共意识的培养，源自于村民对公共事务的参与程度，墨仓空间的文化活动很好的促进了村民参与公共活动，进而慢慢培养村民的集体意识。

四、总结

中关村是徐氏宗族数十年在一个环境共同生活，形成共同的规则模式与生活秩序，但也面临村庄生产、生活与发展过程的各种困境，乡村社区空间营造是一个契机，真正的目的是引导社区居民去重新认识身边的人，修复日渐疏离的情感，构建在地的社会资本，逐步彰显村民的主体性。在社区开展活动只是一种吸引居民参与的手段，通过活动的参与培养村民空间改造、社区治理以及社区认同的意义更为重要，其根本的作用是改变村民，将其转化为积极的“社群”，凝聚力量，自己的家园自己建设，自己的生活自己掌握，形成社区共同体。农村社区建设是乡村振兴农村未来的发展趋势，一方面承载政府的价值诉求，另一方面关系农民的切身利益，尊重农民的生活，尊重农民的权利，尊重农民主体需要以及培育和发挥农民的主体性。墨仓乡村实践空间作为重要媒介，培育了农民的公民意识与创新意识，激发了农民的主体性，更激励他们投入有归属感的社区建设中去发光发热。

项目负责人：施盈竹、吴江

主要参编人员：施盈竹、刘小静、张霖

作者简介

施盈竹，乡遇社造创始人。

愚园路街区共同缔造的实践探索
——以故事商店为例

Practice of the Collaborative Building on Yuyuan Road
—A Case Study of STORY STORE

张 洁
Zhang Jie

[摘　要]　愚园路的更新改造进行体现了存量时代下街区运营的新模式，创邑以企业身份参与城市更新，将故事商店作为城区治理的品牌窗口，由此开启愚园路共同缔造的实践探索，其空间运营、人力赋能、文化挖掘对于老城活化有着积极的作用，并逐渐形成城市更新下的创新治理模式，影响更多的实践者。

[关键词]　愚园路；故事商店；共同缔造；公众参与

[Abstract]　The renovation of Yuyuan Road reflects the new mode of block-operation. Chuangyi, always participates in urban renewal as an enterprise, which takes the STORY STORE as a branding of urban governance and practices public participation on Yuyuan Road. The operation of space, empowerment of the public and excavation of culture all play the positive role in the revitalization of the old city, which gradually forms an innovative governance mode of urban renewal, affecting more practitioners.

[Keywords]　Yuyuan Road; STORY STORE; collaborative building; public participation

[文章编号]　2023-91-P-074

一、引言

随着上海城市发展模式从增量扩张到存量更新，存量时代下的城市规划逐渐回归至城市中社区这一最基础单元，同时更关注社会生活中不同利益群体之间的需求。介于存量空间更新下的社会治理为当今的城市发展提出了巨大的挑战。

不少学者在分析城市更新进程中都提出了借助更新提升城市治理活力的呼吁，学者唐燕在分析城市更新理论中提出城市更新进程中的协同治理，通过政府权力下放、企业社会责任承担和社区居民赋权，搭建多元对话平台推动更新与治理进程 。

愚园路位于上海老城区，涵盖大量弄堂居民区、多形态商户、办公楼宇园区、幼儿园小学等公立学校等多样的人群结构。由城市空间运营商创邑推动的城市更新进程，历经五年经营从存量更新延伸至微更新，逐渐关注多元群体协同共治参与城市治理，逐步探索企业参与创新城市治理的路径。

区别于传统社区营造工作中以居民区为主要行动发生地，因愚园路的开放式场域，在本研究中将社区做了概念范畴的扩大，以街区的共同缔造阐述愚园路街区多元群体的共同行动。

二、背景介绍及缘起由来

1.百年愚园路的前世沉浮

愚园路位于上海中心城区，横跨静安和长宁两区，长约2.75km，东起常德路、西至长宁路，分别隶属于静安寺、江苏路、华阳路三个街道，连接最东端的静安寺和最西端的中山公园。愚园路自1911年命名起，历经一个多世纪从未易名，而在1918年彼时的公共租界当局将愚园路道路拓宽，基本形成现在的规模 。现如今，愚园路沿线巷弄丰富、建筑类型多样，是上海“万国建筑博览馆”的重要组成部分。

《解放日报》副总编辑徐锦江在《愚园路》一书中评述愚园路不得不说的理由有五条，第一是愚园路上历史名人荟萃，众多革命先行人、近代科学家、教育家、文学家、大批工商界人士均与愚园路发生不同的关系，许多时代变革中的大事件都可在此找到注脚；第二是愚园路有自己独特气场，大隐隐于市，愚园路特殊的气息与文化滋养了一群高认同感的人；第三是愚园路是上海新式里弄的典型代表，集市井文化、商业文化、社区文化等大俗大雅于一体的风貌是研究上海市民文化的一个范本；第四是当代城市更新规划下愚园路的新貌呈现，通过生活美学的打造，让生活艺术化、艺术生活化；第五是愚园路上各人群经历的起起伏伏，筑成了厚重的人生教科书 。

2.城市更新进程下的老城焕新

历经20世纪90年代“破墙开店”的热潮，愚园路在更新改造前呈现的面貌多为违章搭建杂乱、公共设施陈旧，其文化历史与区位价值没有很好地呈现，作为连接上海中心区块的重要纽带反而形成了断层。提升街区风貌的“愚园路历史风貌区”的城市更新项目被写入《上海长宁区发布国民经济和社会发展第十三个五年规划纲要》中，“有序推进城市更新”和“深入推动文化大发展大繁荣”是规划中提到的重要内容。

为激活新时代下愚园路老城的活力，城市空间运营商上海创邑实业有限公司（以下简称“创邑”）于2015年开启了对江苏路—定西路段愚园路的更新工

1.愚园路改造前部分街区面貌

2.故事商店快闪空间一览 3.岐山村弄堂间故事商店展览空间 4.在地居民作为一日店主分享愚园路历史 5.七册主题的故事书

作，其更新理念为打造愚园路的生活美学，艺术生活化、生活艺术化，通过更新改造提升愚园路沿街形态、以艺文渗透引入艺术家创作公共街区家具、由此吸引时尚创意业态丰富沿街消费场所。

经过多年耕耘，愚园路从一条历史老街变成一条时尚街区，在吸引更多人流量认识街区的同时，创邑在思考街区的快速变化给在地住民带来的影响，如何联动街区的不同群体共同缔造一个涵盖创新活力的友好环境。伴随城市更新进程中的对于多元治理的关注，创邑于2019年孵化了社会组织——上海市长宁区社趣更馨营造中心（以下简称“社趣更馨”），在江苏路街道和华阳路街道的指导下，致力于通过社区营造、街区创生、品牌设计等核心业务，联动愚园路上街区—商区—社区的不同群体。

故事商店同样诞生于2019年，作为社趣更馨的品牌项目，其诞生多有“无心插柳”的意味，却在其持续发酵中产生了令人惊喜的收获。故事商店以开源共创的形式，包括快闪活动、展览设置、故事再发生等持续性行动为街区的创新治理提供了示范模板，其物理空间的变迁浓缩了街区更新的动态进程，运维活动的持续更迭丰富了共同缔造的内涵。

三、行动路径与实践内容

1.空间活化：城市小微空间的存量提升

（1）故事商店快闪空间

故事商店于2019年诞生于愚园路长宁段与凤冈路交接的街口，空间为二进式的9m²空间。故事商店原址空间历经门岗亭、南京汤包馆、山东水饺店等不同商业业态，再到恢复闲置状态成为城市更新中的存量空间。由于故事商店快闪活动的开展，原本的闲置空间重新粉刷装饰，以复古墨绿色的主色调和标志性的“老奶奶头像”化身显著的IP形象，不同阶段呈现的运维活动以社会创新的崭新形式，将空间活力再次赋能街区群众。

（2）故事商店展览空间

伴随快闪活动的开展（该内容将在以下小节中详细阐述），故事商店经收获2000多张撰写各自与街区故事的文字卡片，承载大家三个月共同情感的故事商店在2019年年底结束周期性活动。社趣更馨思考如何将街区的共同情感保存，适逢2019年江苏路街道岐宏版块微更新（岐山村—宏业花园弄堂贯通工作）开展，岐山村原本闲置的弄堂客堂间经改造成为故事商店的展览空间，第一期展览“搬进弄堂间的卡片”，还原了快闪空间的场景和共创展示的故事卡片，使得街区创新治理的产物与扎根居住在此的居民发生最直接的互动。

弄堂居民区内的展览空间截至目前共开展了三期展览，除了故事卡片展，分别为“构筑街区故事的大家”和“愚园路上可爱的TA”，依旧以共创的形式展示了疫情时期下，愚园路更新工作中各群体的彼此协助，实现在地故事更广泛地与街区爱好者之间的交流互动。

愚园路上共有两处故事商店空间点位，一处为愚园路凤冈路街口的快闪活动空间、第二处为岐山村弄堂间的展览空间。活用城市小微存量空间，以社会创新活动丰富空间意义，并撬动空间治理与社会治理的双线并行，是故事商店作为空间载体承载着更多的社会内涵。

2.人力赋能：街区在地群体的协同共创

（1）共创培力

故事商店空间意义的活化很大程度上源自于共同维系空间运营的街区在地者，且通过共同创造的形式使得不同群体和受众在空间内找寻意义。与“故事商店”空间命名相呼应的运营共创者被成为“一日店主”，而不同店主在空间内开展的各式活动被称为“商品进货”。

在快闪活动前期，以“一日店主”的招募将街区空间使用权能赋能于社会大众和街区在地者。街区热心公益的商户主理人、临近小学的孩子们、生活几十年熟悉街区历史的在地居民、对城市更新感兴趣的设计师、社会创新从业人员等不同群体纷纷报名成为故事商店的一日店主。

为了更好赋能一日店主们，社趣更馨在赋能阶段以共创工作坊、开业路边派对等创新形式，与一日店主共同挖掘彼此的优势技能、探寻与街区之间的情感链接、并对故事商店空间的创新运维方式进行头脑风暴。

（2）一日店主

为期60多天的快闪活动中，共吸引70多位性格迥异的一日店主的持续参与。因为对愚园路报以热爱、因为和街区或多或少的渊源；因为在此遇到了有趣的店主所以也申请成为店主；也因为这处空间能给人静下心来思考的力量……一日店主由不同动因相聚于此，却因为共同经历的产生，促进了人与人、人与空间的连接感。

不同一日店主结合自身的优势技能与兴趣点，与居民、商户、游客共同分享在地故事、展开空间内的互动，包括音乐、心理、文字、美食、绘画、设计等众多学科与领域。据访谈可知，部分一日店主在结束档期营业后，在其他日期经过故事商店时，也会走进故事商店和当值的店主进行互动，在几位店主眼里看来这个空间、空间里的人和空间里的物都是以往记忆和情感的一部分。

尽管故事商店快闪活动维持了三个月，但是一日店主之间的关系网络持续扩大。2020年，愚园路上音乐教室的主理人汤木作为首位一日店主让故事再发生，沿用故事商店原址，用故事交换音乐，以即兴创作的方式收集往来游客的故事，制成愚园路的在地专辑《一方美好》；愚园路在地居民同为插画师的郭谦，以不同店主为插画的创作原型，融合愚园路的不同生活场景，制成了可阅读的插画作品，并于2020年以在地联合展览的形式展出了创作的店主们。因快闪活动连接的深厚情感，使得周期性活动结束后依然有“使能”的一日店主使得故事再度发生，由一日店主们创造的是维系故事商店持续运营和发酵的重要人力资源。

3.文化记忆：社会共同记忆的创新唤起

（1）故事卡片

愚园路作为一条拥有百年历史的街区拥有丰富的历史底蕴，在长达百年的变迁中，历史建筑、名人故事等逐渐成了碎片化的记忆，故事商店希望通过街区空间载体以创新形式保留更多即将消失或者正待发生的文化记忆。伴随传播力与影响力的不断扩大，越来越多的群体共创形成了在地性的共同记忆。

在2019年的快闪活动期间，除了有一日店主作为空间的自发运营者，同时在空间内还设置“生活者”和“观察者”两种类型的共创卡片，吸引一日店主、街区游客、在地生活者等不同群体记录各自与街区发生的故事。以实体文字和图画作为故事叙述的载体，以可视化的形式呈现了不同年龄层、不同群体与愚园路产生的历史关联。

在60多天的快闪活动期间，故事商店共收集到了2000多则愚园路故事卡片。经整理总结可将故事卡片的留言内容大致总结分为以下五类，分别是：初到愚园路的第一感知、和愚园路的历史关联记忆、在沿街独立小店里发生的故事、在故事商店内发生的各类趣事、与其他故事卡片的情感呼应。

6.愚园路整体行动路径总结

故事商店受到50余家媒体的自发报道，随着传播力度的影响，故事商店也收获了更多的支持和鼓励。92岁的陈爷爷在报纸上看到故事商店的报道，坚持跨越多个区域来到故事商店，通过口述的形式讲述了其与愚园路错综交织的往事。通过众多自发纪事的故事卡片和珍贵的口述历史，故事商店承担了捞取历史碎片的城市记忆空间。

（2）文创产品

为了将这份珍贵的城市记忆被更多人知晓，社趣更馨希望通过文创产品的形式将快闪经历进行成果性留存。经过40多名志愿者的共同整理，2000多则在地故事整理成在线资料，并在保留最原始文字的前提下选出101个故事，汇聚成7个主题的《故事发生在愚园路》。

通过故事书保留各共创者和参与者在愚园路上的共同记忆，故事书及其他文创产品的发售，让更多群体看到上海老城内发生的平凡却又真实的城市记忆。此外，社趣更馨还将文化创意产品的部分收入作为故事商店共创账户，用来支持更多行动的发生，让所有支持文化创意产品的顾客都能成为故事商店的同行者。

四、模式总结与启发思考

1.模式总结

（1）空间与内容的并重

故事商店在愚园路的演进经过空间的变迁与更迭，无论是沿街的快闪空间还是弄堂口的展览空间，两处空间都是善用城市中的小微闲置用房，并以轻量运作的活动丰富空间的内涵。以共创行动和创新活动调动街区热爱者的协同参与，同时以空间作为城市记忆的窗口，不断将在地历史风貌、市井里弄、艺术创意、社区营造等文化标签借以传播。

（2）人力活用达成永续经营

2019年夏天故事商店快闪活动期间，由一日店主独立负责当日的空间运维，大家可凭借自己的技能丰富空间内的创新环节；2019年年底故事商店迁移至岐山村后，附近的社区居民、社区工作者志愿成为故事商店的讲解员；2020年疫情平缓后，故事商店恢复策展空间，愚园路上的商户、居民、临近小学的孩子来到故事商店共同布置展览、创作作品；2020—2021年期间，故事商店的不同一日店主通过音乐、插画、花艺等主题

在故事商店持续发生的期间里，从前期的一日店主招募、故事商店快闪活动期间、故事书的整理共创、岐山村的展览共创、到故事商店再发生，社趣更馨持续以参与共创的形式挖掘、培育热爱愚园路的街区领袖，邀请大家共同参与故事商店的打造，以此缔结与街区的共同情感和记忆，唤起老城的协同创新治理。一日店主作为故事商店的核心赋能者，与街区的居民、商户、学生、游客、工作者等各类群体形成持续的互动，不断建构街区的关系网络，由此扩大共创缔结者和圈层黏性，使得故事商店的影响持续产生效力并以非正式网络共同营造街区。

2.启发思考

（1）在地性的维持与模式化的发散

故事商店诞生于愚园路城市更新进程中的第四年，愚园路在形态改造、业态提升、艺文渗透等板块已取得一定的成效，而当显性空间在渐进式提升的过程中，非显性空间即社会网络的搭建很好地以协同治理的形式解决一些城市问题。故事商店就是在这样的背景下诞生，作为愚园路城市更新进程中节点性的产物，能够反映工作重点从仅关注空间形态到关注空间内的多元人群的递进，反映治理模式从整体规划到注重在地生活者的参与共创的转变。

伴随故事商店IP影响力的扩大，故事商店逐渐从愚园路的在地陪伴走到更远的空间，公益新天地、嘉兴禾城驿等地希望借助故事商店的运作模式挖掘其在地性文化，以社会创新案例模式为当地激发生态活力。故事商店运行理念被更多人认可与推广是一件值得高兴的事情，但同时也需要分析故事商店模式成功的独特性与典型性，并分析非愚园路场域下的空间文化内涵，借助工作流程挖掘在地性、找到属于本地的适切性，如此能够保证故事商店在不丧失愚园路共同缔造的典型范式同时，保证模式的推广与可执行。

（2）市场化运作推动可持续发展

故事商店作为社趣更馨运营的品牌项目，以共同缔造为核心运作理念营造空间、运营内容、维系情感，但不可否认的是创邑作为社趣更馨背后的资本运作方，对于故事商店的持续运营提供了极大的资金与品牌支持。随着城市更新与创新治理需求的不断提升，传统社区营造方式也面临着市场的冲击，在探讨永续街区或者永续品牌概念的同时，更需要关心组织良心运转和资金合理周转，此情况对于企业参与城市治理进行有着一定的借鉴意义。

参考文献

[1]徐锦江编著.愚园路：百年纪念版[M].上海：上海世纪出版集团.2018

[2]黄耀福.郎嵬.陈婷婷.等.共同缔造工作坊.参与式社区规划的新模式[J].规划师.2015.31（10）:38-42.

[3]李郇.彭惠雯.黄耀福.参与式规划:美好环境与和谐社会共同缔造[J].城市规划学刊.2018（01）:24-30

[4]唐燕.张璐.刘思璐.2019年城市更新研究与实践热点回眸[J].科技导报.2020.38（03）:148-156

[5]史文彬.孙彤宇.李勇.上海中心城区老旧住区可持续更新策略研究[J].住宅科技.2020.40（12）:35-40

作者简介

张　洁，社会工作专业硕士，上海市长宁区社趣更馨营造中心社区营造主管。

从土地、利益相关者和政策角度对成都市社区花园进行可行性研究

A Feasibility Study of Community Gardens in Chengdu by Evaluating Land, Stakeholders and Policy

何馨芸
He Xinyun

[摘 要] 本文从城市发展的角度，探索了社区花园在土地、利益相关者和政策方面的措施，总结了在土地利益相关者和政策方面影响城市社区花园成败的影响因子。在土地方面是：土地类型、土地价值、土地生产空间潜力的研究与规划；在利益相关者方面是：政府、活动家、社会组织和居民；在政策方面是：经济、环境、土地供应和保护、食品系统、社区营造和政府多部门合作。基于以上因素，本文结合成都的社区花园在土地、利益相关者和政策方面的现状对成都未来社区花园的发展提供了策略。结果表示，成都发展社区花园具有很大的潜力，但是土地需要进行潜力研究，公众意识和参与度需要提高，政策上应该完善土地和食品政策，并应将社区花园的各项工作以及资金分配的计划融入政府不同部门。

[关键词] 社区花园；份地农园；城市土地；利益相关者；民众态度；社区花园政策；可行性

[Abstract] This paper explores the measures of community gardens in terms of land, stakeholders and policies, and summarises the influencing factors that affect the success or failure of urban community gardens. The factors of land are land types, land value, research and planning of land production spatial potential. The factors of stakeholders are government, activists, organizations, and residents. The factors of policies are economy, environment, land supply and protection, food system, community empowerment, and multi-government department cooperation. Based on these factors, this paper provides strategies for the future development of community gardens in Chengdu, taking into account the current status of community gardens in Chengdu in terms of land, stakeholders and policies. The results indicate that there is great potential for the development of community gardens in Chengdu, but that land needs to be studied for its potential, public awareness and participation need to be increased, policy should be improved in terms of land and food policies, and community garden efforts and plans for funding allocation should be integrated into different government departments.

[Keywords] community gardens; allotment farm gardens; urban land; stakeholders; popular attitudes; community garden policy; feasibility

[文章编号] 2023-91-P-077

一、问题的提出

社区花园源于19世纪中叶的欧洲份地农园[1]。其定义非常模糊，并且在不同国家和地区有所不同。一项英国研究将社区花园定义为由当地社区成员管理和经营并结合蔬菜种植的各种用途的开放空间[2]。它是一种出于各种目的而多样化的花园，例如促进城市健康、社会融合和公民的积极参与[3]。

社区花园可以实现社会，环境和经济的多重效益。在世界大战和经济危机期间，胜利花园为居民提供了饮食，工作和休闲空间[4]。古巴首都哈瓦那已采用社区花园作为应对经济危机的改革的一部分[5]。在马耳他社区花园的研究区域，老龄化和肥胖问题得到了有效改善，土地退化和适应气候变化的城市环境也得到了改善[6]。社区花园采用公众参与的方法来实现公共土地所有权以抵制私有化和企业家精神造成的土地私有化和食物沙漠来实现财产和权力的运动。因此，在社区花园的发展过程中，促进了空间正义和食物正义、社区公平、多样性、包容性、健康和参与以及绿色食品的可持续产出[5]。

二、土地、利益相关者和政策

1.土地

（1）粮食生长的土地价值

从经济价值的角度来看，在经济危机和房地产危机下，许多待开发土地长期处于闲置状态。为了防止闲置土地的退化，越来越多的土地逐渐被临时使用。例如，房地产开发商邀请居民在自己的土地上种植粮食，以减少经济损失并改善土地活力[8]。社区花园附近土地的价格也会随着社区花园的建立而增加[5]。此外，几乎所有欧洲城市用来种植食物的土地都面临着土地功能转变的问题，因为用于居住、商业和工业用途的土地的经济收益要比农业土地的收益高得多[7]。

但是，土地的经济价值不仅可以通过直接的经济利益来衡量，而且能通过减少环境恶化的价值，即生态价值来衡量。由于大多数社区花园使用有机方法生产食物，因此使用堆肥代替生化肥料，从而提高了土壤的保水能力，减少了用水量，并使土壤更健康[8]。一些社区花园则更加关注土地的政治价值。例如，为了减少环境危机对底特律居民的毒害作用，城市农民重建了居民与土地之间的健康生产关系。尽管底特律的城市农业生产不足以满足居民的需求，但土地的政治价值大于其经济价值[9]。

（2）土地所有权

范德尚斯（Van der Schans）和维斯克（Wiskerke）用“公共物品”的概念来描述城市中的未开发土地，来表明它们可以被公民或社区共享[8]。这是因为一些低效的城市规划和城市结构会给城市增添一些可用于种植的“隙地”[10]。在古巴哈瓦那，政府鼓励公民充分利用每一块空地耕种。然而，这类土地往往得不到保障，因为当有价值更高的项目时，被政府视为临时使用的土地就面临替换[4]。

在一些国家，耕地的所有权属于农民。例如，在日本东京，农田是城市结构的一部分，属于日本农民。农民可以将部分土地种植给城镇居民种植，取得一定的经济效益，也可以出租、出售用于其他非农业用途。但只要他们保留土地的耕作功能，他们就可以获得政府补贴[11]。

虽然许多单位为社区花园的用地做出了很大的努力，在城市中建立了许多社区花园，但社区花园的土地所有权仍然是一个挑战。因此，不少社区办园也开始考虑融人公办园和公园。然而，这相当于公共空间的私人使用，在空间和规划上会有一定的冲突，但它可以扩大社区花园的范围，使其在城市景观中更加稳定[12]。

（3）城市土地生产的空间潜力研究

如何平衡土地的经济价值，生态价值和政治价值是城市社区花园发展中需要研究和考虑的问题，以及如何解决城市社区花园的土地所有权问题。这也是许多城市面临的挑战。梅森（Mason）和诺德（Knowd）表示使用土地适宜性图来确定不同农业类型的分布的重要性[13]。荷兰鹿特丹绘制了一份城市农业潜力地图，以显示哪种类型的城市农业适合于城市的哪个位置[14]。

持续生产性城市景观（CPULs）是一种将城市开放空间连接到农村地区的城市策略，其主要设计概念是将城市农场、商业花园、小块种植地、社区花园等整合到城市规划系统中。其中一种策略称为城市容量清单（IUC）策略，该策略可细分为空间清单，利益相关者清单和管理能力清单。

2.利益相关者

社区花园不仅是一个区域的功能，也是一个具有群体参与和表达的社会生产空间[5]。潜在的利益相关者包括农民、公民、规划师、建筑师、决策者、企业家以及教育和研究机构[3]。然而，社区花园的主要利益相关者还是当地社区、相关组织和政府利益相关者[6]。

大多数城市政府对社区花园的发展持非常积极的态度，其发展动机主要基于社会目的，如提高社会凝聚力、教育或新鲜食品供应[3]。在拉丁美洲的阿根廷、巴西和古巴，各国政府制定了发展社区花园的相关政策[15]。然而，在津巴布韦，城市农业被城市发展政策排除在外，这导致了城市农业危机[16]。

随着管理模式的战略性调整，社区当局的管理逐渐转向越来越多的利益相关者，如其他公共部门、私营部门、社区组织、利益集团等。社会活动家的合作对许多社区花园项目的成功起到了重要作用[12]。在这些积极分子的积极参与和推动下，逐渐形成了许多社会组织和企业[17]。

设计师、研究人员、园丁等专业人士的参与，有利于社区园林的共建，有利于解决规划设计过程中的问题。例如芝加哥成立了一个由城市农业倡议、粮食政策咨询委员会和政府官员组成的智囊团，共同推动粮食要素的区域战略规划[18]。据统计，世界上25%至30%的城市居民参与了农业食品领域[15]。不同年龄的居民参与种植的兴趣程度会因位置而异，提高公众对城市种植的认识有助于增加城市的福祉[19]。

德马加良斯（DeMagalhães）和卡莫纳（Carmona）分析了公共空间中的三种管理模式：以国家为中心，以市场为中心和以用户为中心的管理模式。以国家为中心的模式从上到下都有明确的分工和公平利益，以市场为中心的模型易于以利益为导向，而以用户为中心的模型侧重于服务和空间质量。如果能够充分发挥这三种模式的优势，那么多方利益相关者的参与必将带来空间管理的最大优势。

3.政策

无论是自上而下还是自下而上的发展模式，政策都是城市社区花园在资金、土地和人员结构方面稳定实施的保障。由于经济危机或社会危机，许多城市大力推行社区花园，这类社区花园政策的目的是供给经济。但恰恰相反，许多不以经济发展为目标的城市，在实施社区园林的过程中会面临财政赤字[18]。

还有一些城市提倡社区花园节能和改善环境。例如，桑德维尔（Sandwell）政府的“成长健康社区”计划：通过种植粮食恢复土地[20]。与社区花园发展密切相关的政策是土地政策。在英国，社区花园的土地政策是通过《分配法》（the Allotments Act，1950年）制定的，并由2012年颁布的《地方主义法》（Localism Act）管理。还有一些与社区花园土地供应相关的政策，如曼彻斯特政府将城市土地分割成小块，并将其出租给公众用于食品生产或其他私人用途[17]。此外，还有土地保护政策，如美国底特律-密歇根州的《农场行动权利法案》（the American Planning Association Right to Farm Act Policy）：如果土地被重新划分为农业用途，城市将失去其所有权[9]。

食品规划是当今社会发展最快的运动之一。例如，曼彻斯特提倡食品重新本地化，并将生产者和消费者、农村社区和城市社区重新连接起来，形成一个食品网络[17]。瑞典马尔默政策提出的“智能饮食”概念是通过减少肉类、垃圾食品和空热量食品的摄入，增加有机食品的消费，从而形成更健康、环保的饮食结构[21]。周四在比利时根特举行的素食运动也是一项食品规划政策[22]。然而，在更多地区，食品问题通常不包括在城市公共政策中[23]。

4.文献总结

根据土地、利益相关者以及政策方面的文献综述，将主要影响社区花园建设的因素总结如表1。

在了解社区花园及其用地、利益相关者和政策的基础上，本文将介绍研究对象成都市及其土地、利益相关者和政策的现状。

表1　影响社区花园成败的相关因素

土地	利益相关者	政策
土地类型； 土地价值； 土地生产空间潜力研究与规划	政府； 活动家； 组织机构； 居民	经济； 环境； 土地供应和保护； 食品系统； 社区营造； 多政府部门合作

三、成都市现状

成都位于四川盆地西部平原地区。它是中国最重要的粮食产区之一，土地肥沃，河流众多，雨水充沛，日照充足。2015年，城市建成区绿地率达到35.57%，人均公园绿地达到14.59m²。被全国绿化委员会和国家林业局授予“国家森林城市”称号。

在土地方面，有很多建筑流转用地和屋顶空置资源。为了建立“公园城市”，成都市已建成93个公园。在百度地图（2020年）上可以看到148个公园。城市周围还有许多农场，在百度地图（2020年）中可以看到89个农场。根据《成都市土地利用总体规划（2006—2020年）》，成都市正计划在城市中部构建“城中有园”的土地利用模式，充分发挥生产用地的景观间隔功能。在成都西北地区构建“田间城市”的土地利用模式。在成都市东南部，发展现代都市农业，构建“城农结合”的土地利用格局。成都的土地资源非常有限，因此如何发展农业，确保食品健康，平衡经济，社会和环境的稳定以及保护耕地是成都未来土地开发的重要挑战。

在利益相关者方面，成都市政府大力支持都市农业的发展以及社区营造组织的培育。2016年，

《成都市林业园林发展“十三五”规划》将整体可持续社区建设纳入政府文件。政府鼓励培养社区自组织性，投资并建立社会团体，实施社区建设行动并投入资协助建设。成立都市农业研究所进行都市农业的研究和探索。成都文明办举办了“华中金冠城”环保志愿服务项目，并计划在明年建设30个社区花园。庆阳区园林社区开展了“社区园林微景观改造”活动。社区公共服务基金项目支持，社区居民，志愿者和社会工作者参与。成都郫都区郫筒街创造性地探索了可食用景观，充分利用了闲置的建设用地，引导市民参与“分田植绿”，政府提供了基础设施支持。

在政策方面，成都市政府于2017年提出了“成都天府绿道规划方案”，打造覆盖成都全域的区域、城区、社区三级绿道体系；在《成都市城市总体规划（2016—2035年）》中提出了“公园城市”的发展方向；并编制了《实施“成都增绿十条”推进全域增绿工作方案》与《成都市住宅小区园林绿地管理办法》，以指导城市绿化的设计和管理。在成都市双流区，青白江区和其他郊区的发改委在《成都市国民经济和社会发展第十三个五年规划纲要》中提出积极发展现代都市农业，并在农业经营形式，产品流通，管理制度，经济制度，土地制度等方面出台了一系列相关政策。2020年，成都市政府提出，以龙头企业为主体，联合高校院所和产业链上下游企业共建重大创新平台，构建以国家级创新平台为核心，资源共享、开放合作的创新平台体系。

成都市具有“公园城市”和“农业省省会”的背景，适宜的水文气候，众多的生产者和政府对都市农业的大力支持，社区建设和对绿色食品的重视，是成都市发展社区花园的优势。

但是，与都市农业相关的土地政策主要集中在城市郊区，而市中心的政策仍然致力于经济发展和城市重要产业。而且，与土地有关的政策只是包括了农用地的使用，而缺乏对农用地的保护性利用，在经济上考虑，能保留多少农用地是一个很大的挑战。其次，绿色食品政策不系统，对化学品的使用没有根本性限制，对居民膳食结构没有规划政策。再次，公众对生态食品的认识与生态食品的价格之间的权衡也是一个很大的挑战。

四、结果和讨论

1.成都社区花园分析

一个好的社区花园将平衡土地价值，规范土地所有权。同时，研究城市土地生产的空间潜力，并运用中央城市群的城市策略，将不同类型的都市农业（包括社区花园）纳入城市规划体系。在利益相关者方面，成功的社区花园有政府的支持、社会活动家的组织、专业人士的参与、居民的公众意识，更重要的是政府、组织和个人的协同。从政策上看，以经济发展或环境保护为动力的社区花园发展政策，也应有健全的土地供应和保护政策，以及健全的食品结构政策。

1.成都市148个公园（材料来源：百度地图）

2.成都市89个农场（材料来源：百度地图）

3.郫筒街道对于可食景观的探索（材料来源：West China Metropolis Daily）

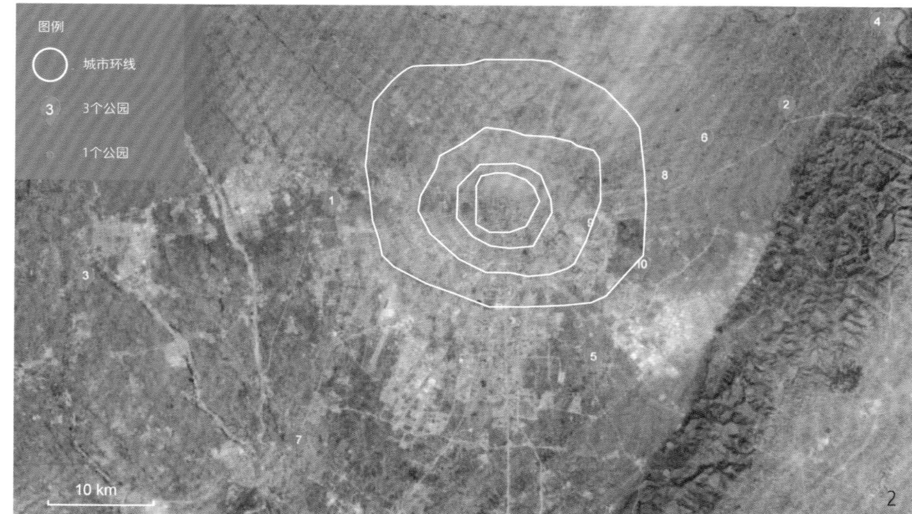

表2　成都的土地、利益相关者、政策现状

		中国成都的社区花园
土地 （/表示缺少某方面措施）	土地类型	闲置的土地，未使用的土地，空置的屋顶，公园
	土地价值	经济价值
	土地生产空间潜力的研究与规划	—
利益相关者	政府	实施社区营造活动并投资建设
	活动家	政府培养社区自组织
	组织机构	在政府的政策培育下，民间组织较多
	居民	城市居民渴望参与食物种植，但是对生态食品的意识较弱
政策 （/表示缺少某方面措施）	经济	政府资助社区营造项目
	环境	“公园城市”规划和“成都绿化指南”
	土地	现存的流转用地可用于农业生产
	食品	加快绿色食品产业生态系统建设但不系统
	社区营造	政府投资城市社区建设项目，鼓励居民参与
	多政府部门合作	—

4.成都市青羊区花园社区开展的“社区花园微景观改造”活动

通过对成都的详细描述，对其土地、利益相关者、政策现状进行了归纳（表2）。

2.成都社区花园评价

成都社区花园的推广缺乏选择土地类型和衡量土地价值的初始力量。它有不同类型的土地潜力，但缺乏政府对社区花园系统的土地规划。

在利益相关者方面，在政府大力推动社区建设，并在社区组织培养内容中进行资金和政策支持，许多地方办事处也积极参与实践，越来越多的社会组织萌生，但仍然缺乏公众对生态食品的认识和重视。

在政策方面，成都在环境和社区建设政策方面做得很好，有减少化肥使用，鼓励生态种植等政策，然而，在绿色食品政策方面并不系统，并没有从根本上限制化肥的使用。对于现在国际上正在积极探索的食品结构政策，如何为居民创造最绿色的食物结构，目前也还没有计划。此外，土地供应政策方面有将现有的流转土地用于食品种植的政策和鼓励郊区环线土地用于发展生态农业的政策但没有其他类型土地具体的供应政策。在土地保护方面，对即将城市化的涉农区有改造政策，并提出多元力量参与治理以权衡生态和经济的利弊。但在对经济的考量下，社区花园用地最终能保留多少，是很大的挑战。最重要的是缺少完善的政府多部门合作来共同推进社区花园建设。

结果表明，成都市由于土地类型多、生产者多、政府资金支持，社区花园发展能力较强。但也面临着缺少土地生产空间潜力的研究与规划、自上而下的力量较强但自下而上的力量较弱、居民公众意识还有待提高、缺乏多个政府部门的合作等方面的挑战。

3.建议和策略

针对成都社区花园的现状分析，本文提出六点发展建议。一是增加智囊团。政府可以集结专家、高校、组织的力量，建立更多智囊团，规划更加系统的成都社区花园发展策略。二是激发公众意识。社区的自组织政策可以包括向公众宣传社区花园的健康、食物、互动和生态的理念。鼓励居民和活动家、志愿者参与，逐步形成组织团体，培养公众意识。三是完善土地系统规划。从土地的规划开始，结合平衡土地价值和土地类型的考虑，系统地评估和选择成都发展社区花园的潜在可持续土地，将社区花园用地纳入城市土地系统，完善社区花园土地供应和保护政策，实现土地的生态、政治和经济价值。四是完善食品政策。在社区花园的开发和实践中，通过从政府到组织各利益相关者的探索，共同制定完善的系统化的食品政策，形成城市绿色食品体系和居民健康饮食结构的网络。五是多部门合作。将社区花园实施行动计划整合到不同的政府部门，例如，土地规划部门负责维护社区花园的土地所有权，食品安全部门负责社区花园的有机生产，自治部门负责制定管理机制，实行居民自组织维护，使社区花园建设融入政府和居民的日常生活。六是统筹经济预算。实行系统的经济预算，以应对未来可能发生的城市预算危机。城市社区花园项目可以将各职部门结合在一起统筹计划，将预算合并并统筹分配至各个部门。

五、结论

本文总结了决定社区花园成败的相关因素，为成都社区花园的发展提供了一系列建议和策略。这些评价因素不仅可以用来评价成都市实施社区花园的可行性，也可以用于评价国内乃至世界其他城市的社区花园，为社区花园的未来发展提供一些建议和指导。

但是，本文仍然存在局限性。土地生产空间潜力的研究需要大量的数据和研究，需要大量的资金来实施。因此，城市需要权衡政府是否有足够的资金支持该项目。如何在资金不充足的情况下，平衡土地的经济价值、生态价值和政治价值，制定合理的土地供应和保护政策，是今后需要进一步研究的方向。其次，虽然鼓励更多的民间组织参与社区花园的发展，但在发展过程中，民间组织很容易破坏社区花园的非营利性，将食品和经营模式商业化。因此，探索社区花园的非营利社会性质，以及怎样的管理模式才能使社区花园可持续地维护其公平性，还有待于进一步的研究。此外，本文仅通过文献资料和网站信息了解成都市民普遍的公众意识，但对于成都更加全面的公众对于社区花园的认知，以及如何提高成都市民的公众意识，未来还需要通过广泛的调查问卷和收集信息进行分析。

参考文献

[1]Turner, B., Henryks, J., & Pearson, D. Community gardens: Sustainability, health and inclusion in the city[J]. Local Environment, 2011, 16(6): 489-492

[2]Holland, L. Diversity and connections in community gardens: a contribution to local sustainability[J]. Local Environment, 2004, 9 (3): 285

[3]Van Tuijl, E., Hospers, G. J., & Van Den Berg, L. Opportunities and Challenges of Urban Agriculture for Sustainable City Development[J]. European Spatial Research and Policy, 2018, 25(2): 5-22

[4]Barmeier, H. & Morin, X.K. Resilient urban community gardening programmes in the United States and municipal-third sector 'adaptive co-governance' [C]//Viljoen, A. & Wiskerke, J. (eds) Sustainable food planning: evolving theory and practice. Wageningen Academic Publishers, Wageningen, 2012: 132-141.

[5]Barron, J. Community gardening: cultivating subjectivities, space, and justice[J]. Local Environment, 2017, 22(9): 1142-1158.

[6]Pace Ricci, J. M., & Conrad, E. Exploring the feasibility of setting up community allotments on abandoned agricultural land: A place, people, policy approach[J]. Land Use Policy, 2018, 79(January): 102-115

[7]Howe, J., Viljoen, A. and Bohn, K. (eds) New cities with more life: Benefits and obstacles[C]//Viljoen, A., Bohn, K. & Howe, J. (eds) Continuous Productive Urban Landscapes. Routledge, London, 2015: 62

[8]Bohn, K. and Viljoen, A. More city with less space: Vision for lifestyle[C]//Viljoen, A., Bohn, K. & Howe, J. (eds) Continuous Productive Urban Landscapes. Routledge, London, 2012: 253-255

[9]Giorda, E. Farming in Motown: competing narratives for urban development and urban agriculture in Detroit[C]//Viljoen, A. & Wiskerke, J. (eds) Sustainable food planning: evolving theory and practice. Wageningen Academic Publishers, Wageningen, 2012: 233-241.

[10]Mougeot, J.A. Growing Better Cities: Urban Agriculture for Sustainable Development[J]. Idrc, 2006: 97.

[11]Niwa, N. Why is there agriculture in Tokyo? From the origin of agriculture in the city to the strategies to stay in the city[C]//Viljoen, A. & Wiskerke, J. (eds) Sustainable food planning: evolving theory and practice. Wageningen Academic Publishers, Wageningen, 2012: 243-253

[12]Hou, J., & Grohmann, D. Integrating community gardens into urban parks: Lessons in planning, design and partnership from Seattle[C]. Urban Forestry and Urban Greening, 2018, 33(May): 46-55.

[13]Mason, D., & Knowd, I. The emergence of urban agriculture: Sydney, Australia[J]. Urban Agriculture: Diverse Activities and Benefits for City Society, 2011, 8: 62-71.

[14]De Graaf, P. Room for urban agriculture in Rotterdam: defining the spatial opportunities for urban agriculture within the industrialised city[C]//Viljoen, A. & Wiskerke, J. (eds) Sustainable food planning: evolving theory and practice. Wageningen Academic Publishers, Wageningen, 2012: 470

[15]Orsini, F. et al. Urban agriculture in the developing world. A review[J]. Agronomy for Sustainable Development, 2013, 33(4): 695-720

[16]Cai, J., & Yang, Z. The Experience and Reference of International Urban Agriculture Development[J]. Geographical research, 2009, 27(2): 1-14

[17]Levidow, L. and Psarikidou, K. Making local food sustainable in Manchester[C]//Viljoen, A. & Wiskerke, J. (eds) Sustainable food planning: evolving theory and practice. Wageningen Academic Publishers, Wageningen, 2012: 177-187.

[18]Cohen, N., Planning for urban agriculture: problem recognition, policy formation and politics[C]//Viljoen, A. & Wiskerke, J. (eds) Sustainable food planning: evolving theory and practice. Wageningen Academic Publishers, Wageningen, 2012: 80-90

[19]Church, A. et al. "Growing your own": A multi-level modelling approach to understanding personal food growing trends and motivations in Europe[J]. Ecological Economics, 2015, 110: 71-80

[20]Davis, L. & Middleton, J. The perilous road from community activism to public policy: fifteen years of community agriculture in Sandwell[C]//Viljoen, A. & Wiskerke, J. (eds) Sustainable food planning: evolving theory and practice. Wageningen Academic Publishers, Wageningen, 2012: 167-175

[21]Andersson, J. & Nilsson, H., Policy for sustainable development and food for the city of Malmö[C]//Viljoen, A. & Wiskerke, J. (eds) Sustainable food planning: evolving theory and practice. Wageningen Academic Publishers, Wageningen, 2012: 154

[22]Leenaert, T. Meat moderation as a challenge for government and civil society: the Thursday Veggie Day campaign in Ghent, Belgium[C]//Viljoen, A. & Wiskerke, J. (eds) Sustainable food planning: evolving theory and practice. Wageningen Academic Publishers, Wageningen, 2012: 159-165

[23]Sonnino, R. Feeding the city: Towards a new research and planning agenda[J]. International Planning Studies, 2009, 14: 425-435.

作者简介

何馨芸，四叶草堂，同济大学社区花园与社区营造实验中心研究员。

产品服务体系理论下的社区花园服务系统研究

Research on Community Garden Service System Based on Product Service System Theory

赵 洋
Zhao Yang

[摘 要] 在“人民城市”和社区规划相关政策与实践不断发展的背景下，文章旨在从产品服务体系设计的视角，对社区花园的发展现状进行分析。通过将产品服务体系设计的理论和方法论引入景观设计语境中，阐述了社区花园空间服务属性强、用户交互多、活动引导性强的特性。通过服务系统地图分析，说明了社区花园产品服务体系中的核心服务场景和利益相关者，并阐述了服务流程中他们的交互关系。通过核心服务场景分析，对当前社区花园的主要服务过程进行了分类。通过核心用户画像分析，说明了在人口老龄化背景下，低龄“爱花老年人”的需求和能力都可以很好地与社区花园服务场景的价值相匹配。

[关键词] 社区花园；服务设计；产品服务体系设计；城市更新；社区规划

[Abstract] Under the background of the continuous development of policies and practices related to "people's city" and community planning, this paper aims to analyze the development status of community gardens from the perspective of product service system design (PSSD for short). By introducing the theory and methodology of product service system design into the context of landscape design, this paper expounds the characteristics of strong service attribute, more user interaction and strong activity guidance of community garden space. Through the analysis of the service system map, this paper explains the core service scenarios and stakeholders in the community garden product service system, and expounds their interaction in the service process. Through the analysis of core service scenarios, the main service processes of the current community garden are classified. Through the core user portrait analysis, it shows that under the background of population aging, the needs and abilities of the young "flower loving elderly" can well match the value of the community garden service scene.

[Keywords] community garden; service design; product service system design; urban renewal; community planning
[文章编号] 2023-91-P-082

《上海市城市更新条例》已由上海市第十五届人民代表大会常务委员会第三十四次会议于2021年8月25日通过，自2021年9月1日起施行。《上海市城市更新条例》对城市更新的计划、实施、保障、监督机制等进行了详细阐述，并在第四十四条明确了社区规划师的作用，在第四十五条鼓励对闲置空间资源进行充分利用。这部法规贯彻了“人民城市”重要理念，相比于其“前身”，2015年的《上海市城市更新实施办法》，阐述各类实施、保障机制时更注重可操作性，并首次将社区规划师制度明确写入法规。对于四叶草堂及其合作单位在上海市开展的一系列社区花园行动来说，变化后的法规在提供空间层面支持的基础上，对制度建设、团队发展等提出了建议和要求。这意味着社区花园及其密切相关的社区规划工作进入一个新阶段，必然需要更注重对空间发展的机制和系统进行研究，从而进一步厘清各主体的参与方式，最终提升社区居民对城市公共空间的感知度和参与度。在这样的研究背景下，笔者认为产品服务体系理论及其工具能够帮助研究者和设计师提升工作效能。

一、应用于社区花园的产品服务体系理论概述

2012年联合国环境规划署将产品服务体系（Product Service System，简称为PSS）解释为，在新形势下的一种创新策略转变的结果，即人们由单纯地设计、销售“物质化产品”转向提供综合的“产品与服务体系”，以更好地满足人们的特殊需求。这样的转变来源于信息化时代的社会商业形式变化，即由商品经济向服务经济转型。米兰理工大学的Ezio Manzini教授同样认为：“产品服务系统设计是设计在新的社会条件下战略转型的结果。设计活动从专注于生产和售卖有形的产品到向用户提供能满足特定用户需求的产品和服务转变。”而产品服务体系理论不仅包含了以用户需求为本、挖掘设计思维的设计方法论，而且包括了利益相关者地图、系统地图、用户画像等工具，来帮助设计师和决策者对服务体系有从宏观到微观的认识，并发现可以改进的机会点或必须关注的用户痛点。

在上海这样的高密度城市中，社区花园相关项目不同于一般的空间设计工作，其特点是空间并非最终交付物，在其设计、建设及在其后续的空间发展过程中，空间的使用者和设计方、项目发起方等形成利益相关，需要不断交换信息，以促成项目的不断发展。而项目的生命力就在于这一利益共同体的活力，项目的核心价值也从提供一个景观空间逐步发展为一套以自然和社交为核心的体验过程。因此，社区花园空间的发展相较于同体量的景观设计，其流程更复杂，涉及的利益相关者更多，也可产生更大的社会价值。这为用产品服务体系理论分析社区花园的现状及发展提供了很好的条件。

二、服务系统地图分析

系统地图是产品服务体系理论中用于分析业务系统整体的运行框架的工具，主要用于反映业务运作过程中，哪些角色会参与、可以贡献什么价值以及获得什么价值。而其中的各种角色，在产品服务体系理论中，可以称为“利益相关者”。它指的是在行业生态系统中对设计有重要影响力的人或组织，如商家、供应商、消费者等。

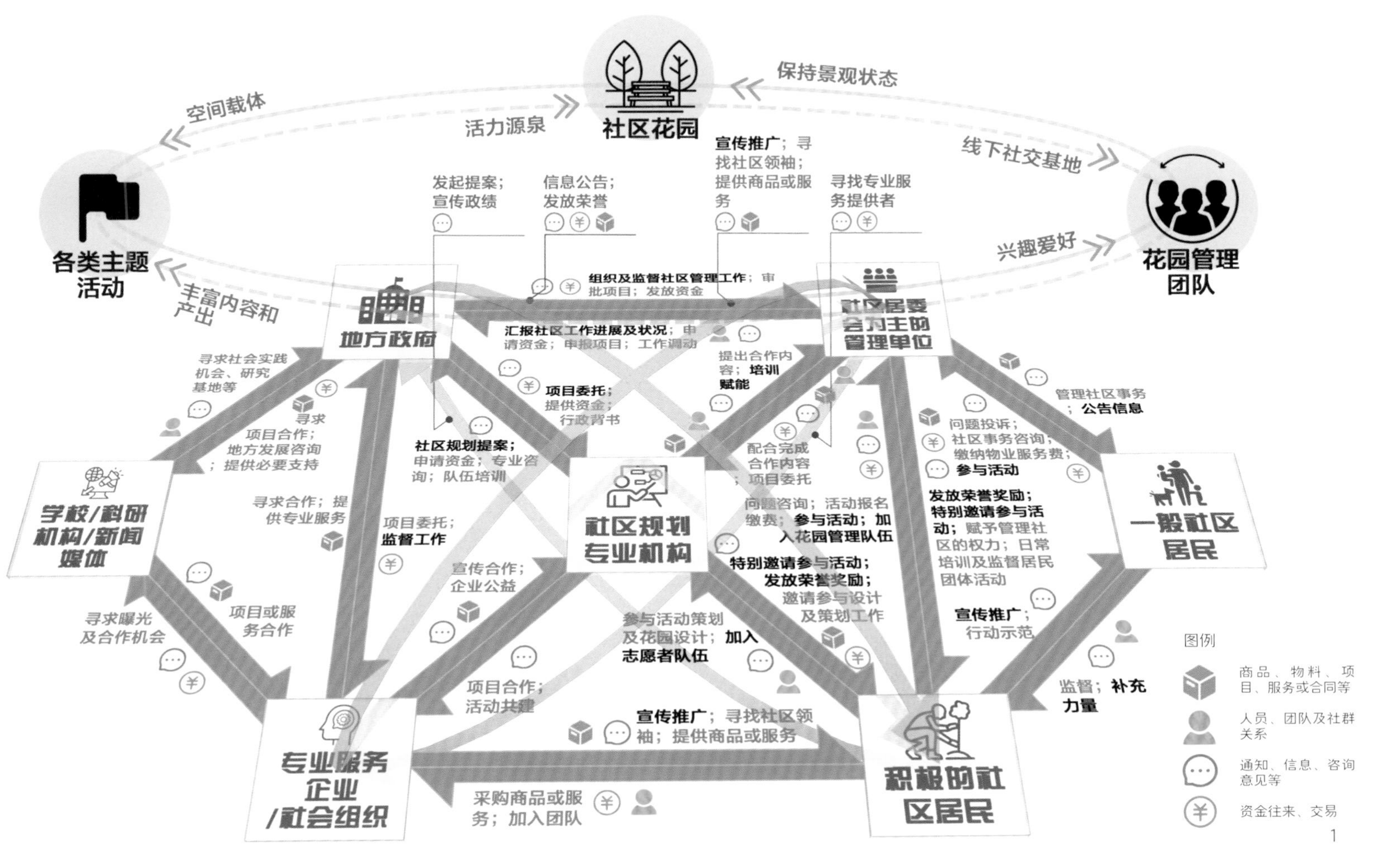

1.社区花园产品服务体系系统地图

笔者从四叶草堂在上海市已经开展的社区花园项目中，抽象出社区花园产品服务体系的利益相关者及他们的交互关系，绘制了社区花园服务体系的系统地图，从而在宏观视角下呈现当前以及未来的社区花园项目的发展图景。

宏观视角下，伴随着我国一、二线城市的空间发展进入存量更新和精细化运营阶段，社区花园行动作为居民参与老旧空间改造、社会治理等公民生活的重要形式，逐渐走近大众视野，并得到学界、政府和媒体的认可。在这个过程中，全国也在探索"社区规划"作为一种城市更新的有机参与形式该如何发展。一方面，如四叶草堂这样的社会组织与设计公司、科研机构等共同形成社区规划专业机构，这些机构将老旧小区综合改造、城市公平正义等内容与社区花园行动结合起来，可以让包括政府、地产公司等利益相关者看到社区花园在推动城市发展方面的更多可能性；另一方面，社区花园的自然和社区属性能够更贴近居民生活，同时又能以相对较低的成本形成可感的空间，容易让各年龄层的人体验到参与社会公共生活的快乐，从而推动社区规划专业者和空间使用者有更多交流。

因此，在社区花园的服务系统地图中，社区规划专业机构作为项目的重要推动者和链接各方的力量，是最重要的利益相关者。笔者从上海已经开展的各个社区花园项目中抽象出一张服务系统地图。每个利益相关者周边箭头上的互动内容，即说明了该利益相关者在整个服务系统中的行为和起到的作用。

总体来说，这张地图是超越单一项目或某个具体行为时间段的总结。地图上层是社区花园服务系统的核心服务场景，各个利益相关者在这些场景中发生互动关系，而下层是各个利益相关者的互动关系。下层图中，半透明的方块代表利益相关者，而与其相连的双向或单向箭头代表了其与利益相关者之间的交互内容。而从利益相关者之间的交互内容中，笔者又抽象出4类交互类型，即物、人、信息、金钱的交换，这些以图标的形式标识在箭头说明旁。

通过本图可以发现，单个社区花园尽管空间面积较小，然而由于其与居民的关系很近，又处于公共生活和私人生活的过渡地带中，所以当其可以由点及面时，就能形成政府考核、专业组织赋能、居民自发行动的社区规划工作平台。这个工作平台可以生产和容纳大量的产品和服务内容，一方面，这个生态系统目前具有稳定性和合理性，上海市社区花园行动在近一两年逐渐爆发出蓬勃的生命力和影响力就是其印证；另一方面，以这些产品和服务内容的生产、消费和交互形式为切入点，社区规划专业机构仍可以提升这个生态系统中各利益相关者的日常体验，增加整个服务系统的活力。

三、核心服务场景分析

服务系统地图为各地区的各个社区花园项目的

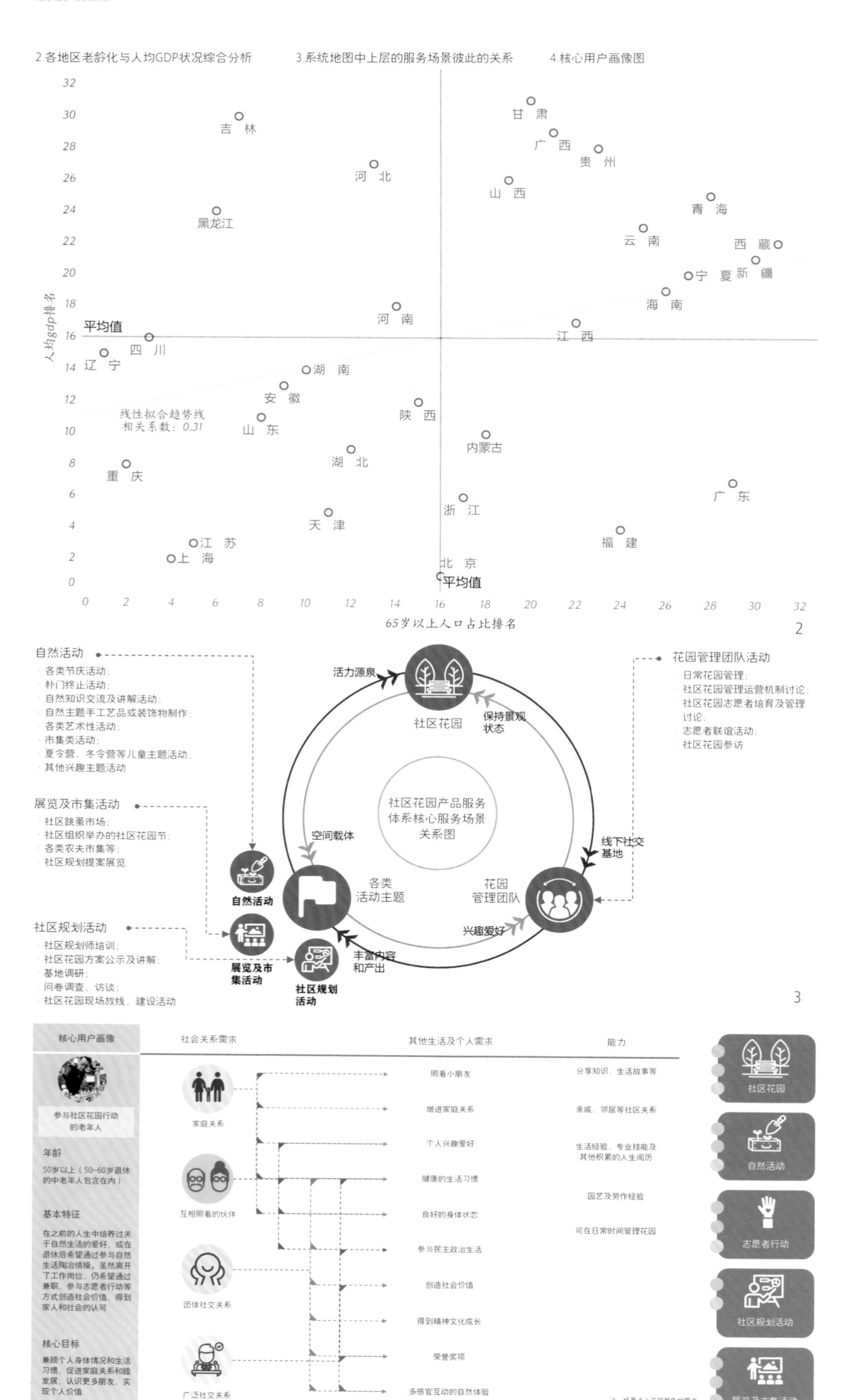

发展，提供了总的发展愿景，然而这样高度概括的交互关系只描绘了用户的行为。因此如果脱离了具体的服务场景，这张系统地图难以直接指导服务体验的改进。在本部分的核心服务场景分析中，笔者绘对系统地图中上层的服务场景和它们彼此的关系进行了详细分析。

目前国内老龄化的速度不断加快、程度不断加深，特别是在上海这样一座重度老龄化城市中，目前社区花园所在的社区大多存在物业服务缺位、绿化环境缺乏活力的问题，而社区的常住人口中老年人占很大比例。综合这些因素，对园艺感兴趣、愿意参与社区公共事务的老年人（以下简称“爱花老年人”），目前是各个服务场景的核心用户。所以在本章节分析中，笔者将同时说明“爱花老年人”在其中的参与内容。

社区花园的核心服务场景可以分为“社区花园”“花园管理团队”和“各类主题活动”3类，其中“各类主题活动”又可以细分为3种不同主题的活动，因此总体来说社区花园产品服务体系共有5类核心场景。分析图中详细说明了每类场景的内容，此处不再赘述，而着重介绍各类活动的特质，以阐明它们之间的关系。

首先，“各类主题活动”能够让用户在短时间内获得丰富的体验，因此能够为整个服务系统提供源源不断的活力，然而其需要社区花园空间作为载体。各个主题中：

“自然活动”偏向兴趣性，容易吸引各年龄层的人参与，“爱花老年人”一方面可以作为活动主办人，获得教学技艺、创造价值的体验，另一方面可以认识志趣相投的各年龄层的人，获得拓宽社交关系的体验。

“展览及市集活动”是不同利益相关者集中交流学习的机会，“爱花老年人”形成的“社区花园管理团队”一方面可以和其他社区的“社区花园管理团队”、专家学者或服务供应商等学习交流或达成项目合作，另一方面可以通过在展会上获奖、作为嘉宾发言等，获得荣誉感和持续参与社区花园的动力。

“社区规划活动”让身怀专业技能的政府官员、学者、学生等新鲜血液进入社区。一方面，他们能对“爱花老年人”形成的“社区花园管理团队”开展的一系列实践行动进行调研访谈、分析总结，让“爱花老年人”感受到社区以外力量的关注，更加了解到自己行动的价值，受到精神鼓舞。另一方面，他们会提出自己在社区规划、植物选配、志愿者团队管理等方面可以提出建议。这些建议或者可以指导当前的实践行动，或者可以为当地社区提供一套美好的发展愿景，无论是哪一种，都将为“爱花老年人”提供实践和精神上的帮助。

其次，“社区花园”由于其自然性、公共性，是“爱花老年人”在社区空间中持续行动的实践基地，也是公众了解并加入社区花园行动状态的最佳窗口。因此，一方面“社区花园”及其附近的室内空间，如社区活动室、睦邻中心，甚至是咖啡馆等，是花园管理团队不断开展活动、加深联系的线下社交基地；另一方面也需要“社区花园管理团队”形成管理规章制度、定期开展活动，从而保持其景观状态。

最后，“社区花园管理团队”是“爱花老年人”建立社交关系和情感链接的主要载体。一方面，“爱花老年人”因兴趣爱好而加入，可以在这里的日常生活中获得互相交流、看护的老年伙伴，更重要的是可以在这里的集体生活中，获得价值感和规律感，这恰恰是退休后老年人普遍缺少的。另一方面，“爱花老年人”在让这个集体更加有活力、可持续的过程中，会在外界帮助下或自发地组织各类主题活动，并产出如手工制品、社区故事等成果，这便回到了第一步，“各类主题活动”中了。

综上所述，目前社区花园产品服务体系下的5类活动场景相互作用，形成自循环，而对园艺感兴趣、愿意参与社区公共事务的老年人在每个场景中都有条件参与，并获得实践行为和精神文化上的回馈。

四、核心用户画像分析

在对提升具体服务场景下的服务效果时，需要定位系统中的目标用户，并将用户的人口学属性、行为特征和心理诉求等沉淀为通俗易懂的素材，作为产品和设计决策的指引。本研究选择对园艺感兴趣、愿意参与社区公共事务的老年人作为社区花园产品服务体系的核心用户，一方面源于对已开展的社区花园项目中各年龄层居民参与情况的总结，另一方面也基于国家将“实施积极应对人口老龄化国家战略”的社会发展考量。

2020年第七次全国人口普查数据揭示了中国人口老龄化和高龄化程度提高、速度加快等事实，表明人口老龄化形势日趋严峻，凸显了积极应对人口老龄化的必要性和重要性。特别是在全国各省、自治区、直辖市中，上海市的65岁以上人口占比为第4名、人均gdp排名为第2名，成为经济水平和老龄化程度双高的最典型城市。这说明在上海开展的社会治理活动中，既有条件、也有必要将老年人作为重要的服务和研究对象。

“积极老龄化”概念是联合国于 2002 年，在第二届世界老龄大会上提出的。世界卫生组织对“积极老龄化”的阐释为“在老年时为了提高生活质量，使健康、参与和保障的机会尽可能获得最佳机会的过程”。它将老年人的生命健康、社会参与和社会保障结合起来。积极老龄化理论的“健康、保障、参与”三原则是应对世界老龄化问题的理想方案，也是我国应对“未富先老”问题的有益指导。“健康、保障、参与”三原则缺一不可，“参与”尤为重要。《国家应对人口老龄化战略研究总报告》明确指出：参与是应对人口老龄化的内在动力。社区花园产品服务系统由于其自身自然性和公共性的属性，能够基本满足老年人“健康”和“保障”的需求，因此本文对该系统的研究集中在“参与”这个要素上。

在核心用户画像图中，笔者介绍了“爱花老年人”的基本特征，同时从其需求和能力出发，分析了他们参与各类不同的社区花园服务场景的动力。笔者认为，对于老年人来说，他们自身的身体机能不断下降，原有的社区关系网逐渐萎缩，精神生活需要寄托于新的日常性活动。他们的生活环境集中在社区周边，这使他们希望在这个范围内建立起良好的社交关系、得到外界关注，也让他们有更多时间、精力来处理社区事务。因此，笔者从老年人的社交关系需求出发，将其对应到不同的“其他生活及个人需求”上，通过不同颜色的箭头阐明老年人通过不断参与社会或家庭活动，来充实个人生活的过程。而在图的右侧，在社区花园的不同服务场景旁边画的不同颜色的圆圈，就对应着该颜色所指的“社会关系需求”，从而说明核心利益相关者在参与这些活动的内在动力。

五、结语

四叶草堂及其合作机构在短短几年的时间内，在社区花园的空间之外拓展了服务的时间长度和内容深度，从而形成了社会治理与自然生活交融的服务体系。在当前高密度城市中，一个令各年龄层的人苦恼的问题就是：如何参与公共生活、通过线上线下活动发现志同道合的朋友、建立有疗愈性的社交关系。而社区花园服务体系提供了一种从身边行动开始的行动范例。

本文简要介绍了产品服务体系的理论和工具，从宏观和微观这两个层面，对社区花园产品服务体系的现状进行了分析总结。其中，本文在宏观层面，对服务体系各场景下、各利益相关者的交互方式进行分析；在微观层面，对核心用户的需求和能力进行分析，并将其与服务场景进行对应。总体而言，目前社区花园产品服务体系基于空间载体形成的多个服务场景已经形成闭环，对园艺感兴趣、愿意参与社区公共事务的老年人目前已经成为整个服务体系的核心用户，而且其能力和需求在每个场景中都能得到满足，实现积极老龄化的目标。这些研究成果可以为未来深入服务场景和用户旅程的研究打下基础。希望本文能够引发更多研究和讨论，来发现核心用户与其他利益相关方的关系，以及他们在各服务场景下的痛点，从而发现如何从服务设计方面推动社区花园的发展。

作者简介

赵　洋，同济大学设计创意学院。

民生视角下的街区空间营造
——以梅陇路美丽街道设计为例

The Practice of Building Block Space from the Perspective of People's Livelihood —Take Meilong Road Beautiful Block Design as an Example

管 娟
Guan Juan

[摘　要]　上海近年来正在实施的“美丽街区”项目，不断提升人民的满意度和获得感，践行“人民城市人民建，人民城市为人民”的重要理念。本文旨在以梅陇路美丽街道设计为例，探索一种以人为本，从民生视角下基于街道全要素综合评估提升街道空间品质的工作路径。

[关键词]　民生视角；街道空间营造；美丽街区设计

[Abstract]　The "beautiful block" project being implemented in Shanghai in recent years has continuously improved people's satisfaction and sense of gain, and practices the important concept of "people's city, people's city for people". Taking the beautiful block design of Meilong Road as an example, this paper explores a people-oriented approach to improve the quality of the street space based on the comprehensive evaluation of all elements of the street from the perspective of people's livelihood.

[Keywords]　people's livelihood perspective; street space construction; beautiful block design

[文章编号]　2023-91-P-086

2018年起，上海推动实施“美丽街区”建设工作。根据上海市城市管理精细化工作推进领导小组办公室总体要求和徐汇区委、区政府相关工作部署，徐汇区按照上海市市政市容专项办《本市“美丽街区”建设专项工作方案（2018—2020）》要求，以“高质量发展、高品质生活、高水平治理”为主题，以“美丽街区”建设为抓手，着力提升徐汇区市容环境品质和城市治理整体能力，使城区更有序、更安全、更干净，向着“卓越徐汇，典范城区”的奋斗目标不断前进。梅陇路美丽街道设计基于此背景下展开，计划2023年起落地实施。

一、工作思路

梅陇路隶属徐汇区凌云街道，西起虹梅南路东至老沪闵路，全长1536m，整条路上坐落有凌云街道社区党群服务中心、华东理工大学、梅陇商业中心等代表性建筑，街道周边以居住功能为主，建筑的建成年代主要集中在20世纪。为更好地挖掘街道特色，对梅陇路进行历史溯源，从古代梅姓世家居住的“梅家弄”，到近现代，更名为“梅陇”，迎来华东化工学院的搬迁。梅陇路自古就是一个人口众多，繁荣兴旺的街道。

由于街道设计涉及街道全要素，环境色彩、街道平面、沿街平面、空间绿化等，使用人群涉及附近居民、两侧相关利益主体等。为了更好地提升街道，以人为本做规划。项目团队在项目开展初期制定了明确的工作思路。倾听民声，基于街道全要素，综合评估提升改造类型。

二、现场倾听民声

通过现场3次深入调研，现场做了22份深度访谈了解不同利益人在街道使用过程中遇到的问题。同时在深入调研之前，结合《徐汇区“美丽街区”景观道路总体设计2021—2025年》，落实徐汇区对于梅陇路街道风貌类型的指引，自西向东依次为简洁舒适型、服务商业型、林荫漫步型、简洁舒适型。项目团队在入场之前首先对每一段不同的主题定位在现状使用上的缺失有一个大体了解，在进入调研的时候能够快速地选择相应人群访谈，快速获取人群诉求认知。

1.调研过程

以梅陇路（虹梅南路—老沪闵路）及龙州路（梅陇路—上中西路）为研究对象，以“了解人群诉求，明确街道痛点”为导向，围绕街道铺装、立面美化、城市家具设计、公共服务设施等层面，以访谈的形式了解周边居民、底商店员、行人、游客等群体对街道的认识和改造的建议，作为团队后期开展设计工作的宝贵依据，以期深入探究梅陇路—龙州路美丽街道建设的方法。

2.调研成果

本次调研共获得21份有效访谈，以梅陇路、龙州路周边小区的居民、底商店铺店员（我爱我家、梅隆商业中心、陇上书店等）和店内客群、华东理工大学学生、行人游客为主，年龄主要集中在45岁以上。

3.调研结论

（1）梅陇路（虹梅南路—凌云路）

该段中青年较少，以通勤经过为主，人群主要在此等公交或者去前面的地铁站。老人为主，沿街散步，或买完菜回家。主要反映的问题为周边绿化、围墙缺乏设计感，整条街上缺少小公园、老人锻炼的空间，沿街底商招牌需挂出、底商门口台阶可适当增添座椅，共享单车占用居住区门前人行道，围墙上花箱种植单一、管理粗放。

（2）梅陇路（凌云路—龙州路）

梅陇路上人群最密集的地方，以老人为主，在南侧购买蔬果、干活等，中青年较少。主要反映的问题为北侧底商门前人行道过窄、台阶过窄，公交站点周边被电动车占据、座椅过少，缺少小吃店、饭店等大众化的店面、对老年人的偏好考虑不到位。

（3）梅陇路（龙州路—天等路）

该段路以通行功能为主，行人以老年人居多，多为买完菜回家或在此等候公交的。主要反映的问题为沿街关闭的商铺老旧影响街道美观，街道缺少公厕、遮阳挡雨棚等设施，水杉林具有改造成打卡点的可能，整条街道可适当增加文创设计，邮局门前暗角形成了不文明的失落空间。

（4）梅陇路（天等路—老沪闵路）

该段以通行功能为主，是梅陇路上出现年轻人最多的一段。主要反映的问题为街道缺乏活力时尚设计，和其他大学路差距较大；垃圾箱过少存在不便；被封的违建建筑过于破烂，影响视觉效果；缺少遮阳棚、座椅、公厕等设施；居住区一侧围墙相较华理围墙略显老旧，植物影响行人。

三、深化问卷调研

针对初次调研群众反映的问题，结合团队设计理念，围绕几个重要节点的设计征求相关利益主体的意见，深入了解利益人的诉求、未来规划等，便于指导后续具体设计。

1.拟定深化调研对象

（1）针对街道管理者的意见获取，从管理人员、工作人员的视角出发，了解他们所认为的街道痛点问题以及未来规划，并沟通团队的设计理念从街道实施、后续管理维护等层面是否存在问题。

（2）针对部分设计改造的群众意见获取，以问卷调查或访谈的形式获取多个主要受众的样本。针对龙州路（梅陇路—上中西路）段，围绕围墙界面改造、街角空间设计等，征询梅陇四村、五村、七村、八村等居民意见。针对梅陇路（虹梅南路—凌云路）段，围绕街角空间改造、围墙美化设计，征询化工二三村居民、梅陇中学学生、过路行人等意见。针对梅陇路（凌云路—龙州路）段，围绕停车场灰色空间、梅陇商业中心里面美化等，征询梅陇四村、化工一四村等周边小区居民意见。针对梅陇路（龙州路—天等路）段，围绕水杉林特色化设计等，征询周边居民意见。针对梅陇路（天等路—老沪闵路）段，围绕华东理工大学围墙设计、居住区围墙改造等，征询华理大学生、梅陇路3号小区居民意见。

（3）针对改造涉及产权问题的利益人意见获取，拆解各街道段落的设计重点，明确各重要节点（如梅陇路上中国邮政暗角空间、华东理工大学围墙、华东理工大学对面

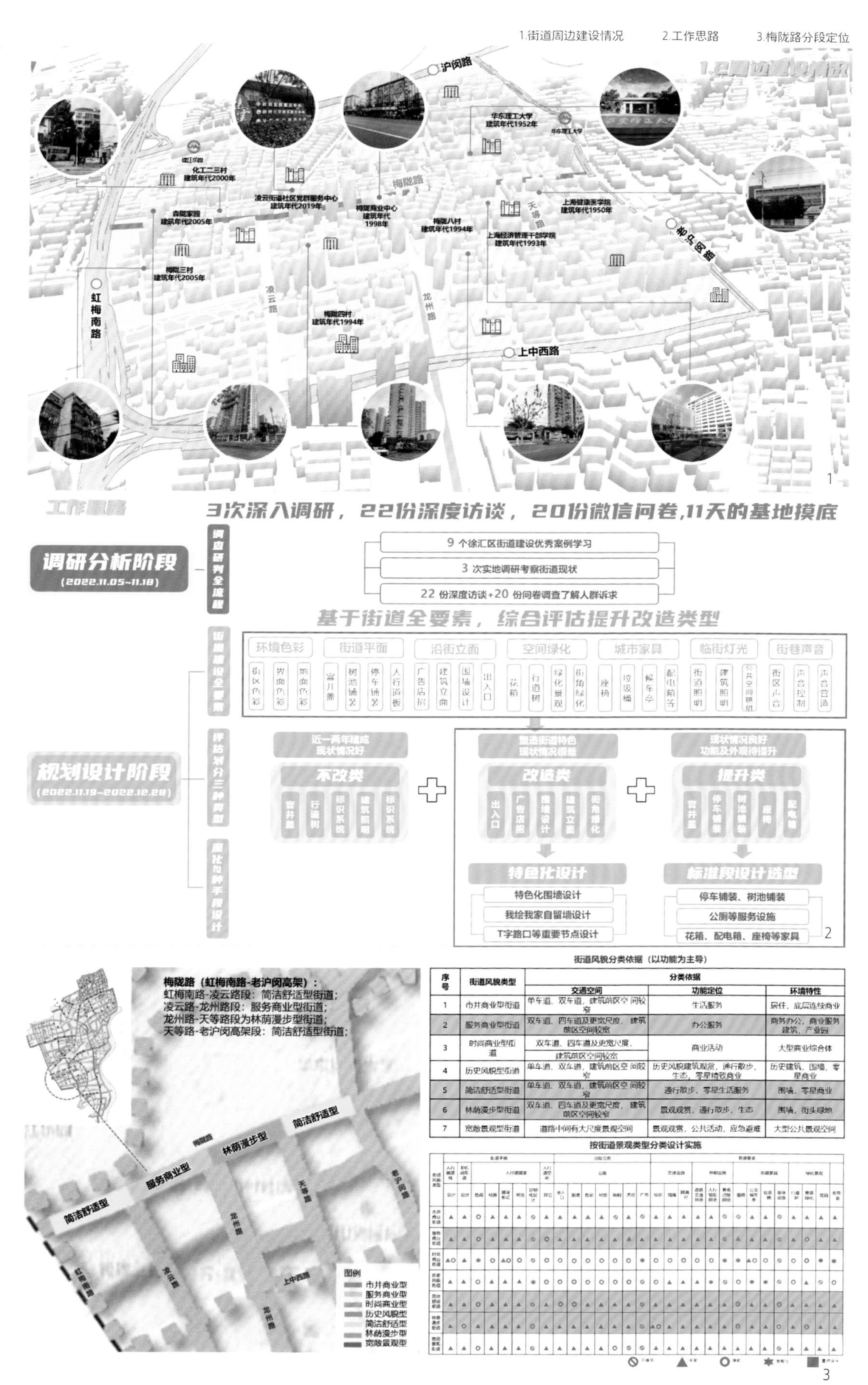

1 2 3

4.现场访谈　　5.现场调研结论　　6.梅陇路问卷调查

4

5

梅陇路(虹梅南路-老沪闵路) 美丽街道建设-设施需求调研

您好，本问卷是为梅陇路（虹梅南路-老沪闵路）美丽街道建设的设施需求调研。本问卷不署名，不会泄露您的个人信息，请您放心填写，非常感谢您的支持！

- 请选择您最熟悉的一段街道填写问卷：
  ○虹梅南路-凌云路段 ○凌云路段-龙州路段 ○龙州路段-天等路段 ○天等路段-老沪闵路段
- 您的年龄是：[单选题] *
  ○25岁以下 ○25-60岁 ○60岁以上
- 您属于下列人群中的哪一类：[单选题] *
  ○本街道居民 ○本街道商户 ○临时来此地
- 您认为街道目前存在的最大问题是：[单选题] *
  ○街道被共享单车抢占，步行空间狭窄 ○路面不平整，行走不舒服
  ○缺少座椅等休憩设施 ○夜间灯光照明不足 ○植物配置单一，景观品质不高
- 您对街道现状的满意度：[单选题] *

	很满意	满意	一般	不满意	很不满意
卫生环境	○	○	○	○	○
绿化品质	○	○	○	○	○
休憩条件	○	○	○	○	○
安全保障	○	○	○	○	○
灯光环境	○	○	○	○	○
文化宣传	○	○	○	○	○

- 您觉得街道最需要增加以下哪种设施：[多选题] *
  ○休憩设施（座椅等） ○交通设施（充电桩、候车亭等）
  ○卫生设施（垃圾箱、公厕等） ○照明设施（路灯、景观灯等）
  ○景观小品设施（雕塑、绿植等） ○路面铺装设施（盲道等）
  ○公共信息服务设施（路名牌、智能信息牌等）
- 您觉得街道闲置空间改造最需要增加什么设施：
  ○健身锻炼设施 ○儿童游玩设施（滑梯、跷跷板等）
  ○便民服务设施（接饮热水点等） ○休憩停留设施（座椅等）
- 您希望现有街道设施进行什么样的升级改造：
  ○智能改造（加入智能信息栏、智能导视系统等）
  ○美化改造（美化花箱、配电箱等设施）
  ○人性化设计（提高座椅等舒适度）
  ○不需要进行改造
- 你认为以下哪种类型的特色街道最契合街道的气质
  ○具有历史文化氛围 ○具有现代感时尚感
  ○市井气息浓厚 ○自由漫步的闲适感
- 您觉得围墙围栏的特色化做法中最适合的是：
  ○以爬藤、花卉等形成植物景观墙
  ○以彩绘、装置等形成艺术景观墙
  ○以报栏、宣传栏等形成街道宣传墙
  ○实心围墙
- 您对沿街店铺广告牌的改造看法是：[单选题] *
  ○保持目前现状，充满个性
  ○风格整体协调，干净整洁
  ○以报栏、宣传栏等形成街道宣传墙
  ○个性化更新改造，设计感强

6

被封闭的违建建筑等；如龙州路上公交候车亭改造等）所涉及的利益主体，以访谈的形式获取利益主体的诉求，并与之沟通团队设计想法的可行性。本次深化调研需沟通的利益主体：梅陇中学、徐汇梅陇商业中心、华东理工大学继续教育学院、上海市经济管理干部学院、华东理工大学、上海健康医学院徐汇校区等。

2.拟定深化调研形式

由于采访对象较多，且街角、滨水等公共空间改造所涉及到的受众面广泛，推荐以“街道办访谈+意见座谈会”的形式进行。根据采访对象不同，共举办两场座谈会，分别征询群众及改造所涉及的利益主体意见。其中，群众座谈会以小区为单位，各沿街小区遴选出不同年龄段（35岁以下，35~55岁，55岁以上）的居民各一名出席，代表小区全体居民就街道建设发表意见；沿街商铺以路段为单位，六条路段各选取一名店员/店主作为底商代表出席，代表全体商户发表意见。

3.深化调研访谈及座谈会清单

针对三类人群访谈（街道管理者、社区居住者及产权利益人）访谈内容如下：

（1）街道管理者访谈内容

①了解梅陇路/龙州路上的人口结构（年龄、性别、户口、收入）等信息。

②从管理者视角出发，认为目前梅陇路及龙州路在风貌、景观等方面存在什么样的问题？

③近两年，梅陇路、龙州路这两条路陆陆续续地在进行改造，那么在街道建设和管理的过程中遇到的困难是？

④团队策划从历史文化入手，挖掘街道特色，提高设计的可阅读性。通过查阅资料等，了解了梅陇路历史，以及近现代的一些重要事件。

⑤凌云街道对于梅陇路的建设，近期有哪些安排和部署？

⑥对于梅陇路街道建设有什么样的期许？

⑦目前两条路上的围墙普遍存在缺乏特色的问题，团队想在整体美化提升之余，为每个社区预留一块“我绘我家”自

留墙，以社区为主体进行自由发挥，作为展示社区文化的重要载体。同时，为了促进群众与管理者的良好互动，计划在梅陇路上增加街道宣传、反馈墙，作为街道宣传事件、群众反馈建议的重要互动媒介。这样的做法是否可行？

（2）社区居住者访谈内容

①您认为目前梅陇路和龙州路上在美观性、实用性等方面存在什么样的问题？

②团队在第一次调研访谈中，其他居民反映了如围墙不美观、地面铺装部分老化，街道缺乏公厕、垃圾桶、遮阳挡雨棚等公共服务设施，共享单车占用人行道，缺少花园、小孩玩的地方、老人锻炼的地方等问题，对于这些问题，您是否有同样的感受，是否有其他补充？

③基于日常的生活需求，您更需要哪一类功能的活动场所？如跳广场舞的地方、散步的公园、孩子休闲的地方等。

④以下的空间目前都呈现出缺乏活力、美观不足的样貌，您最关注哪一块地方的改造？或者说，改造后，您更愿意停留在哪一处？（问卷附示意图）

⑤梅陇路颇具文化气息且生态优良。如果要对街道进行改造设计，您觉得基于社区文化或者街道文化，或者从您个人偏好出发，可以在围墙、滨水空间等设计中添加些怎样的特色内容？是希望整体设计感觉更有艺术性，更有时尚活力感，更有文化底蕴，还是更贴近生活，以反映社区生活为主？

⑥整条街道上非机动车乱停乱放的现象较为严重，如果整顿自行车停放点，将会拓宽步行空间，提高街道的整洁度和美观性。如果要统一非机动车停放点的话，考虑停车便捷、街道美观等内容，您觉得设置在哪个位置比较适合？（问卷附地形图）

⑦您对于街道上的指示牌、花箱、路灯这些城市家具有什么样的想法？譬如是否觉得样式单一、不够时尚等。从您对这条路的了解出发，您觉得可以如何进行美化提升？

⑧目前街道上的电线暂时没有做入地处理，您是否有觉得影响安全或者美观等。

⑨梅陇商业中心，是附近比较具有人气的地方。我们了解到有很多附近住民都会在这里购买食品等，对于商场的外观，大家有什么样的想法？以下四种美化的方式，您觉得哪种更能吸引你，更能提升街道整体的美感？（问卷附四种立面美化方式示意图）

⑩梅陇路、龙州路上生活商业店铺较多，平时人流量较大，作为消费者，是否有觉得不便的地方？作为商户，对于店铺外观改善、店招设计等有什么样的想法？

⑪靠近华东理工大学附近的水杉林，具有一定的特色，沿街还有书店、邮局等文化性较强的店铺。团队通过访谈了解到，该段人气不高，以通行功能为主，不会特意过去。您觉得增加一些什么样的设施，或者增加一些什么样的设计，会让这里更有趣？如果改造继续教育学院门前的暗角，增加咖啡店和纪念品商店等休闲设施，是否会提升这块吸引力？

⑫华东理工大学是梅陇路的发展的重要一环，也是汇聚青年的地方。多名学生反映，学校周边整体设计很沉闷，和其他大学路区别较大，希望可以通过增加灯带，提升夜景等方式增添活力。对于这种做法，您是否认同？是否觉得有必要通过一些设计手段，营造活力的、学术的氛围，以提升整条街的美感和底蕴？

⑬龙州路上中西路整个区域内重要的枢纽站点。在初步访谈中，部分排队等候的行人及公交车站司机，反映该处缺少座椅等设施，车棚造型老旧简陋。您对于这个公交站点的改造，在造型设计上有什么建议？在功能上，除了增加座椅等设施外，还希望能注入什么样的功能？

⑭对于我们所提出的做法，您是否还有其他需要补充的内容或其他的想法？

4.相关产业利益人访谈内容

目前拟针对梅陇商业中心负责人、上海市经济管理干部学院负责人、华东理工大学续教育学院负责人、上海健康医学院负责人、中国邮政（梅陇邮政支局）负责人、龙州路（上中西路站）候车亭负责人进行相关访谈。

（1）访谈梅陇商业中心负责人

7-8.梅陇路（虹梅南路—凌云路段）人群诉求
9.梅陇路（凌云路段—龙州路段）人群诉求
10.梅陇路（龙州路—天等路）人群诉求
11.梅陇路（天等路—老沪闵路）人群诉求

12-13.梅陇路与凌云路交叉路口设计要点　　14-15.龙州路—天等路段的水杉林设计要点

①梅陇商业中心开在这也有十几年了，其实目前看起来已经有点老旧了，您是否考虑过重新装修美化呢？您觉得改造大门玻璃立面的方式是否可行？

②以下四种设计，您觉得使用哪一种，能够增加梅陇商业中心的吸引力，给大家留下更深刻的印象？或者您有其他的意见或想法？

（2）访谈上海市经济管理干部学院负责人

①目前这块地方都是关闭的状态，以前这边的业态是？关门的原因是什么？

②现在这种卷帘门和老玻璃门，其实对于行人来说观感不佳，未来是否有改造的计划？

③对于这块节点的设计，您是否还有其他需要补充的内容？

（3）访谈华东理工大学继续教育学院负责人

①从您的角度出发，您对学院门前这块有哪些方面的诉求？（比如美观、简洁等）

②有群众反映，因为这段路上缺少公厕，所以有人在门前的这块地方随意大小便，导致味道也很难闻。您对于这个问题，是否有考虑过解决的方案？比如通过进行改造或者“亮化”，使其不成为一个“暗角”？

③目前有很多地方案例通过开放沿街窗口作为咖啡店、纪念品商店等，作为改造策略，一方面改造了原来的灰色空间，另一方面也会提升人气，成为打卡点，您对于这种做法是否认可？

④根据您对华东理工大学的理解，您觉得有哪些华理的文化符号需要传承和发扬？如果将它们体现在设计中，您觉得是否可行？

⑤对于这块节点的设计，您是否还有其他需要补充的内容？

（4）访谈上海健康医学院负责人

①我们了解到以前的这边的业态是小吃店，采访到的很多老一辈人表示很怀念这里的小吃，后来因为违建被拆除。目前这块封着，很多人觉得有碍观感，您是否考虑过对它的改造提升？

②如果要对立面进行美化，您有什么样想法？您觉得将这个围墙界面打开，改造成小广场，作为街道上的一个人气点，或者作为健康医院的对外展示的窗口是否可行？

③对于这块节点的设计，您是否还有其他需要补充的内容？

（5）访谈中国邮政（梅陇邮政支局）负责人

①从您的角度出发，您对邮局门前这块有哪些方面的诉求？（比如安全、美观、简洁等）

②如果要对界面进行美化，您对邮局门前这块道路节点的提升有什么想法？您更倾向于增加彩绘、增加立面装饰物等手段中的哪种形式？

③您作为支局的负责人，从您对中国邮政的了解和从业经历来看，您觉得中国邮政想向社会传达的是什么？具象化一点来说，什么能够代表中国邮政，中国邮政最具特色的点是什么？

④如果将这些内容反映到您这块的设计中，您觉得是否可以？

⑤对于这块节点的设计，您是否还有其他需要补充的内容？

四、落实民生诉求

结合民生诉求，选取特色节点针对民生诉求，综合提升街道品质。

森陇家园旁的底商界面，通过采访居民及底商店主，反映门前的台阶老化，店铺店招缺乏美感，立面风格、颜色杂乱无章。应对这块观感较差的问题，采用店面和店招的一体化设计。由于人行道狭窄，巧妙利用台阶高差，设置座椅，为行人提供休憩空间。对店铺门前的铺装进行整体提升，营造良好的视觉效果。

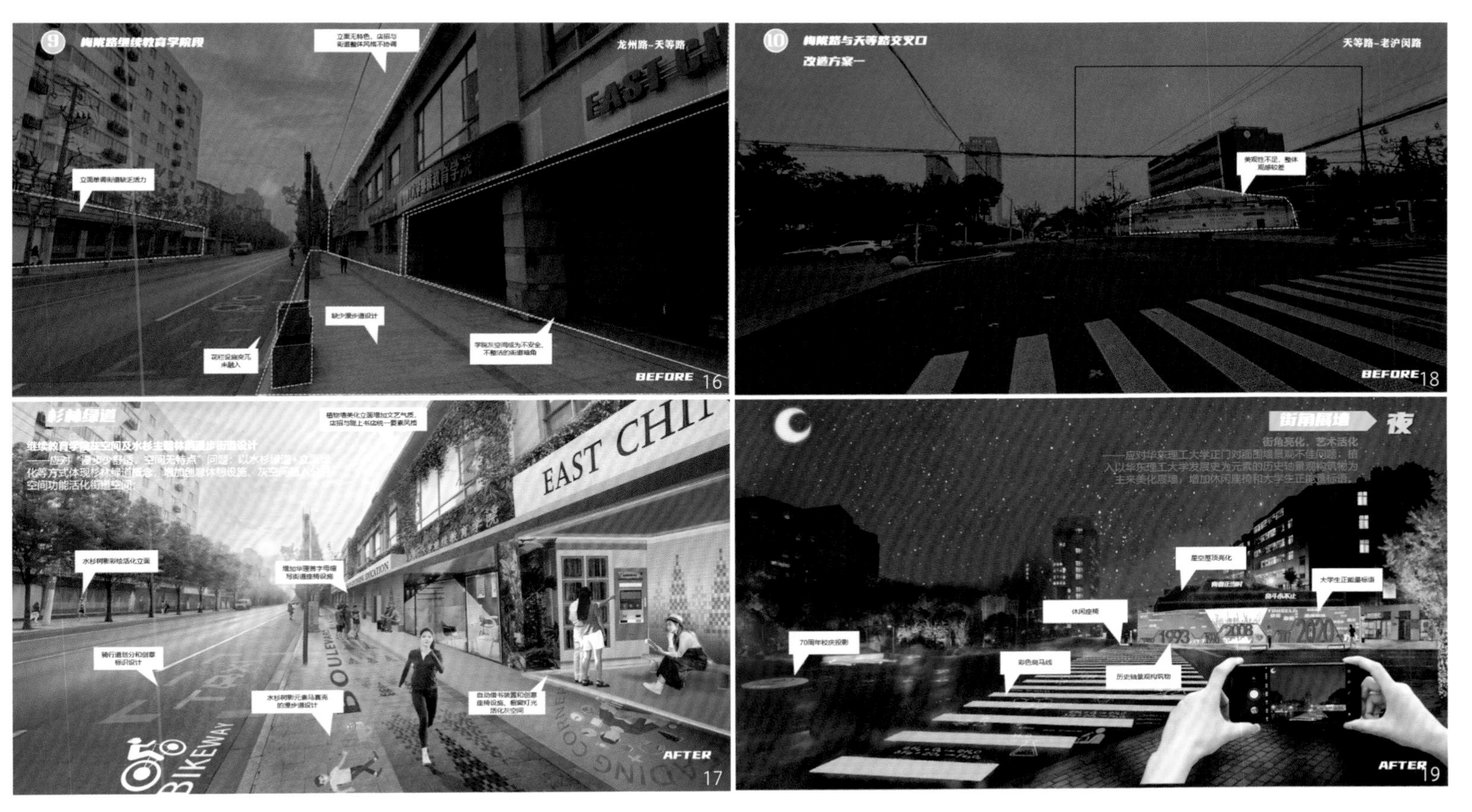

16-17.华东理工大学继续教育学院设计要点　　18-19.梅陇路与天等路交叉口设计要点

梅陇路与凌云路交叉路口：现状街角空间闲置，我们实地考察中，发现有行人坐在地上休息，直观反映了对座椅等设施的需求。结合场地靠近梅陇中学的特征，通过铅笔型趣味座椅的置入，提升街角空间的活力和利用率。结合“绘彩”的段落主题，改造原本传统的斑马线，以彩绘的形式进行美化提升。在学校对面北侧，通过新增趣味导览指示牌与对面座椅形成呼应，地面增设金属指示牌，指示方向。

位于龙州路—天等路段的水杉林是梅陇路上一个很有特色的点。现状是以不可进人的长绿化带阻隔了空间，同时由于缺乏休憩设施和特色化设计等原因，人气不足。设计林海驿站。以水杉树形为符号，设计平面铺装、街道家具等。改造原本统一化的车站，通过透光玻璃景墙的置入，与水杉林的实景景观相融合。新增树干彩绘、水杉玻璃板景墙等，不断强化水杉意象，整体营造出“融绿于行”的步行体验。

华东理工大学继续教育学院：该节点附近拥有书店、邮局、水杉林等颇具文艺气息的场地，但是并未结合这一特征进行深化设计。现状立面、店招等均缺乏特色。同时，由于大门后退形成了暗角，附近又没有公厕，因此有很多行人在此随地大小便，使其成为一个不文明的灰色空间。该节点处以水杉绿道+立面绿化等方式体现杉林绿道概念。对于原本的灰色空间，通过增加创意座椅、置入自动借书装置等手段进行改造，避免不文明行为的发生；为更好地展示水杉意象，将水杉树形抽象成马赛克图案，应用在局部立面、主题漫步道的设计上。通过华理字母等创意座椅的置入，突出场地区位。

该节点原身为违建建筑，现状被围墙封住，形象较差，成为街道灰色空间。我们充分利用场地的区位优势，打造街角口袋公园，提出两个设计方案。方案一，将原本的封闭界面打开，拆除围墙，合理配置绿化景观。以教育为主题，通过主题构筑物置入、休闲漫步道、斑马线、历史纪念地牌设计等手法呈现华东理科大学的光阴长河，强化节点的标识性。在景观座椅、地面铺装和标识系统的设计上，选用的如耐候钢板、金属浮雕标识、花岗岩铺装等，其材质、色彩都以体现历史传承的沉积感，文化积淀的厚重感为主。方案二，保留原先的封闭围墙，通过新增大学生正能量标语外挂等设计美化围墙，结合星空屋顶亮化、彩色斑马线设计、校庆投影灯置入等手法，以光启明，期望在展示朝气蓬勃的大学形象之余，也激励启发新一代的努力奋斗 。启明这一主题，也包含着以知识开蒙的寓意。因此在该节点设计中，我们选用了更现代的材质、更鲜活的色彩、更先锋的表现形式来营造科技感。具体包括采用轻质外挂的镂空铝板，篆刻大学生励志标语；采用中空的不锈钢坐凳和斑马线投影灯等创意设计。

五、结语

街道为人使用，通过对街道人群诉求的深入剖析，提升街道品质，践行人民城市人民建的理念。

作者简介

管　娟，上海同济城市规划设计研究院有限公司城市开发规划研究院所总工，高级工程师，注册城乡规划师。

战术城市主义对社区花园的可持续发展启示
The Sustainable Development of Community Gardens: Learning from Tactical Urbanism

吴禹澄
Wu Yucheng

[摘　要]　社区花园早在18世纪中期就已被英国人用于解决社区的食物贫困问题。经过不断发展与改善，社区花园已逐渐成为一个可以重新激发场地活力并为居民改善生活水平的重要策略。尽管历史经验和众多研究证明了社区花园的价值和效益，但是园丁的流失和政府对于闲置用地的模糊决策都使得社区花园仍然面临着潜在的被遗弃或毁坏的可能。在不断变化的社会结构的驱使下，人口流动和用地策略的变更比以前更加频繁，导致一些临时建立在空闲土地上的社区花园生存堪忧。

社区花园为提升社会福祉提供了有效的解决方式，然而一旦这些社区花园衰败或被破坏，许多潜在的问题也将随之暴露。因此关于社区花园的可持续问题，各种议题随之而来。面对城市发展中的诸多不确定性，社区花园将如何进行可持续发展？本文将借鉴战术城市主义（tactical urbanism）的理念，通过案例学习为社区花园的发展提供一种灵活且可持续的设计方式。

[关键词]　城市动态化；临时性；战术城市主义；社区花园；公众参与；土地使用策略

[Abstract]　Community gardens have been widely employed to mitigate the deprivation in the UK from the 18th century. Nowadays community gardens have been viewed as mechanisms to improve social well-being and public health for residents. Effective as they are, community gardens may still confront the risk of being abandoned or demolished due to uncertain participation and land use tenure. In such a fast-changing society, population mobility and land-using repurposing occur more frequently than before, resulting in a short life span of community gardens located on community-based vacant lands.

Once community gardens fail, potential problems may expose. Therefore, the debate raises that how community gardens can survive sustainably in the face of temporality and uncertainty. This article will analyse the relationship between dynamic urbanism and community gardens. Then we will analyse the barriers community gardens may face in such dynamic conditions and will also provide a possible solution for the future of community gardens based on tactical urbanism.

[Keywords]　community gardens; dynamic urbanism; temporality; tactical urbanism; public participation; land use strategy
[文章编号]　2023-91-P-092

一、社区花园的发展概述

在大部分学者的研究中，社区花园被认为起源于18世纪英国的“份地花园”（allotment），其最初目的是保障城市化过程中失地贫民获得土地[1]。后来美国、德国等西方国家为应对城市危机，也纷纷提出建设社区花园以缓解城市发展矛盾，鼓励居民种植农作物自给自足，以满足失地失业居民基本生活需求；第二次世界大战期间，参战国家发展遭遇粮食和经济危机，为保障食物供应和社会安定，社区花园在1914—1960年期间得到大量普及；二战结束之后，各国发展迎来城市建设和经济复苏，然而快速城镇化和工业化带来的环境污染，以及后工业化时期的人口流失和经济低迷，让社区花园重新被西方国家所重视。在此期间，社区花园的应用更加注重改善城市生态，激发场地活力，减少社会发展不公平，以及改善居民的营养环境和提升社会凝聚力[2]。时至今日，社区花园的发展趋于多样化，并在强调公众健康的语境下逐渐形成功能丰富的社区活动空间[3]。

尽管社区花园在西方国家普及程度较高，社区花园的后期维持和生存条件在部分地区却并不乐观。以英国的工业城市格拉斯哥为例，后工业化带来的经济低迷导致大量的人口流失和土地遗弃，这使得格拉斯哥内90%以上的居民都生活在荒废场地的周围[4]。虽然在遗弃土地上建立的社区花园拯救了部分陷于窘境的居民，但是格拉斯哥不断更新的城市规划以及对遗弃土地的规划更新使得土地使用权一变再变，而这导致了部分建立在曾经废弃土地上的社区花园因为建筑开发而被摧毁[5]。当代著名社会学家齐格蒙特·鲍曼曾提出，我们现在生活在一个社会结构分解快于凝固的阶段，而这归咎于不断流动的城市人口和不断更新的城市用地。社会结构的不稳定弱化了人与人之间的联系，从而导致人们对社区花园中的社交活动失去兴趣，并间接加大了维护运营社区花园的难度[6]。

社区花园一旦失败将意味着什么？作为一个维持社区活力的重要途径，社区花园的消失可能会导致诸多社会问题，如粮食生产的中断，社交关系的弱化，甚至是引发居民和投资者及政府的冲突。为了避免社区花园乃至所在社区的消极发展，社区花园需要与动态变化的城市环境相协调，并且提升其本身的适应性和韧性。

二、社区花园的发展困境

1998年美国社区园艺组织在他们四年的调查中发现，尽管社区花园的数量在美国各地社区内激增，但由于不稳定的参与者和持有者（大部分西方国家中，社区花园的发起者多为民间组织或个人，但建设社区花园的土地却仍属于私人投资者），有近10%的社区花园被遗弃并完全丧失了活力。社区花园在不稳定的发展中展现了脆弱的一面。

当下的城市现代化具有流动性，而这也意味着未来充满不确定。在过去三十年里，特别是在欧洲国家，对经济边界的放宽导致了更大规模的劳动力流动，这可能导致社会经济结构的快速转变。在不断变化的社会经济和社交模式下，城市的布局已经从静态变为流动[7]。城市结构的变化，引发了社区结构的变化以及土地的重新开发，而这两种动态变化是社区花园所面临的两大主要难题。

1.跳跃花园的环保材料和简易搭建　2.跳跃花园的室外社交区域　3.树形态的垂直农场

1.社区结构变化对社区花园的影响

根据2017年对布鲁克林花园组织主席的采访，传统的社区花园，由于参与度不足，总是难以长久维持。快速变化的就业和机会导致花园的参与者因不同原因离开，这阻碍了社区花园的管理和维护[8]。城市生活的快节奏和不断变化可能导致居民的兴趣、爱好和价值观的频繁转变[9]。虽然目前城市居民寻求休闲和社区的结合[10]，但由于时间有限，他们不可能全身心投入社区花园的维护和规划中，这也可能导致社区花园提前衰败。换句话说，当代社区更像是一个模糊的、流动的集合体。而传统的社区花园似乎在面对这样的流动性时暴露了其复原力差和灵活度低的缺陷。

2.土地再开发对社区花园的影响

社区花园往往在空间结构上具有较高的适应性，因为它们能够以不同的规模、形态和功能快速建立在闲置土地上。然而社区花园在时间上的发展阻碍却鲜少被讨论和研究。由于社区花园在英国的普及程度较高，存在的问题也较为明显。因此以英国城市格拉斯哥为例，通常情况下，社区花园都会被建立在社区周边的空地上，但是由于城市发展需求，社区周边的闲置土地通常会因其商业价值而被快速售出从而导致土地所有权发生变更，这使得闲置土地上的社区花园极有可能被投资者废弃。然而实际是，格拉斯哥的城市萎缩已经较为严重，时常出现投资者买下土地后关闭边界但依旧闲置多年的情况。

还有一些学者声称，社区花园只是短期内缓解城市萎缩的一个应急手段，但是如今，部分推行社区花园的欧美城市似乎已经度过了这一阶段，那么社区花园没必要再得到支持，这些土地应当用于更有价值的发展[11-12]。然而事实上，居民对于政府自上而下的城市发展和土地使用策略并不满意。在纽约，洛杉矶等地，有多份社区园丁反对在社区花园上进行再开发的斗争记录[12-14]。

在活跃的城市现代化过程中，拆迁和重建比以往更加频繁，导致更多社区花园成为牺牲品。然而，因为土地开发和场地重建而过分指责政府无法解决问题，我们需要思考的是如何帮助社区花园在这样充满挑战的环境下生存得更久。

三、战术城市主义与社区花园的可持续性

Bauman认为，在这个时代社会制度没有足够的时间来巩固，变化和更新不再是暂时的现象，而是"人类的生活常态"，而这意味着临时出现的社区花园将随时面对危机。城市是有机的，它们生长、崩坏、重组，并且从未停滞。现如今，社会经济的加速发展刺激并加快了这个循环过程。在欧美国家中，社区花园多有着相同的经历：在需要缓解社会经济压力时它们就会出现，然而一旦政府和投资者认为这块地有更高的商业价值或该区域的社会经济问题已经得到缓解，社区花园就极有可能被高楼建筑所替代。活跃的城市现代化过程导致传统的规划过程不再是城市动态发展的最佳选择[15]。相反，应该考虑一种更灵活的方法。

战术城市主义（tactical urbanism）最早在2011年提出，提倡自下而上的、使用简单或临时的城市空间修改来铸造结构性环境变化。战术城市主义倡导以低成本和临时的干预措施来进行城市和社区的存量更新，并要求"短期的干预应放置在达成永久性改变的框架内"。越来越多的学者意识到，资本密集型项目并不总是公共空间规划的必要条件，有时候微小的变化和设计与包容性的规划，可以激发出持续和持久的动力[16]。游击式园艺（guerrilla gardening）作为战术城市主义中闲置利用型策略[17]，其灵活的种植模式能够帮助社区花园成为一种更可有韧性、更可持续的社区活动空间。"灵活"意味着能够将一个特定的区域迁移到另一个地点，或者在不同的时间使用这个特定的区域来创造不同的地点。因此，社区花园不应随着它所在的地方的重建而消失，而是可能会以某种可变的、可移动的形态存在于社区中——它可以被移到另一个地方，也许以另一种面貌继续其使命。灵活的社区花园可以在动态变化中保持其效益，因此灵活性和适应性是一个社区花园在应对土地使用的动态变化时应该拥有的基本特征。

公众参与是维持社区花园可持续的另一个关键因素。战术城市主义是自下而上的、由个人设计的，并由公民主导的举措形成[15]。也就是说，应该鼓励和授权居民成为社区花园的决策者，以帮助社区花园在临时使用中进行可持续发展，并保持其长久价值。

四、案例借鉴

战术城市主义并不完全局限于改善公共空间，而是涉及各种公共商业活动以及社区项目[18]。从游击式园艺衍生出的快闪社区花园（pop-up community garden），是该城市主义中提出的场地更新策略之一。结合Harris的结论[19]，快闪社区花园的特点应满足三个主要特征。第一个是灵活性。一个灵活的社区花园可以被移动或重新组装，以满足不同的要求，从而使花园在被临时使用时能更快地适应周围环境。第二个是间隙性，这意味着快闪社区花园可以填补城市的空白，充分利用空闲的空间。第三是沉浸性，这意味着快闪社区花园的出现与修改土地的特征可以改变用户的体验，并重塑这一地区的功能和价值。本文选取英国、美国和加拿大三处快闪社区花园案例进行学习，并分析其设计手法和运维模式。

1.跳跃花园（skip garden）

跳跃花园由UCL的学生在2009年至2019年组织，由伦敦的年轻人和当地企业志愿者建造。跳跃

4-5.种植箱的灵活移动

花园位于国王十字路口开发区的中间，被定义为起重机和水泥搅拌机、公寓楼和办公大楼之间的一个可持续和可移动的社区绿地。跳跃花园是一个有特色的城市绿洲——一个可移动的花园，当土地被出售和建造时，它可以移动到国王十字路口的不同位置。许多环保材料被用来制作蔬菜的花盆和一些公共设施，如长椅、休闲空间的桌子，这意味着跳跃花园可以被低成本快速建设。而且由于结构简单，也可以快速移动。

这个项目是一个很好的例子，解释了如何通过弹出式社区花园实现灵活性、间隙性和沉浸性。简单的结构和低成本的材料使得跳板花园很容易被建造和移动。该花园计划设置在繁忙的城市地区的空地上，以填补这些废弃的土地，并充分利用城市空间，这符合间隙性。说到沉浸感，跳跃花园可以通过组织种植，以及临时厨房和酒吧来提供社会活动，这意味着跳跃花园赋予了空地以前从未拥有的新功能。这些功能可以为游客和用户提供新的体验，空地将被重新塑造为周围居民的积极场所。

2.垂直农场树（A Tree Assembles in Brooklyn）

Framlab 在布鲁克林设计了这个项目。研究这个案例的目的是探索一种模块化的快闪社区花园。 垂直农场树由许多模块化的气培箱组成。这些模块化盒子的设计灵感源于树枝分叉结构，利用一些稳定的框架将模块化气培箱组装成树的形状。这些模块化的盒子是便携式和可移动的，它们可以在任何适当的空间以任何形状堆放。然而，这个项目主要是为了生产食物，因此基于该项目可举办的活动有限。垂直农场树将采用气培技术提供食物，因此人们不需要花太多时间在栽培上。此外，“树”上的空间很小，一次只能容纳几个人。本项目旨在利用城市中的小空间更高效地提供更多食物。但是，如果将这一概念应用于社区花园，则应改进模式，为人们提供更多活动空间。一般来说，模块化是建造弹出式社区花园的友好方法，因为模块化盒子易于生产、组装和移动。然而，模块化的盒子和组装它们的方式应该为更多的活动和功能重新设计，因为在社区花园中，社区活动应当优先于园艺活动[20]。

3.加拿大东南福溪临时社区花园（Southeast false creek temporary community garden）

这个社区花园拥有200多个可移动的蔬菜箱（种植床）并且点缀有部分桌椅和花园小品。该社区花园的建造主要是为周围居民提供种植蔬菜花果的机会。尽管在东南福溪社区认为城市农业应当充分利用现有的闲置土地转换成可以为周围居民提供福利的社区绿地，但闲置土地的临时性和不确定性使得公园设计者决定采用可移动的种植床作为种植场地。尽管这个临时的社区花园仅仅由许多个模块化的、建立在可移动运输底盘的上种植床组成，它却给周围居民快速带来了绿色场所和社交空间。同时也为土地拥有者在土地尚未得到妥善的利用的时间间隙中降低了土地拥有者的经济负担（温哥华指定用于商业和其他用途的土地税率为1.5%；而如果将其归类为娱乐和非营利用途［如社区花园］，则业主只需缴纳0.5%的土地税）。加拿大东南福溪临时社区花园因其较低的投入成本和高效的布置模式使得整个社区花园可以更快投入使用，是快闪式社区花园最为理想的建设模式。

五、总结与讨论

如前文所述，社会结构的变化和土地再开发是社区花园在城市动态化中面临的两个主要问题。战术城市主义所倡导的灵活性和韧性是一种可以帮助社区花园渡过不稳定期的手段。在种植容器的材料选择上，可以尽量选用环保材料或旧物再利用，降低成本的同时也为环境友好型社区做出贡献。或是可以通过模块化蔬菜盒子（或种植床）组装出不同规模的花园，可以填补社区内或社区附近被遗弃的空间。

在花园参与者搬迁或土地将被改造时，这些模块化盒子可以被快速移动到另一处待激活的空间继续发挥其作用。在战术城市主义的指导下，社区花园可以利用城市里闲置或难以利用的空间角落进行种植。有别于传统社区花园固定在土地上的种植池，移动的栽培容器可以更快适应不同类型的空间和人群活动需求。既可以快速提升社区空间的趣味性和吸引力，也可以迅速激活该场地，提升场地复原力。

尽管在西安、南宁和广佛等地有学者进行快闪社区花园和模块化种植箱的探索和实验，但关于建成反馈和相关研究仍较为匮乏。

战术城市主义为国内未来的社区花园的普及提供了一种思路。模块化的、可移动的蔬菜盒子可以为居民提供更多参与设计和维护花园的可能性。即便土地再规划或者参与者的变化使原本的社区花园可能不再稳定，组织者和参与者也可以通过对社区花园的模块单元的增减和移动来适应变化的现状。然而战术城市主义所提倡的快闪社区花园终究是应付城市动态化的一种适应性策略，是帮助社区花园在部分流动性较强的社区中过渡到稳定状态的中间过程。尽管当下社区花园在中国蓬勃发展，我们仍不能忽视活跃的城市发展给社区花园带来的潜在威胁，街道和社区应当意识到社区花园的社会价值，及时实施相关政策对社区花园的发展进行鼓励和保护，以减少社区花园消亡衰退的可能性。

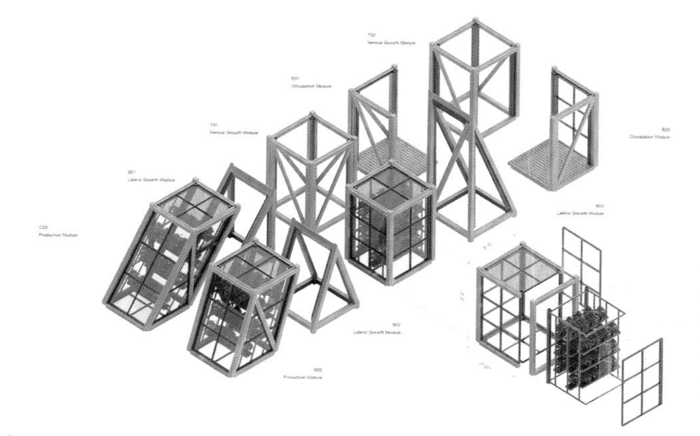

6

7

8

6.模块化气培箱结构
7.快闪社区花园内可移动的模块化蔬菜种植箱
8.东南福溪临时社区花园

参考文献

[1]许悦 丁山 后工业时代的英国“新花园城市” 肯特郡埃布斯弗利特规划分析[J] 中国园林，2017，3（2）：82-87

[2]王晓博，宁晓笛，赫天缘 对国外5个中微观都市农业项目的思考[J]. 中国园林，2016，32（4）：56-61

[3]BENDT P. BARTHEL S. COLDING J. Civic greening and environmental learning in public-access community gardens in Berlin[J]. Landscape & Urban Planning. 2013. 109（1）：18-30

[4]MAANTAY J. PARK B. WEST B. The Collapse of Place. Derelict Land, Deprivation, and Health Inequality in Glasgow. Scotland[J]. Urban Land Use, 2017: 23-70

[5]BLEASDALE T. CROUCH C. HARLAN S. Community Gardening in Disadvantaged Neighborhoods in Phoenix, Arizona: Aligning Programs with Perceptions[J]. Journal of Agriculture. Food Systems, and Community Development. 2011, 1（3）: 1-16

[6]BAUMAN Z. Liquid modernity[M]. JOHN WILEY & SONS. 2013

[7]BARAÅSKA E. A City in Liquid Modernity. A Sociological Perspective[J]. Abstracts of the ICA. 1 NA. 2019

[8]DRAKE L. LAWSON L J. Results of a US and Canada community garden survey. shared challenges in garden management amid diverse geographical and organizational contexts[J] Agriculture and Human Values. 2015. 32（2）: 241-254

[9]SPILKOV J. RYP KOV P. Prague's community gardening in liquid times: challenges in the creation of spaces for social connection[J]. Leisure Studies, 2019, 38（4）: 468-479

[10]RAVENSCROFT N. MOORE N. WELCH E. Beyond agriculture: The counter-hegemony of community farming[J]. Agriculture and Human Values. 2013. 30（4）: 629-639

[11]LAWSON LJ. City bountiful. A century of community gardening in America[M]. Univ of California Press. 2005

[12]SCHMELZKOPF K. Incommensurability, land use, and the right to space. Community gardens in new york city1[J]. Urban Geography. 2002. 23（4）: 323-343.

[13]SMITH C M. KURTZ H E. IN NEW YORK CITY * Auction Gardens as a Percentage[J]. New York. 2003（April）. 2003

[14]IRAZÁBAL C. PUNJA A. Cultivating just planning and legal institutions. A critical assessment of the South Central Farm struggle in Los Angeles[J]. Journal of Urban Affairs. 2009.31（1）: 1-23

[15]BISHOP P. WILLIAMS L. The temporary city[M]. London. Routledge, 2012

[16]黄路.刘媛 战术都市主义 一种叛逆的城市设计尺度[J] 设计艺术研究 2018.8(05):8-13.

[17]Lydon M. Bartman D. Garcia T. et al. Tactical urbanism Volume 2. Short term action, long term change [M]. Miami and New York: Street Plans Collaborative. 2012

[18]URSIĆ S. KRNIĆ R. MIŠETIĆ A. “Pop-up” urban allotment gardens. How temporary urbanism embraces the garden concept[J]. Sociologija i Prostor, 2018. 56（1）: 53-69.

[19]HARRIS E. Navigating Pop-up Geographies: Urban Space-Times of Flexibility, Interstitiality and Immersion[J]. Geography Compass. 2015. 9（11）: 592-603

[20]SHINEW K. GLOVER T, PARRY D. Leisure spaces as potential sites for interracial interaction. Community gardens in urban areas[J]. Journal of leisure research. 2004. 36（3）: 336-355

作者简介

吴禹澄，中铁城市规划设计研究院，助理规划师。

一座老建筑的“复原力”

The Vitality of an Old Building

陈 浠
Chen Xi

[摘 要] 一次偶然的遇见和看见让我有机会去修复一栋1928年的历史建筑，在这个过程中有机会深度地看见街区发生的一切，包括这栋历史建筑差一点被拆除，又在我们的努力下被原址保留。探索了这栋历史建筑的前世今生以及看见了街区百年前的女性力量。在这个过程中我有足够的时间探索自己，去探索自己喜欢什么？拥有什么？关注什么？相信什么？我的使命是什么？

[关键词] 社区；教育；迁移；互相成就

[Abstract] An accidental encounter and sight gave me the opportunity to restore a historic building in 1928. In the process, I had the opportunity to see everything that happened in the neighborhood in depth, including the historic building that was almost demolished, and then in our efforts to retain the original site. Explore the past and present of this historic building and see the female power of the neighborhood a hundred years ago. In the process I have enough time to explore myself. What I like? Own what? Concerned about what? Believe what? What is my mission?

[Keywords] community; education; migration; mutual achievement

[文章编号] 2023-91-P-096

一、老屋更新——空间的启发性在哪里？

在2016年我和伙伴们在福州的仓山修复了一幢老建筑，叫复园里。那时我们对这个建筑的过去一无所知。只是在那一刻觉得这栋建筑给我的感受和仓山的环境状态很像。有时间累积出来的美感，也有被人遗落的角落。所以从一开始，我们就种下了一个期待，我们复原的不仅只是建筑本身，还有生活在这座城市里的真相。不只留，而是复，复原人与城市的关系。

我们花了将近一年的时间，修复的过程不算顺利，有很多内容我们是边感受边改造。在修复结束后不久，命运和我们开了一次玩笑。我们得知这栋建筑将在不久后被拆除，复园里将被异地迁建。这样的突发事件加速了我们想去观察在地，链接在地的时间。在不明确的有限的时间里，我们让复园里变成了一个大家“重见仓山”的一个窗口，能够让更多人重新看见这里被忽略的人、事、物，每一年，我们以送仓山一份礼物的方式来与在地互动。

第一年的礼物是“复园家宴”，我们观察到复园的社区有很多的独居老人。这些老人大多数是附近工厂的退休职工。和家人们聚会基本上是一年一次。因此我们开展出了“复园家宴”这个活动，邀请复园社区的老人来成为家宴的大厨，每期家宴会邀请一位分享者，一起围坐吃饭。围绕仓山的议题一期一会。社区里的程阿姨是我们的常驻的大厨，她年轻时是火车上的售票员，去过很多的地方。一开始她不愿加入聊天，后来渐渐也被家宴的氛围感染。也会愿意坐下来表达和聆听。

复园家宴的开展，就像是给本地居民和想了解仓山的人搭了一座桥。也对了一个角度听到见到吃到在地。

第二年的礼物“多一个视角看仓山”，是在“复园家宴”基础上的一个迭代。在家宴开启前的那天，邀请我们的分享者带着参与者，实地参与在地。我们围绕“历史建筑、同志亲友、食物生命、公益创新、城市自然、身体多元、性与性别、媒体良知、老旧再造、同理设计、教育不同、社区营造”呈现多元又多面的仓山。

第三年的礼物“复园路发现笔记”，当复园里运营到第三年，我们开始渐渐发现人人都可以变成观察者。所以设计了一个帮助大家打开五感和可以提问的小手册，让大家自己去探索发现自己的角度，感受仓山。

第四年的礼物“复园路艺术节”，当时复园路的拓宽计划已经启动，我们牵一万人的手一起共创艺术节，不是指只有我们去牵一万人，而是我们牵住一些人的手，这些人再牵住一些人的手，一起来为本土行动，共同链接互助力量。

第五年的礼物“一本从复园路长出来的绘本”，我从复园路拓宽变迁得到了很多灵感，其实之前也在一直关注城市更新，人们在环境变化下的状态转换。我的家乡，原来像是一座森林，有着各式各样的生态。这些年来，我的家乡在不断地变化与更迭，它在慢慢成为一个所谓“标准、高大、好看”的盆栽。于是，我用自己的观察创作了绘本《困》，并且在复园里做了一个衍生展“此时此刻”。和不同的人去对话，如果人都不珍惜自己，又怎么会珍惜其他呢？如果人都看不见自己，又怎么会看见他人呢？那么，无论时代如何变化，这种“困”是永远不会改变的。

五年的时间里我们拉了不同伙伴们的手，联合大家的力量催生了改变。在多方民间力量的努力下，我们也创造了复园里的历史，复园路的改造最终为复园里这座历史建筑让了路。原址保留了复园里。

二、前世今生——我们在时间里旅行

复园里被原址保留下来后，我们花了很长一段时间来收集复园里的历史。因为我们的寻找，也让我们有机会在复园里的各个时间游走。现任房东，他是福州人，非常喜欢福州的历史文化，看到了我们多年来的努力，用了很多行动支持我们呼吁保留历史建筑的发声，也提供上一任房东的信息资料，让我们去寻找转机。在多方朋友的帮助下，我们终于通过“马亨霖”这个名字找到了上一任房东的信息，待我们联系上马先生后，我们即刻出发去了他生活的城市，香港。他告知我们他是从父亲手上继承了复园里1号，他的父亲叫马元润，是旅港商人，老家在新店磐石村马厝下。根据马亨霖先生回忆，他的父亲常常会给老家的孩子们送去文具和书包，还在磐石村建了一座敬老院，1950年10月花了2000万元（旧币）购得复园里1号，希望有一天可以告老还乡的时候住在仓山。

马亨霖先生的帮助下，我们找到了复园里1号的旧房契，并了解了它的身世。

在这份房契上得知了第一任房主叫林旭东，在1928年左右买下了复园里。在此之前，一位长者告诉过我，林旭东和她的外公是好友，都曾参加过辛亥革命，后又入学保定军校。九月初，林轶南（福州老建筑站长）帮助我们搜索到了保定军校的花名册，找到林旭东的信息。根据房契上的信息，第二任房主的姓名是林敬恒，是林旭东的孩子，他和他的太太（方毓坤）在福州协和医院当外科医生。50年代初把复园里1号卖给了马元润先生，60年代他们夫妻俩到三明建设三明第一医院。复园里，同一幢建筑，我们和它相遇在不同的时代。在各自的时代里，我们都在为自己的家乡、在生活的地方做着自己能做的事。我们也成为了它历史里的一部分。

在我们得知到这些历史信息后，也在我们的空间进行了为期三个月的复园里前世今生的展览。我们当时选用行李箱这个元素为线索，用和几代房主年代差不多的行李箱，带观众去串联复园里的各个时代。当时通过展览，我们又找到了其他时期租住在这里的住户。在福州老建筑百科的伙伴们的帮助下，也在2020年的6月份找到了复园里第二代房主的家人们，在他们的口述中感受到昨日世界，历史从来与我们形影不离。未来，我们也将在复园里这个空间里，把历史用陈列来呈现，让大家在时间里面旅行，和过去的不同时间对话，和未来对话。

三、复园里——衍生出了多元的复原力

2018年的时候，我们认识了一位很重要的朋友Kenny，他在香港实践绿脚丫亲子共读会。他说希望我们孩子的小脚丫能够踏遍脚下的土地，能够爱上这片土地，愿意守护这片土地，给孩子存在感和幸福感，成为世界公民，知道这个世界曾经、正在发生的事，用一颗关怀之心去行动去改变。

他让我意识到，绘本可以是一个探讨价值观和引发大家思考的切入口，衍生出来的艺术创作是可以简单又有趣，可以是一个人在做，也可以一群人来做。

我们用复原力这个概念做了复原力涂鸦，通过绘本共读和涂鸦链接与“自己”相连。从而生长出相信自己的力量。如果一个人在自我否定，其实就是在削弱自己的力量。当你不再否定自我时，我们内在力量就有机会生长。这就是我们与生俱来的生命力。

一场涂鸦也可以打开“自己”生命力的无限可能。

在做复原力涂鸦的共读时，我们常常听到“我不会画画”“我画得不好”“我只会乱画”……这些话语，让我穿过层层叠叠的时间，看见一个人以话为刀砍向另一个人，又看见被砍的那个人在后来，也开始以话为刀砍向自己，一刀一刀，不停地削弱着自己的生命力。

复原力涂鸦，它的命名，是希望可以停止以话为刀，学会以话为道，经由涂鸦的创作与自己对话，让我们复原自己的力量。

我们也开始想象，通过绘本这个工具，我们彼此之间还可以有着怎样的探索与联结，我们在这座城市里还可以发现怎样的链接？基于复原力涂鸦我们衍生出可以在城市里走街串巷的箱里绘本馆。还有以一年为周期互相支持的年轮志 · 绘等等。

四、与仓山百年前的女性对话——与她们互相成就

6年的时间在这条街区蓄力，2022年我们在复园里开启仓山百年女性力量馆。

把一个个曾经被折叠的仓山百年女性找出来，她们是当时推动了仓山性别平权重要的女性力量，她们当年都看见了自己的能量，并都去发挥了自己的能量，也都看见了那个年代里大部分女性是被支配的、被掌控的状态——她们用行动去改变现状。我们借由我们的空间把百年前的仓山女性们的创造力输出出来，让当下的大家可以以她们为镜、互相成就，照见个体自己的可能性。

余宝笙是我们仓山百年女性力量馆展开探讨的第一位女性，我是被她80年代复办母校的故事打动了，被她的决心打动了。1984年，她本着“用自己的力量重建华南（Hwa Nan College），为家乡培养一批批有知识有才干的女性”的目标，筹办华南女子学院。筹办的过程非常艰难，但她笑谈：“我才八十一岁嘛。”没钱、没地、没资源，就一封封地写信向校友借力，整合资源。

我们走近余宝笙，在了解她的生命故事之前，不免好奇：是什么，让余宝笙在80年代，国内环境百废待兴之际，而自己又已然是耄耋之年，依然有如此巨大的决心和行动力复办她的母校——华南女子学院？她在相信什么？她又在践行什么办学理念？

在我们一次次的深入研究中发现，她践行的正是“以人为本”的教育理念；她认为每一人都有自己的价值，教育的目的就是帮助每一个人找到自己的价值。

我们也在用视频记录的方式，记录余宝笙如何把眼光放到想要去的地方，把自己放到对的位置。我们用视频去记录这个过程中的迁移与看见。一开始我在余宝笙众多的信息里看见了她在80年代复办华南女院的故事，深深被这些“老太太”们感动，被她们的决心打动，从无到有一一去实现她们的教育理念。

在2022年2月份余宝笙的展览期间，刚好遇到一个小插曲：一个邻居小孩，8岁的小学生，来我们空间找我们，我们正在画盲画（盲画是一种闭眼睛画画的体验游戏，一只手摸着自己的脸，一只手来画画），这个小学生的家长也想让自己的孩子尝试一下，小孩闭着眼睛，拿起画笔后开始发抖。她告诉我，阿姨，我不画，我害怕我画错。听到这样的回应我很心痛，“对与错”的种子已经种到他们的心里。这样的情景，我接二连三地看见和遇见，有害怕被末位淘汰的学生、有背负着父母愿景前行的学生、有不断苛求自己达到标准的学生、有对自己产生自我负面评价的学生，等等。看着他们都在走向自我分离，变成社会、学校、家庭的手段而失去“自我”。其二，一名初中老师对我的反馈，她是初三的班主任，她看见近几年现代应试教育对学生们的高压，在这样的环境下她感受到孩子们的身心都被捆绑和受约束。学生没有时间停下来思考，只能不断的把知识放进大脑里，身上背着是父母对自己的愿景。她很担心，这样循环下去，学生会崩溃。每一个学生都是一个生命个体，如果教育有一天能充分激发个体的兴趣，学生们将来将可能充分地实现自我，她感叹余宝笙就是以这样的教育理念在我们的城市真实地实践过，并不是遥不可及的。

《中国国民心理健康发展报告（2019—2020）》抑郁症检出率：小学生约一成；初中生约三成；高中生约四成；学生对学习生活和社交无动力、无兴趣；对生命产生无价值感、无意义感。所谓教育，不仅仅是读书，认字和了解知识。最主要的是培养健全的人格，所以，我们相信，余宝笙践行的“以人为本”的教育势在必行，面向未来的教育一定也是以人为本，人是目的，不是达成其他目的手段。

我知道这背后还可以深挖。所以我一点点找到了：她把阻碍转成礼物、她看见了自己的闪光点、她看见了自己的丰盛且没有对自己设限、如何建立自己的愿景。

我们都可以流动，人是丰盛的，她是丰盛的，我们也是丰盛的。在这个过程中我们被她滋养，她是我找到第一位仓山百年女性，我们要借由她，让大家看见自己的丰盛。

作者简介

陈　浠，绘本插画师。

老洋房内部公共空间更新与营造实践
——以上海岐山村X号老洋房为例

Renewal and Community Design Practice of Internal Public Space in Aged Villa
—A Case Study of Qishan Lane in Shanghai

浦睿洁
Pu Ruijie

[摘 要] **愚园路作为长宁区率先试点的城市更新项目之一，从2018年开始，更新内容开始由路至弄、由弄向楼内延伸，在长宁区一街一品的资金支持，以及江苏路街道打造岐宏板块社区公共空间更新与治理创新的基础上，大鱼营造参与了岐山村x号老洋房内部公共空间更新项目的试点中，通过上海更新模式研究以及居民口述史调研等方法，本文梳理了老洋房公共空间更新的关键议题，并利用居民参与式设计、治理，引入设计师、品牌方、基金会等专业外部力量多方参与，定期组织活动，策划展览等方法，探索一个可闭环的老洋房社区内部公共空间更新的创新机制。**

[关键词] **老洋房；公共空间更新；社区营造；公共生活**

[Abstract] Yuyuan Road is one of the first pilot urban renewal projects in Chang-ning District. Starting in 2018, the content of the renewal began to extend from the road to the lane and from the lane to the building. With financial support from "one street one product" in Changning District, and the public space renewal and governance innovation of Jiangsu Road Sub-district Office on Qihong sector, the Dayu Community Design Center participated in the pilot project of the internal public space renewal project of the old house in Qishan Village No. X. Through the research of the Shanghai renewal model and the survey of residents' oral history, this article summarizes the key issues for the renewal of the public space of aged villa. With the ways of residents' participatory design, introduction of designers, brand owners, foundations and other professional external forces, regularly organizing activities and planning exhibitions, we are committed to exploring an innovative mechanism for the renewal of public spaces in an aged villa community.

[Keywords] aged villa; internal public space renewal; community design; public life

[文章编号] 2023-91-P-098

岐山村位于愚园路优秀历史风貌区，它具有丰富的人文历史故事和文化观光价值。2018年，岐山村等到了历史建筑保护性修缮的机会，有15栋历史建筑得到了修缮保护，具体内容包括屋面、外立面修缮，承重结构加固，给排水及其他设备修缮，强电及弱电架空线入地等。

然而，“改造进不了户内”成为类似岐山村这样的老洋房社区居民获得感弱的一个关键问题。虽然修缮让历史建筑的外观焕然一新，但内部空间设施陈旧、资金缺口巨大、内生力不足。为什么老洋房社区改造入户如此困难？制约老洋房社区楼栋内公共空间更新的阻碍到底是什么？

愚园路作为长宁区率先试点的城市更新项目之一，从2018年开始，更新内容开始由路至弄、由弄向楼内延伸，在长宁区一街一品的资金支持，以及江苏路街道打造岐宏板块社区公共空间更新与治理创新的基础上，大鱼营造参与到岐山村X号老洋房内部公共空间更新项目的试点中，利用居民口述史调研，居民参与式设计、治理，引入设计师、品牌方、基金会等专业外部力量多方参与，定期组织活动，策划展览等方法，探索一个可闭环的老洋房社区内部公共空间更新的创新机制。

一、老洋房是否还存在“公共生活”

根据上海的居住历史，在房屋商品化之前，因为住房紧缺，之前是一栋大户人家居住的老洋房、里弄建筑，慢慢地变成了十几户人家共居的空间。而老洋房与普通的新旧式里弄不同的是，当年在上海社会身份比较显赫的人物，才能拥有成为老洋房第一代承租人的资格。

然而，如今只要走进一栋仍在共居的老房子里，便会看到：公共卫生间破败不堪，厨房虽然名义上的公共的，却是有边界的，居住者会在里面堆物占地，真正用它烧饭的居住者却很少，最终导致闲置率极高。相比改造翻新，更加需要做的是去追究：这些公共空间为什么会变成这样？现在住在这些房子里的人，还有公共生活吗？

通过对岐山村X号老洋房13户居民居住历史的口述研究，我们将老洋房的居民群体分为了三类，分别是：一是第一代分配入住的住户；二是因购买或租赁等方式入住的长期居住者；三是短租户。我们发现，不同类型的居住者对于老洋房公共生活的认知有着巨大的差别。

（1）在第一代因为国家分配而入住的住户眼里，公共生活停留在了最早期分配进来的那代老邻居，互相之间的认同与谦让。

在居住时间最久的住户眼里，老洋房是一种身份的象征。在他们的口述中，过去的往事依旧能够带来自豪感，过去的邻里之间自然有着一套相处之道，而谈起当下时，不由地就会生出抱怨，最后也总是在无奈与失望的情绪中收场。

（2）在因购买或租赁等方式入住的长期居住者眼里，公共生活大部分时间都意味着在公共空间里的不适与委屈。

不管是后来因购买的承租权，还是各种原因长期租在这里的居民来说，因为没有第一代住户的身份认同，公共空间对他们而言可能就仅剩下使用的限制与不便。“不住不知道，这种公用的房子真的很烦。”是他们常用的口头禅，或许时间让他们渐渐融入到了早期住户的生活里，但也可能是长期没有浮在水面上的不和，甚至对立。

（3）对于短期租户而言，他们的公共生活几乎不在老洋房里，甚至都不在社区里。

随着商品房市场的崛起，不管是第一代原住民、买进来的承租人，还是老租户，很多人选择了离开老洋房来改善自己的居住条件，只要在房间里增设一个卫生间或电磁炉，老洋房因为区位好，对短期租客仍有吸引力。为了避免和其他住户产生过多交集，短期租客们很少会使用承租人的公共厨房和公共卫生间，与邻居之间的接触真的就只剩下缴水费、人口普查等公共事务了。

所以在现今充满流动性的老洋房里，可能根本就不存在一个真正有内涵、有共识的公共生活，尴尬的是，作为实体存在的公共空间依旧还在那里，它们该怎么办？

二、通过公共空间更新与社区营造，探寻老洋房新公共生活

通过回顾上海政府历史建筑保护与更新的实践，我们发现：不管是商业开发模式（新天地、建业里）、商居结合模式（田子坊、静安别墅）、文物保护模式（步高里）、居住改善模式（春阳里、承兴里），住在老洋房（或者是里弄）里的居民，在所有模式的叙事逻辑中，主体性都是非常弱的。

于是，在岐山村X号的公共空间改造项目中，街道试图以社区治理创新为新语境，利用公共参与、社区营造等的方法，试图把主体性交还给居民本身，并创造一种新的叙事，即：从老洋房使用者的角度，居民为了改善自己的生活环境，自下而上地发起老洋房内部公共空间的改造，社会组织是培育者，设计师是助力者，商业机构参与公益，为未来的商业机会寻找新的突破口，政府仅仅是一个资金上有限的支持者。

从2019年7月开始，在街道的委托下，大鱼营造正式参与岐山村X号老洋房公共空间的改造项目中，以多方参与的形式解锁老洋房改造之痛点，致力于不仅要成功地改造一栋老洋房，更要探索一个居民自发、多方共建、可持续共赢的更新模式。

1.利用参与式设计，激发居民在改造中的主体性

为了让居民在改造中更有参与感，在设计初期，大鱼老洋房工作小组（以下简称工作小组）利用参与式设计的方法，让居民充分地参与空间的定义中，并寻找居民对于公共空间痛点的共识。

根据前期的调研，工作小组汇总与罗列老洋房内部空间的各种问题，居民在问题清单上进行勾选与排列，共创出了公共空间使用痛点的共识。在使用痛点共识板上，居民共同关心的问题一目了然，院落的使用与管理、公共厨房的油烟排放、下雨天的漏水渗水，卫生间的昏暗与设备陈旧是困扰居民的几大关键难题。

针对居民们形成共识的关键难题，设计师给予出初步的解决设计提案，与之前整体方案设计不同，工作小组将改造项目进行了切分，并根据空间公共属性的大小设置了政府经费部分、居民自费部分的不同选项，只有所有承租人都选择的内容才能成为政府经费投入的重点。

通过参与式设计，居民们可以更多地参与改造的过程，还能和身边的邻居一起商议改造的议题，共同思考解决的提案，这样不仅可以让改造方案更加靠近居民生活的实际需求，还能为老洋房的共居者创造出一个公共生活的重要议题。改造不仅可以收获一个更好的生活环境，还会收获更和睦的邻里关系，增强居民们对未来美好生活的信心！

2.多方共建，共同解锁老洋房复杂问题

随着调研与居民参与式设计的不断深入，工作小组逐渐认识到，老洋房的内部公共空间的问题长期得不到实质性改善的原因非常复杂，比如，公共卫生间资源有限，公共厨房闲置率高，居民该如何共享？公共楼道设置灶台的消防安全隐患如何缓解？这些问题都在挑战现有市场产品解决特殊复杂问题的能力，我们需要打开思路。

因此，大鱼营造在上海市未来梦想公益基金会的资助下，邀请了家具品牌方、专业的空间设计、体验设计、产品设计、视觉设计、室内设计，以及空间运营者，共创老洋房理想生活方式，面向未来，设计当下。

引进社会资源多方参与解锁老洋房的复杂问题，不仅可以结合未来学的思维方式，兼顾老洋房现在价值和未来的可能性，以居民体验中心，为老洋房改造定方向；还能够结合现下实际空间难点，开拓品牌产品研发新思想，面

1.“家在老洋房”座谈会第一期座谈会
2.“岐山村x号改造中的故事展”受到长宁区政府关注
3.8个领域的设计师一起参与“老洋房理想生活共创设计”工作坊
4.居民对方案提出修改意见
5.满意度地图调研

向未来为当下提出可落地的解决方案。

3.组织定期座谈和家宴，创造老洋房新公共生活

老洋房内部公共空间改造的背后不仅是设计，更是各种边界的划分与利益的博弈。对于任意一方，都有自己的难处，也有自己的诉求。老洋房内部公共空间的改造经费应该谁来承担？存在使用边界的公共厨房如何让住户更有效地使用？这些问题都会让老洋房内部空间的改造无法顺利推进。

有诚意的对话与探讨，才是解决问题的基础。因此，工作小组为岐山村X号老洋房搭建一个有专家支持，居民与居民、居民与政府之间沟通的平台。2019年10月，“家在老洋房”第一期座谈会邀请了岐山村的居民、区房管部门、街道自治办、管理办、居委、物业、设计师共同探讨老洋房更新的议题，并且邀请了打浦桥街道原党工委书记、“田子坊之父”郑荣发，同济大学政治与国际关系学院社会学系副教授钟晓华、上海城市愿景社会创新服务中心理事长孙大伟、上海财经大学社会学系孙哲，作为研究学者参与讨论。

因为改造的触发，岐山村X号的居民第一次面对面地针对空间的历史问题展开辩论，甚至上升到了争吵的程度，然而，“没有一顿饭解决不了的问题。如果解决不了，那就两顿”，楼组长z阿姨这么说。

于是从2019年开始，岐山村X号的居民决定每年在冬季举办一次家宴，每家人出一个菜。第一年参与的居民只有老洋房承租人，不包含租客。到了2020年，租客也被纳入其中。食物仿佛有种特殊的魅力，只要在一起吃过一顿饭，信任关系便很容易可以建立起来，信任的基础上再讨论楼道的公共事务，比如如何设计？如何分摊公电？以及公共空间设施设备的使用规则等议题，邻居之间也变得更加互相理解与谦让起来。

4.策划展览，利用公共话题的媒体效益，开启社会对老洋房议题的关注

为了展现出岐山村X号内部公共空间更新实践中所探索的真实议题，利用媒体效益，开启社会各界对老洋房公共生活话题的关注，我们从多角度对老洋房里居住群体以及更新过程进行了策划展览，面向不同领域对老洋房的议题进行阐释。

“‘家在老洋房’系列展览一：阿勒住勒X号”将岐山村X号13户居民的口述居住史结合个人生活照进行浓缩，将13户家庭的口述史与个人生活史凝结成整栋老洋房的历史，展览的地点设在了X号老洋房的楼道公共空间。展览不仅梳理了整栋老洋房的历史，也凝聚了居住者对于场所的认同感与归属感，在口述中，整栋老洋房的人文魅力、人情习俗越加清晰，这些场所精神不仅能够协助当下公共空间秩序的重建，还能为这栋老洋房未来不断新的居住者的日常生活的行为方式提供参考。

“‘家在老洋房’系列展览二：岐山村X号改造中的故事展”将岐山村X号内部公共空间更新的背景及复杂的过程，通过讲故事的方式，用简单的漫画与图片进行展现，让更多的人能够在较短的时间里了解到一栋老洋房内部公共空间更新难的深层原因，并且快速阅读到此次更新项目的理念与创新。

此外，大鱼营造还在家博会面向各大家具品牌方策划了“‘家在老洋房’系列展览三：coliving就在身边”，展现了当下老洋房公共空间中，不同人群共居的各类生活场景，以及面向未来的老洋房理想生活场景，从而吸引更多的品牌方关注老洋房这类空间的实际需求，以及未来的产品研发的新趋势。

三、总结

经过近两年的摸索，2020年11月，岐山村X号内部公共空间硬件更新终于完成，与此同步完成的还有由居民共同协商并指定的各类公共空间的使用约定。

根据改造前期的充分调研，我们发现老洋房公共空间更新背后的深层议题是：在现今充满流动性的老洋房里，已经不再存在一个真正有内涵、有共识的公共生活，然而作为实体存在的公共空间依旧还在那里，于是我们看到有的公共空间被私人生活侵占；有的仍旧是公共空间，相关利益方不使用不维护但仍要宣告自己对空间的权益，或者只使用不维护持续地消耗着公共空间的价值，这样的空间不管怎么更新，都很容易重新破败下去，并且在工地悲剧上越陷越深。

公共空间的命运其根本还是取决于公共空间里是否还存在着公共生活。如果老洋房的公共空间已不再具有真正意义上的公共生活，那老洋房的居住者如何可能自下而上地为公共空间的再生出力呢？

在岐山村X号内部公共空间更新的实践中，大鱼营造通过居民参与式设计，引入设计师、品牌方、基金会等专业外部力量多方参与，定期组织活动，策划展览等方法，创造老洋房在当下的新公共生活方式，激发居民在改造中的主体性，引入多方共建，共同解锁老洋房复杂问题，利用公共话题的媒体效益，开启社会对老洋房议题的关注，最终探索一个可闭环的老洋房社区内部公共空间更新的创新机制。

作者简介

浦睿洁，大鱼社区营造发展中心理事之一，岐山村内部公共空间更新与营造项目负责人。

6.公共厨房改造前后对比
7.公共卫生间改造前后对比

社区种植为媒介开启社区关系网络
——广佛社区种植观察及反思

Community Planting Activities as the Media to Set up the Network of Community Relations
—The Observation and Reflection Based on Community Planting in Guangzhou and Foshan

李自若
Li Ziruo

[摘　要]　传统农耕社会，“种植”是人们在自然中获取生存、繁衍资源的重要手段，决定了传统社区的协作机制，直接关联地方的生态、生产、生活。结合珠三角地区多个社群及社区的社区营造观察，“种植”在新的时代语境下不仅仅是历史的追忆，也在城镇化新阶段、社区治理创新、集体意识重塑的大背景下成为介入社区的重要路径。广州及佛山地区由公众发起或由第三方组织的融入公众参与的“社区种植”行动，主要包括闲置或自留农地的分配制种植、盆栽花园种植、公共绿地的花园营造，以及一些短期的公共种植项目。由于较早的城市发展、较大规模的人口变动及产业调整，广佛地区“社区种植”成为新阶段弥合本土居民与流动人口关系、发展新社区文化的重要媒介。在传统农耕协作的模式下，它更形成了以种植社群及现代休闲生活方式为依托的新结构。但是从更大尺度的社会议题来看，广佛地区跨社群交流还需要在社会资源协调及社区行动路径上进行多样性的探讨。

[关键词]　社区营造；公众参与；风景园林；种植；广州佛山

[Abstract]　In an agrarian society, "planting" is an important means for people to obtain resources for survival and reproduction in nature. It determines the coordination mechanism of traditional communities, which directly relates to local ecology, production and life. In the Zhujiang River Delta, "planting" is not only a historical remembrance of the context of the new era, but also an important way to get involved in the community under the background in the new stage of urbanization, community governance innovation, and community sense reshaping. The "community planting" in Guangzhou and Foshan initiated by the public or organized by third parties mainly include four main types: allotment garden in idle or self-reserved farmland, planting in potted gardens, community gardening in public green spaces, and some short-term public planting projects. With the fast urban development, large-scale population mobility and industrial adjustments, "community planting" in Guangzhou and Foshan area has become an important medium for bridging the relationship between local residents and the floating population and developing a new community culture in the new stage. With the cooperation model of cultivation culture, new community planting has formed a new structure based on a new form of planting communities and modern leisure lifestyles. However, from the perspective of the sustainable and harmonious development of the community, the community planting in Guangzhou and Foshan area needs to achieve more in-depth and diverse social services with the coordination of resources in future.

[Keywords]　community empowering; public participation; landscape architecture; planting; Guangzhou and Foshan
[文章编号]　2023-91-P-101

一、种植、社会、风景园林的关系

1.风景园林与种植

种植，是植物栽培的行为过程，是在自然植物更替的过程中，人类主动开展的植物生产。植物作为风景园林的基本要素，种植技术的发展一直影响着历史过程中植物景观的变化。传统的造园中，种植技术是在自然及人类社会需求之间，通过物种驯化交流、种植修剪技法的创新、诗画草木的过程，支持与推进风景园林发展。而在地域的城乡风景中，种植技术更是与农业、林业等种植业关联（法语“paysage”，意味着景观——土地和乡村——及其可视与不可视的特质）[1]，结合更复杂的区域生态（地方风水）、社会生产，形成地域植物景观。从遗产价值的角度来看，风景园林关联着动态的人与自然的联系[2]。风景及风景的营造行为紧密关联，并共同缔造了它们对于人们的自然人文价值。而种植，正是风景营造中的关键行为之一。

2.种植与社会

种植与社会亦有着复杂的互促共生关系。在世界历史学者的研究中，动植物驯化、生产、剩余、贮藏及其相关技术、经济模式、社会分工、行政管理、人类体格思维模式相互关联，并同时作用于社会的发展[3]。作为植物利用的重要路径，“种植”实际上深入地影响了大量定居类社会的形成、发展及变迁。传统中国的乡土社会，“种植”让中国人与土地、与人、与社会、与时间形成了特殊联系。也因此，当城镇化、现代化、工业化在直接改变传统乡土社会的时候，“种植”的角色、形式出现了巨变，地域风景随之改变[4]。可以说，人类社会的形成得益于“种植”的塑造，而“种植”也伴随着社会发生转变。

3.“种植”的新局面

随着现代城乡生活的改变，人们愈加高涨的自然体验需求，公共及休闲生活的丰富度渴望，使得“种植”在环境生态、经济生态之外成为有助于社区和谐、社区创新发展的路径。2010年后我国发展较快的北上广、沿海省份及内陆省会地区，开始结合“种植”推动地方社区营造。种植以新的形式开始影响社会[5]。

本文从风景园林专业角度出发，以广州、佛山顺德两地的多个社区、城乡网络农业互助及公益网络的观察，探讨现代化过程中“种植”与社区的关系，以及其对于社会塑造的可能性。研究着重分析广佛两地社区种植开展的契机、行动方式、公众参与的形式、运营路径的异同，总结两地社区种植的

1.1987年广州花市
2.2017年广州花市
3.2013年在广州从化仙娘溪举行的农耕探寻及乡村大讲堂
4.霞石村善祥小学社区花园

规律及特点，提供未来环境绿化实践或管理制度调整的参考方向。

二、广佛地区社区种植的背景及开展契机

广州、佛山地处珠江三角洲地区、南亚热带的温暖湿润气候使其有着丰富的自然资源、水乡基底，而特殊的海外交流口岸则使其形成了特色的城乡全球化及现代化发展方式。这些综合形成了广佛社区种植的基本背景：

（1）广佛地区的水乡地区受商品化影响较早，植物栽种类型较早地发生了蔬果、花卉园林苗木生产的转化[4]。清末便有大型的花卉市场，如今广佛地区也是全国最大的花卉产品集散地之一。这一背景下，当地城乡居民形成了较有特色的花市文化，自发种植较为广泛[6]。

（2）珠三角地区城镇化较早、较快，城乡人居环境、社会协调压力较大。诸如新开发下传统社区及地域文化的保存、高密度的老旧社区环境（包括旧城区及城中村等问题）的改善、工业化生产下环境与食品安全的保障、青少年成长、弱势群体的关怀、本地居民与外来务工人员的融合、乡村振兴等，较早地促成了公益机构、热心公益的行动者开展行动、解决问题。其中，自组织的城乡互助、可持续生活、教育群体逐渐形成，“种植”由于其特有的亲自然、协作、关联食物、教育与城乡关系等特点，成为最主要的行动方式。

（3）由于地域对外交流较为广泛，珠三角地区的文化保育、环境保护、社区营造行动开展较早。除了自发行动，借由本地丰富的社工教育资源，政府大力与社工机构、社会企业协作推进地方的创新治理（表1）。受到国内外社区园艺、社区花园等新理念的启发，地方也积极开展社区种植活动，推动地方环境治理、居民融合等问题。

表1 顺德社区营造的示范点中使用种植方式开展建设的社区（2017—2020）

镇街名称	村（社区）名称
大良街道	大门社区、升平社区、中区社区、顺峰社区、北区社区、南华社区
容桂街道	马冈村、华口社区、上佳市社区、细滘社区
伦教街道	仕版村、常教社区、三洲社区、霞石村
勒流街道	黄连社区、龙眼村、南水村
陈村镇	仙涌村、旧圩社区、合成社区
北滘镇	桃村村、黄龙村、西海村、碧江社区
乐从镇	沙边村、东平社区、路州村、水藤村、上华村
龙江镇	文华社区、苏溪社区、左滩村
杏坛镇	马东村、桑麻村、古朗村
均安镇	沙头社区、鹤峰社区、仓门社区

（4）依靠广佛的文化及高校教育资源，广佛地区人居环境相关的设计、艺术文化人士较为活跃，城市空间及社会议题形成有了较多探讨。其中高校的设计、艺术教育资源，结合地方社会创新的课题研究进行了较多的实验性探索。而艺文人士、媒体的活跃，为社会反思、艺术表达的创意传达提供了较好的舆论氛围。种植与社会的关系，也作为地方议题进行了多元探讨及实践[7]。

四方面的综合资源，共同陪伴及支撑了广佛社区的创新发展。新城镇化的过程中，由建设量到生活品质的提升，社会由建、设到修、养。“种植”在这样的过程中成为串联环境、人、教育的一个线索。不同社群、社区，由于上述背景、经验及资源特点，也产生出不同的行动模式。它们呈现出了社区种植的多样性及弹性，同时也可以看到以种植建构社群网络的一般规律及差异性。

三、以社群或以社区为基础的种植

结合场所特点、种植方式、组织形式，广佛地区的社区种植包括三种社区种植场景以及种植活动项目的形式举行。

1.闲置地、自留地的分配式社区种植

广佛地区过快的城市建设，经常被提到“城不像城、村不像村”。但也因此本地或外来者仍然能够在城乡间隙寻找到一些可作“田园”的场所。自留地与闲置地成为社区种植的发生地。这类的社区

种植的使用权分配类似于国外分配制花园，常常发生在城乡居住区周边。居民虽然有着不同的背景，但多数对于食物种植有需求、有兴趣，以不同的方式加入并形成联合的社群。它们的模式各异，也因为管理方差异形成了不同的责权形式。如广州番禺区的A社区农地，就是由于物业交由居民自行管理，居民自行组织，分划农地进行种植；广州黄埔的B社区农地，就是由某居民承包、开垦土地并建设公共配套灌溉设施等，再分租给周边居民进行种植；顺德D村的社区花园，由社工站承村民自留地后，负责公共配套设施及道路，招募园主进行分块开垦种植，开放分享给其他村民。

2.公共空间中的盆栽种植

广佛地区居民种植较多，老旧住区的门前和闲置空地多有自发种植，其中以盆栽形式为主。一些由于非首层住户或非顶层屋顶住户将盆栽搬到社区的公共空地种植。这些种植容器或植物，有相当一部分来自每年的年花。如广州荔湾区的E社区一些老居民楼入户过道、庭园就会以盆栽形成微花园；广州越秀区东山口F社区的居民会在老年人活动中心的空地集聚他们的盆栽形成了一个种植区。居民住在周边但因为楼层较高会选择在此布置盆栽种植。而由于盆栽的灵活性，一些硬底的公共空间社区活动，也会使用盆栽营造公共种植区。一方面容易移动、方便布局、容易清理、减少基建，另一方面盆栽方便社区居民个体的种植操作、分享。种植箱，也是社区园艺中比较受欢迎，与盆栽使用情景类似。通常此类种植，权属分明，自发性强，管理由个体负责，但由于公共空间的使用，种植过程具有一定的社区分享、互动性。例如E社区在疫情期间，居民便将自己种植的瓜豆进行收获，并委托社工给周边有需要的居民分发。

3.共营造与维护的花园种植

由居民共同利用公共空间建造花园，自发性的案例多由具有公共爱好或需求的社群共建。天河区石牌三所院校，都设立有由本校师生基于兴趣爱好或休闲生活需求建立的花园。其中高校N的秾好植物园是基于师生蔬果花的种植兴趣小组，利用闲置教学楼顶进行的共同种植维护的屋顶花园。高校S的星空花园，是基于种植以及儿童陪伴的原因，共同利用宿舍闲置屋顶进行的花园营建。伙伴们共同营造、管理并共享成果。位于天河区的某机构旧大楼屋顶，则是由一群园艺爱好者众筹租赁场地并共建，根据花友们对于植物的爱好及管养特长进行分区、分组的管理。

由于国内近几年社区花园的推广，广佛各地的社区营造也积极学习了解营造思路及方法，一些居委或村委、社工机构、公益机构也针对本身社区，积极联系可使用的公共空间，开展相关的社区种植活动。其中顺德地区的社工机构前往上海参观考察。顺德D村也是在这样的背景下结合环境治理，兴建了学校型社区花园、公益蔬菜园、社区花园。相较于自发性从个体兴趣出发，后者主要会更多地从整体社区角度出发，基于公益属性服务社区儿童教育、社区弱势人群关爱等，推动社区共融。此外，地方公益基金会是主要推动力量。其中A基金会结合关联的教育集团、社工服务团体，联合设计专业团队，进行社区花园建设。B基金结合专项的儿童社区空间项目，联合相关志愿者培育项目，推动随迁或留守儿童较多的社区，进行菜园建设及运营。

4.开启社区关系网络的种植项目

除了具有固定场所的社区种植，广佛地区社区营造中会以活动的形式组织“种植”。如广州E社区，由于本身可利用的公共绿地比较少，但是社区居民偏好盆栽种

5.民众花园项目
6.广州番禺区A社区农地
7.广州黄埔的B社区农地
8.顺德D村的社区花园

9.沙面社区、竹丝岗社区盆栽种植
10.高校N的秾好植物园
11.天河花立方众筹花园
12.基金会A与B组织的可持续生活线下交流活动

植。因此社工机构主要以鼓励与支持种植分享为主。社区参与SEEDING活动，组织种子认知及种植互助，鼓励有经验的居民与其他居民进行分享，促成社区的交流学习。高校N也每年组织线上线下的种植科普课程，带动更多的伙伴进行种植。顺德的社区会结合儿童培养、长者关怀，组织亲子活动、采收分享，安排农园或花园园主与大家共同种植分享。除了社区内部的种植共学、交流活动，广佛地区还积极组织社区间的走访及交流。例如基金会A与基金会B都支持可持续生活及城乡互助，组织有兴趣的朋友相互走访、学习、交流以及实践种植。此类种植活动，多以共学为主，活动的组织以培育计划或者项目的方式执行。系列的种植实践及共学交流，可以提高社群凝聚力及行动力，拓展种植社群。这类计划在校园空间为载体的场所，也表现得比较明显。种植活动，按照季度或年度，融入教学课程进行组织，使得学生家庭形成比较广泛的交流与资源协作。

而艺文人士或者社会创新的实验尝试，也会以“种植”作为一个切入点策划活动或项目。例如F社区美术馆组织的系列活动中，社会植物学项目对于社区环境、植物、人、社会意识进行反思。通过系列的活动、展览，促成居民间的联系。而一些商业集团也会基于自身利益出发，将商业的公共空间与社区种植结合运营，融合慈善公益项目拓展自身的社会影响力。

四、广佛社区种植中社区关系网络建构的规律

广佛地区的社区种植有着多重背景，它们共同推动着地区的改造。由于不同的资源及起点，广佛地区各个社区或项目中，社区种植的形式会有较大差异。但整体来看，“种植”在新城镇化下建构社区关系的逻辑包括以下特点：

类似于人类在粮食生产过程中改变狩猎或迁徙的过程，“种植”对于社会介入，来自于对种植中与自然的协作。当社群或社区采取种植的方式去参与自然环境协作过程中，人与人会共同由天地物的自然节奏，形成自身群体行为的同步。例如节气影响下，大家会由自然的带领开始种植、播种等行为。同步性，一定程度带动大家的协同感。“种植”本身有着需要人们长续性的投入，也为人们持续性的协作提供了契机。而另一方面，固定场所的种植，会由于种植对土地、水、肥料营养以及天气变化的及时应对的需求，人与人会形成新的集体感及协作关系。

但是，现代的城乡生产、生活、生态的逻辑已经发生了非常大的改变。而农耕社会的转换过程，实际上就表明了对于脱离土地牵绊，拥有流动及时间自由的期待。因此，新城镇化下种植建构社区关系在传统逻辑下，种植协作关系有了新的逻辑。现有的种植社群，会基于种植经验、种植兴趣为基础集聚。传统种植中的场地、时间、种植能力、种植资源，会根据各社群个体的特长及特点，有更精细、更多元的协作模式。另一方面，大部分的现代种植生活的发展，“交流”“共学”成为关键的内在动机。特别是“种植”作为业余时间的生活方式下，它在生产价值外，更关键的价值来自其社区关系网络的建构。种植带来的生产产物以及种植过程本身的实践体验，往往也会成为服务交流的对象。因此，新的社区种植中种植产物、种植体验、种植技能经验如何分配、交流，一定程度上决定了社区种植长期持续的关键。

此外，对广佛地区居民自发形成的种植网络与政府或第三方机构推动的社区种植项目进行对比。前者的社群类型会相对简单，后者往往会从更大的社区关系出发形成更多的社群交流。比如前文提到的顺德的众多社区，一般都有健老人群、亲子家庭、社区特殊关怀人群的三方联动。而B基金会的种植项目，也是联动城市支教项目，组织城市中有热情的妈妈群体与外来务工妈妈和子女联动。一些高校及艺术项

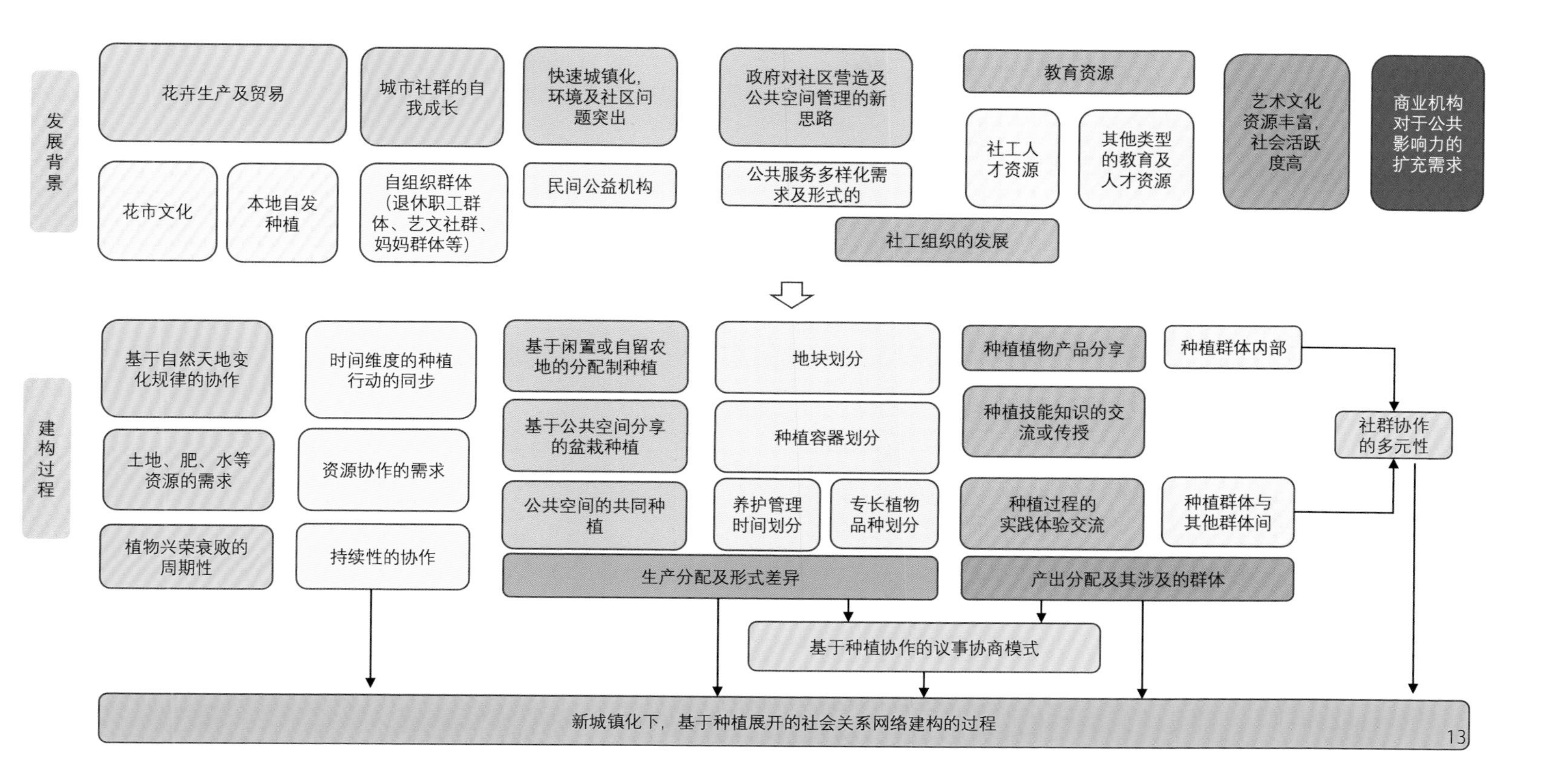

13 基于种植的社会关系网络建构过程

目，也在探讨相关设计、艺文资源与社区居民生活的联动。整体来看，第三方群体介入的社区种植，在一定程度上可以从更多元的层面对于空闲时间、闲置土地、社群资源进行了整合，是对地区更大程度社会关系的重构。

广佛地区与北京、上海、成都、深圳等社区种植较为活跃的地区相比较，其发展背景上具有一定的相似性。但由于资源优势、资源联动时机的不同，地区间的社区种植场景、行动方式各有差异，各地都形成了不同的社区种植特点。其中社区自发种植的特点决定了社区种植的社群基础；而种植资源整合的差异决定了社区种植的多样性。

五、结语：以孕育生命的方式，培育社区网络，缔造和谐社区

在人类的定居历史过程中，人与土地的连接，人与人的每一次连接都经历了漫长的过程。这是一个没有终点的过程。因而，在面对现代社区网络的建构过程时，以种植的思维去看待我们在土地或在社区播下的种子。持续性对于植物、土地、环境，对于人、社区进行关爱，是“种植”创造连接的方式，也是后续推动社区联动的挑战难点。

随着社区种植项目及活动的增多，未来风景园林行业还需加大“公众参与式”设计、种植管理维护人才的培养；随着政府及第三方机构对于社区花园或种植活动的推动，设计与园艺的大众科普培训，更是赋能公众，提升社区自组织行动力的关键；从宏观的地区社区种植来看，跨资源的交流、多元社区种植模式实验是推动更大层面社群交融、资源平等的关键；现行的公共绿化制度，尤其是在公共空间管理、市政绿化工作安排以及绿化资源经营方面，仍然有较多地方有待整合。

感谢华南SEEDING联盟成员及相关社区工作者！

参考文献

[1]詹姆士 科纳 论当代景观建筑学的复兴[M] 北京：中国建筑工业出版社. 2008.

[2]陆琦.李自若.时代与地域： 风景园林学科视角下的乡村景观反思[J].风景园林.2013（04）:56-60.

[3][美] 贾雷德 · 戴蒙德.枪炮、病菌与钢铁：人类社会的命运[M].上海：上海世纪出版集团.2006

[4]李自若.余文想.颜梦琪.韦通洋.郑敏澄.以种植为契机的乡村社区营造——以顺德霞石村社区实践为例[J].中国园林.2019.35（12）:34-39

[5]刘悦来.魏闽.范浩阳.社区花园理论与实践[M].上海：上海科学技术出版社.2021.1

[6]潘雯.严嘉慧.王梓璇.陈晓玲.李自若.广州市老旧社区自发性种植空间研究[J].绿色科技.2020（03）:9-15

[7]何志森.从人民公园到人民的公园[J].建筑学报.2020（11）:31-38.

作者简介

李自若，华南农业大学林学与风景园林学院讲师，秾 · 可食地景研究组负责人。

上海杨浦区河间路桥下空间微更新的设计共治

Co-governance of Space Micro-renewal Under Hejian Road Bridge in Yangpu District, Shanghai

毛键源 王润娴 王嘉毅
Mao Jianyuan Wang Runxian Wang Jiayi

[摘 要] 为推动社区规划、社区规划师制度的发展，2020年杨浦区规划资源局创新性提出培育青年社区规划师的“先锋种子计划”。大桥街道桥下空间是该计划社区更新的实践选点之一，围绕此选点，先锋种子开展了协同多方利益相关者的参与式规划，最终完成了四个方案的设计。本文以大桥街道的桥下空间更新中为例，论述其方案设计过程和最终成果。更新设计经过场地分析、多方需求调研穿插推动方案进展，具体方案从设计理念、交通流线、设计分区三方面确定整体框架，根据需求细化为公共活动区、生活休闲区和非机动车与停车区三个功能分区，为我国的社区更新实践提供参考思路。

[关键词] 社区更新；微更新；社区规划师；桥下空间；河间路

[Abstract] In order to promote the development of community planning and the system of community planners, in 2020, the Yangpu District Planning and Resources Bureau innovatively proposed the "Pioneer Seed Program" to cultivate young community planners. The space under the bridge of Daqiao Street is one of the practical selection points for the community renewal of the plan. Around this selection point, Pioneer Seed launched a collaborative multi-stakeholder participatory planning, and finally completed the design of four schemes. In this paper, the renewal of the space under the bridge of Daqiao Street is taken as an example to discuss its design process and final results. The updated design has been interspersed to promote the progress of the plan through site analysis and multi-party demand research. The specific plan determines the overall framework from three aspects: design concept, traffic flow, and design zoning, and refines it into public activity areas, living and leisure areas, and non-motorized vehicles and parking according to needs. Three functional zones, including districts, provide reference ideas for the practice of community renewal in our country.

[Keywords] community renewal; micro-renovation; community planner; space under the bridge; Hejian road
[文章编号] 2023-91-P-106

一、共治共建共享的城市微更新语境

为了更好地贯彻习近平总书记提出的“打造共治共建共享的社会治理体系”[1]的重要理念，2020年，在上海市杨浦区规划和自然资源局的主办下、同济大学建筑与城市规划学院与四叶草堂的承办下，杨浦区社区规划师创新性提出“先锋种子计划”，旨在集聚多方力量与智慧，征集社区微更新方案，并在过程中培育青年社区规划师，引导更多专业力量支持社区规划事业[2]。

其中，大桥街道—河间路（眉州路—宁国路）段的部分桥下空间是该计划的社区更新项目选点之一。在2020年9月到2021年1月这近五个月的方案推进过程中，先锋种子成员们在国内外专家学者的指导和引领下，开展了协同政府、在地居民、周边企业等多方利益相关者的参与式规划行动。在场地调研、十次多方需求会谈的穿插下，不断推进设计方案，最终为微更新试点项目提供具有可实施性的四个空间设计方案。本次项目总结将以其中的优胜方案为例，诠释大桥街道桥下空间更新设计全过程。

二、大桥街道桥下空间更新现状和问题

从城区范围来看，场地所在区位良好，交通便捷。基地位于杨浦区大桥街道，西起眉州路，东至宁国路、内环高架路，距离12号线宁国路地铁站直线距离约400m。

从社区范围来看，周围城市功能复合、人群多元。场地全长约300m，周围有居住区：284弄、馨运公寓、白领公寓、长阳新苑、檀悦101等；商业中心：碧桂园中心（建设中）、爱森肉食品有限公司、龙泽大厦等；学校：辽阳中学、阳浦小学等；以及街道公共服务设施，大桥街道为老服务中心。

场地的设计范围包括六个桥洞段的空间，编号1~6号，桥洞间距约20m，宽约7m，本次方案的主要设计范围为3~6号桥洞段空间。基地周边及内部现状如下：

（1）基地周边：基地两侧街道狭窄，仅有3.8m宽，因交通管制，河间路为非过境道路，车辆较少。南侧有大量老公房，居民的生活环境较差，缺少室外活动空间，街道上有大量晾晒和杂物、停车侵占街道的现象；端头的高架下的绿地较消极，且被围墙阻隔；北侧为在建的办公和高层居住建筑，基地直接毗邻绿化带，该侧界面活力较弱，人们不能进入。在这之中，与桥下空间直接相连的城市界面所在空间主要有三个，其一是基地北侧的碧桂园中心，紧邻北侧的2~6号桥洞界面；其二是南侧与1~2号桥洞相连的爱森公司；其三则是与南侧3~4号桥洞相连的284弄。这三个空间的所属方是与桥下空间关系最密切的三组社群。

（2）基地内部：桥下六跨空间的内部空间现状使用较为杂乱。其中，1~2号桥洞为开放状态，可供两侧来往车辆与行人穿梭，存在自行车乱停乱放的现象；3~6号桥洞被围栏围了起来，隔断了两侧的联系。其中，5~6号桥洞空置；3~4号桥洞被南侧的284弄居民使用：用作停车、晾晒、日常活动等功能。

三、多方群体的共同协商

自先锋种子成员开展大桥街道的设计，随着方案的推进，不断与场地多方利益相关者进行沟通，首先

是确定与该空间具有紧密关联的利益相关者，然后是展开多方共谈会，最后对这些沟通进行结果分析。

1.利益相关方确定

大桥街道桥下空间涉及到的利益方广泛，从政府部门来看政府相关各层级部门，包括杨浦区规划资源局、区交通局、区建管委、区绿化市容局、区财政局、区地区办、大桥街道，平眉居委会等于此均有关，大桥上下的空间的权属是属于区交通局，不过桥下空间是托管给大桥街道办事处的，因此政府部门中利益最相关方便是大桥街道，其次便是区绿化市容局、区交通局和区规划和自然资源局；从企业机构来看，周边企业众多，不过与大桥空间具有直接关联的是碧桂园、爱森集团，这些企业的出入口直接与大桥街道的1号和4号空间关联。从居民来看，大桥桥下空间附近的住宅区有馨运公寓、龙泽大厦和284弄居民区，但是只有284弄居民区是直接面向桥下空间的，其余住宅区的出入口均不在河间路上。相关的机构还有辽阳中学，由于其整体管理较为独立自成体系，而且出入口也不在河间路一侧，因此并不是本次更新空间的主要利益相关者。接下来的多次沟通会主要以这些群体为目标和对象展开。遵循自下而上的方式，首先举办了居民在地工作坊，而后是企业座谈会，最后是街道，多方共谈和设计方案汇报。

2.多方沟通的历程

五个月内以工作坊、座谈会、访谈、汇报会等形式开展需求调研共计十次。包括前期的需求阶段、中期的设计反馈与细节商定阶段、后期的成果汇报阶段。其中重要的几个节点如下：

（1）9月大桥街道项目组成立。全队成员进行第一次现场的调研工作，主要明确桥下空间使用对象和设计范围。在十一期间，三个小组共同组建立起工作坊，通过展板宣传和互动活动来进一步了解居民需求，发现居民主要问题：晾晒、停车和休憩。这些也成为的一个核心要点。

（2）10月是企业沟通阶段。第二次的企业工作坊建立，主要同除居民以外其他周边企业，如爱森肉企业、碧桂园绿地中心等，进行沟通来明确企业对桥下空间的想法。这些企业主要围绕与其相关的出入口车流和正对大门的桥洞表达需求。

（3）11月是多方沟通的优化方案阶段，并将设计同社区规划师、街道、企业和居民共同分享，就利益关切的空间交换意见，居民关注停车、晾晒和休憩，企业关注出入口车流和桥洞形象，街道关注建设资金和后期运维。

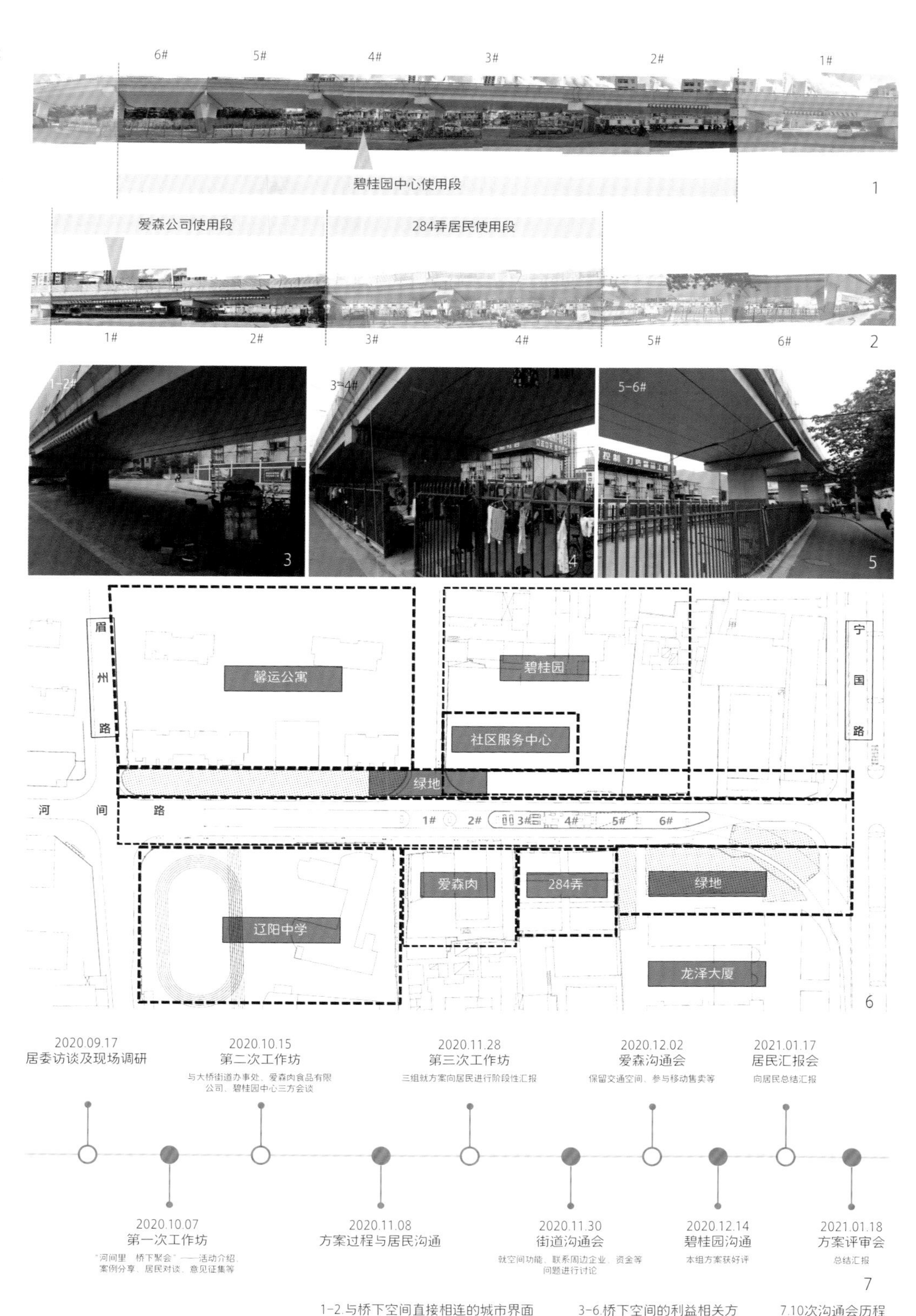

1-2.与桥下空间直接相连的城市界面　3-6.桥下空间的利益相关方　7.10次沟通会历程

（4）12月是多方共同汇评阶段。三个小组第三次工作坊搭建完成，三组方案以展板的形式向284弄居民进行非正式汇报，整体方案得到居民认可，第四小组的设计方案名称在和居民的沟通下明确方向：河间里 · 文化家园。12月3日和5日分别同街道和爱森肉企业进行方案的沟通交流，得到新的建议。目前设计方案在有序向细部细化并重新梳理进行中。

3.多方沟通的结果

经过多方共谈，我们得到如下沟通结果：

政府方面，大桥街道办事处的核心需求是解决场地内的共同管理问题，包括桥洞分布上分功

8–9.方案推动历程
10.设计分区
11.公共活动区平面图
12.公共活动区透视图
13.生活休闲区平面图
14.生活休闲区透视图
15.非机动停车区平面图
16.非机动停车区效果示意图

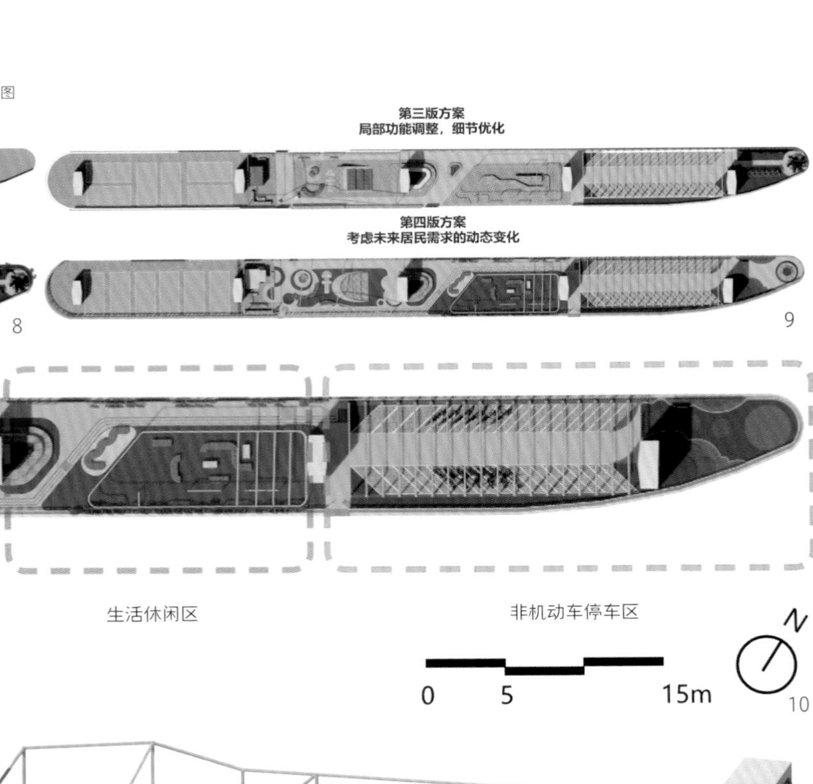

8　9　10

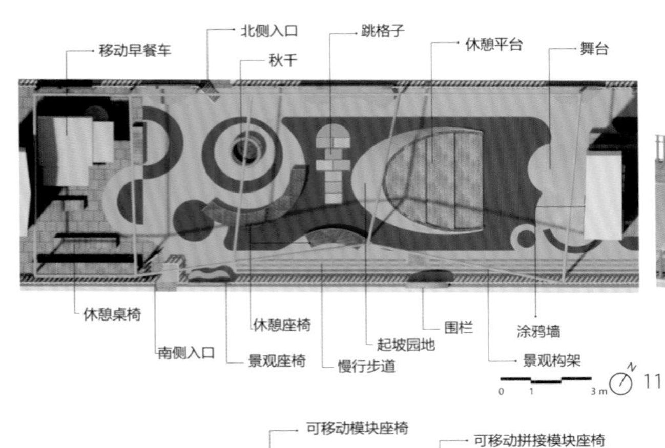

11

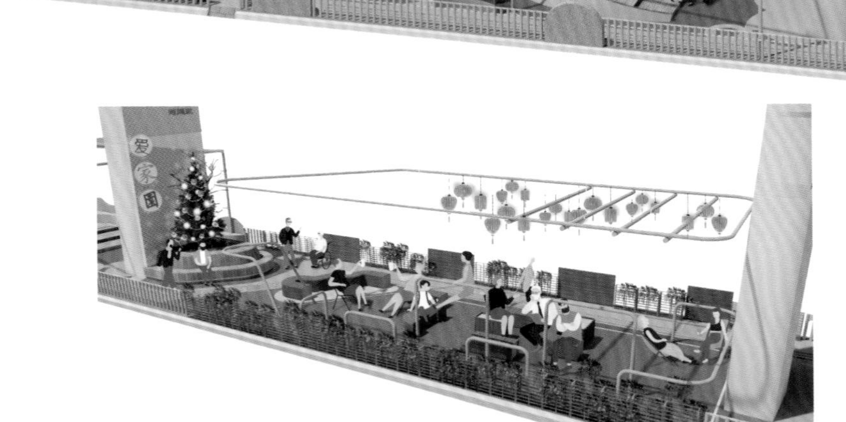

12

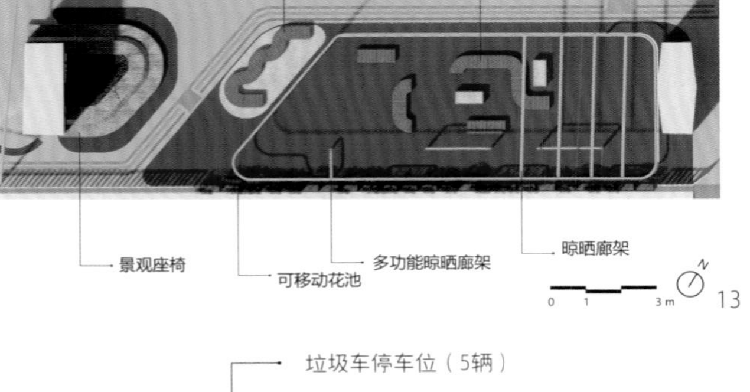

13

14

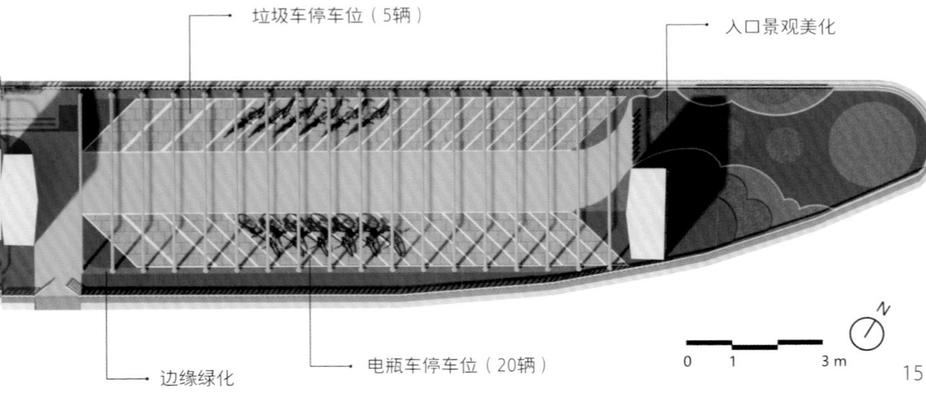

15

16

能避免非机动车进入，鼓励社区自治，完全开放以后管理方面问题需要解决，政府、企业和居民共同管理的可能性。区规划局的核心需求是满足多方共治的设计实验，探索共建共治共享，包括希望提供看得见的、用得到的空间方案，考虑爱森和碧桂园的空间需求上的互补性，以及大家需求的一致性，与街道的自治办、管理办做深入交流，配合街道管理。

企业方面，碧桂园的核心需求是连通性及企业形象提升，包括完善桥下空间功能（如早餐车），打通桥下南北侧的步行道路，为老服务中心与桥下空间的步行连接。爱森企业的核心需求是桥下交通管理及企业形象，包括疏通渭南路的车行通道，桥洞交通管理，品牌宣传，建有与社区企业合作的空间。同时两家企业都可以为后期桥下空间的运维提供支持，将企业自身的物业服务提供给桥下公共空间。

居民方面，社区居民的核心需求是公共空间活化，包括固定机动停车位、若干非机动车位、休憩、活动、康体设施、晾晒空间、健身器材的安全问题、出入口管理和限制外来车辆等。

四、多方协商的共同设计

经过多轮与场地相关的多方利益相关者的讨论，根据在地居民、企业、区及街道政府相关部门的主要诉求。以此为依据并结合场地现状，不断推动方案进展，并生成最终设计方案。具体方案从设计理念、交通流线、设计分区三方面确定整体框架；并不断根据需求细化每个分区的设计内容。

1.三个设计原则

本方案在设计上，遵从网络的通达性、实施的战术性、功能的多元性等设计理念。

（1）网络通达原则：方案希望把大桥空间设计成为联系场地南北两侧与周边社区空间的枢纽，同时自身也具有可达性，成为能聚拢人气的社区活动中心。

（2）战术实施原则：方案在实施和成果实行战术性策略，即设计不是“面面俱到”“事无巨细”而是适当“留白”，使方案具有面向居民需求的灵活性和面向未来变化的适应性。居民可根据使用一定程度上自主改变空间；同时，在后续使用中亦方便根据未来变化增加或改变设计，渐进式调整场地空间状态，使之趋于完善。

（3）功能多元原则：方案希望在设计中面向多方利益社群，满足多方功能基本需求。同时，可以容纳多职业，全年龄，社区工作、居住等各类人群，以及多种形式的活动。

2.提升可达性和公共性的交通流线

在交通方面，为了满足爱森企业与碧桂园企业的通达性要求，设计打破大桥原本封闭场地南北两侧的现状。在1~2号桥洞作为机动车联系南北两侧的通行道，3号桥洞做联系碧桂园与引桥对面道路的步行道。在此交通组织下，两家企业、周围的城市空间的连通性都得到增强，企业诉求得到实现，场地可达性、公共性亦随之提升。

3.三类设计功能细分

在交通流线的制定下，与周边城市空间相配合，以桥墩为边界，将主要设计场地分别五个功能区：1~2号桥洞打开作为机动车交通；3~6桥洞用围栏围起，设置固定出入口，方便管理。其中，3号桥洞作为周边居民的机动车停车；4号桥洞连续南北两侧道路，公共性较强，作为周边社区内企业与居民的公共活动场所，可容纳多元的活动；5号桥洞直接与284弄居民毗邻，将作为主要为284弄居民的休憩社交场所；6号桥洞位于引桥尽端，用作非机动车停车空间。依据上述多方需求的具体内容，不断深化4~6号桥洞的设计细节。

（1）公共活动区

4号桥洞是面向周围社区的公共活动区，同时也是碧桂园可穿越南北两侧的步行通道。在本区域内，设置了能容纳多类人群、多种活动的空间功能，可以满足社区内大部分居民、企业员工的公共空间活动需求。同时，碧桂园企业作为主要利益相关者的所有要求亦得到满足：西侧的早餐车可满足碧桂园员工需求；舞台也可作为他们开展小型公共活动场所，较好地契合该企业的形象。

（2）生活休闲区

5号桥洞的公共性稍弱，是主要面向284弄居民的活动空间。在本区域内，设置了较为安静的空间功能。可以满足社区内大部分居民休憩、聊天等活动需求。同时，284弄居民作为主要利益相关者的要求亦得到满足：顶部、地面的多功能架子可以供居民晾晒，亦可供老人锻炼身体；场地内的家具灵活、可移动，方便居民自由组织。

（3）非机动停车区

6号桥洞为非机动停车区，解决弄堂停车难、桥下乱停车的问题。经过访谈调研，本次设计中，提供三轮车位5个、电瓶车40个；并做适当美化，给提供桥下空间的入口标识。

五、结语

在社区微更新过程中，涉及多方利益相关者，本次设计以大桥下微更新的方式，通过先锋种子，这一专业力量的介入其中。并在政府各部门整体协调下，在相关居民、企业、政府多方参与下，通过多次沟通会不断收集多方意见，平衡多方利益，并在此基础上生成方案。具体方案遵从网络的通达性、实施的战术性、功能的多元性等设计理念，通过交通流线与功能分区制定框架，根据多方需求，精细化设计每一个具有相对独立属性的功能分区，最终在空间设计与治理两方面完成本次社区微更新。综上所述，此次参与式社区更新是一次针对社区空间微更新的有意义的探索。

不过，这次设计共治实验仍然有一些不足之处，尤其是在资金维度上。建设资金一直是更新中的重要因素，本次设计共治实验并没有对资金进行多方协商，因此也导致后期完全依赖于街道的资金。但是，由于遇到疫情和财政紧张等问题，街道的资金尚没有着落。实际上在资金的维度上同样应该多方共治，争取从基金会、企业和居民等各方筹集细小部分资金，展开阶段性的建设实施，逐步推动微更新。

参考文献

[1]中国共产党上海市第十一届委员会.中共上海市委关于深入贯彻落实“人民城市人民建 人民城市为人民”重要理念,谱写新时代人民城市新篇章的意见[R].上海：中国共产党上海市第十一届委员会第九次全体会议，2020

[2]招募!2020年杨浦区社区规划微更新方案征集——先锋种子培育计划学员招募[EB/OL].https://mp.weixin.qq.com/s/wE1e_-kY0B-asPDrV_eqfw

作者简介

毛键源，同济大学建筑与城市规划学院博士后；

王润娴，同济大学建筑与城市规划学院博士研究生，通讯作者；

王嘉毅，联创设计助理建筑师。

基于社区花园的上海社区营造实验

Community Empowerment Experiment Based on Community Gardens in Shanghai

刘悦来 尹科娈 孙 哲 毛键源
Liu Yuelai Yin Keluan Sun Zhe Mao Jianyuan

[摘 要] 多元主体的参与营造是城市可持续发展的必由路径。四叶草堂基于社区花园展开了四个阶段的社区营造实验，首先是打造以创智农园为代表的枢纽型社区花园，其次是面向公众推广普惠型的社区花园，然后是通过政社共力推动社区花园网络化，最后实现社区花园从单点到网络的空间拓展。当下由于仍然存在制度保障缺失、共建意识缺乏、公私边界模糊等问题，接下来仍然需要促进社区营造中成长性、包容性和协同性的发展。

[关键词] 社区花园；社区营造；公众参与；四叶草堂；创智农园

[Abstract] The participation and construction of multiple subjects is the necessary path to urban sustainable development. Shanghai Clover Nature School, based on community garden opened four stages of the community empowerment experiment, the first is to build a hub type community garden represented by KIC Garden, the second is to promote inclusive community gardens to the public, then through the joint efforts of government and society to promote community garden network, finally to realize community garden space extending from single point to the network. At present, there are still some problems such as lack of institutional guarantee, lack of consciousness of co-construction and the blurred boundary between public and private, etc., which still need growth, inclusiveness and synergy in community construction.

[Keywords] community garden; community empowerment; public participation; Shanghai Clover Nature School; KIC garden

[文章编号] 2023-91-P-110

一、背景：始于对快速生产的城市公共景观的反思

1.现代主义的城市景观建设

2015年5月15日，上海市政府发布了《上海市城市更新实施办法》，被认为是城市更新从增量开发转向存量更新的里程碑文件。在这一风向标的指导下，各级政府与社会多元主体均以不同的方式参与城市更新，其中实践时间较长、社会影响力较大的案例来自一家上海的非政府组织即四叶草堂，一个从景观设计专业发展而来的多元背景的团队，以参与式社区花园作为抓手，将公众参与结合城市更新共同推动上海社区花园网络的建立并探索城市更新可持续发展的途径。

2.社区花园所倡导的生命价值

社区花园把人拉回生活的日常，打破消费与生产、专业者与普通人、成年人与孩子与老人之间的割裂。在城市快速发展让生活充满不确定和游离感的当下，社区花园尝试建立一种包容性的社区秩序，用双手劳作、与邻里相互支持，提供可以获得身心一致的真实感和确定感的空间。

二、案例实践

社区花园网络通过空间更新和拓展来实现社会整合，将自上而下的行政力量与自下而上的社区力量连接起来，共同转化为城市更新的行动者。2014年12月，上海“四叶草堂”在企业的支持下在一条火车轨道旁建成了第一个“火车菜园”，至2021年初，由专业者参与设计营造的花园达120个，培训赋能支持的花园达700个。这个组织的愿景是在2040年支持社区实现2040个社区花园。

上海社区花园网络发展至今经历过三个阶段：

阶段一：探索枢纽型社区花园模式，并打造案例（2014—2018年）；

阶段二：整理社区花园的经验对外输出，开展理论与实践培训（2018—2020年）；

阶段三：系统性社区花园网络化建构（2020年至今）。

1.初探以创智农园为代表的枢纽型社区花园模式

在上海的世纪公园、火车菜园、前小桔农场等不完全开放给公众的空间尝试社区花园的理念之后，四叶草堂坚持社区花园应该是可以完全面向所有公众开放的信念。终于在2016年，在瑞安房地产的支持下有机会在上海市杨浦区五角场街道创智天地开放街区内一块2200m^{2}的闲置边角料空间打造“理想中的社

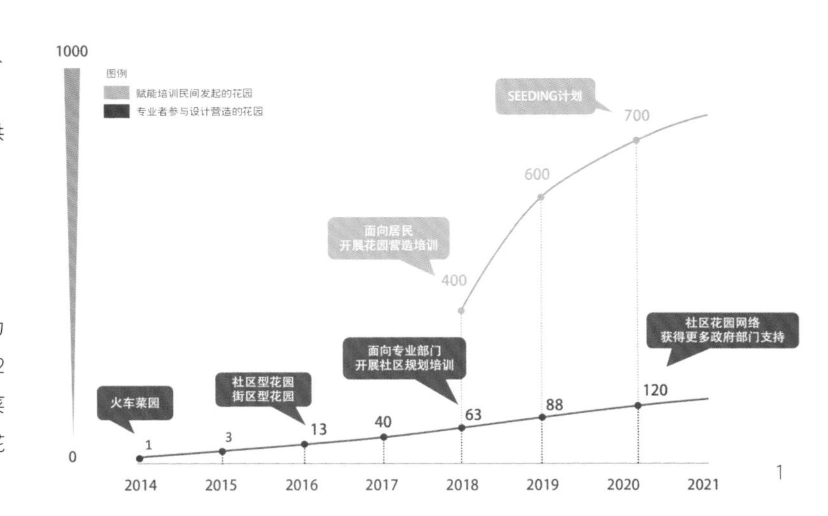

1.上海社区花园数量发展图表

区花园”。

从2016年至今，创智农园基本实现了自我造血，并成为全国社区花园最成功的案例，平均每天都会有全国各地的参访团队来学习和交流。

（1）打造社区花园的“样板园”

为了能更好地在上海乃至全国推广社区花园，首先需要让大家对这样一种共建共享的价值观有五官体感和情感上的认知。四叶草堂团队将创智农园打造成社区花园的样板园，所有能在其他社区推广的不同主题和不同空间尺度的社区花园都是在创智农园进行实践和展示之后，才会被应用的。例如“生态主题”下的乡土植物搭配、水景设计、小品设施等；“可持续主题”下的废弃材料再利用、模块花园等；“公众参与主题”下的儿童游戏场、大众花园等。

创智农园的“样板园”功能不仅仅体现在空间上，还体现在所有非空间的层面，包括管理类的各项制度和公约、科普类的知识与可视化传达、活动类的组织和工具包。创智农园像是一个不断运作的智库，积攒了社区花园相关的信息和经验，并不断输送赋能给其他社区花园。

管理类：志愿者公约与管理制度、导赏员培训与管理、社区伙伴培养计划等；

科普类：廿四节气种植卡、种子种植卡、十大生态元素、朴门永续生态等；

活动类：一小时建花园、社区花园节、农夫市集、小小规划师、社区读书会等。

（2）以NGO为运维主体，多元主体相互支持

身处多样化的混合街区，因为周边靠近高校，有不同类型的居住小区。还有知名的商业街和高新技术公司，创智农园在社区中形成了以NGO为运维主体，学校、企业、政府等多元主体相互支持的有机系统。全方位支持创智农园的实践经验能在上海其他社区得以总结推广和复制。

由四叶草堂为代表的NGO目前是农园的主要运营者，与社区志愿者一起负责农园的日常运营，以及承接少量的基层政府采购项目支持社区发展；同时，四叶草堂引入同济大学社区花园与社区营造实验中心作为学术支持，负责与高校、研究院、市区级政府合作以创智农园为研究对象的课题，为学术研究领域提供最前沿的实践案例，并反哺农园自身的发展；因为以不依赖政府采购实现可持续发展为目标，所以创智农园在主张“公益并不是免费”的同时，也在积极和企业寻求合作，开展面向消费者的自然教育、定制活动策划、会员服务等活动。

（3）从社区花园到社区规划：社区参与的程度逐渐加深

公众的参与如何自下而上撬动政府和社会的资源，这个过程本身伴随着逐渐深入的公共信任与社会参与。创智农园作为上海第一个公共空间的社区花园，从一道“魔法门”的墙绘变成围墙上真实的社区人口，这个社区经历了整整三年的时间。社区花园信任社区成员的参与能力，支持公众的想法整合更多社区资源，让自上而下的社区治理需求与自下而上的民众参与愿望都在这里

2.创智农园多元参与的结构

3.2016—2021年魔法门到睦邻门的演变

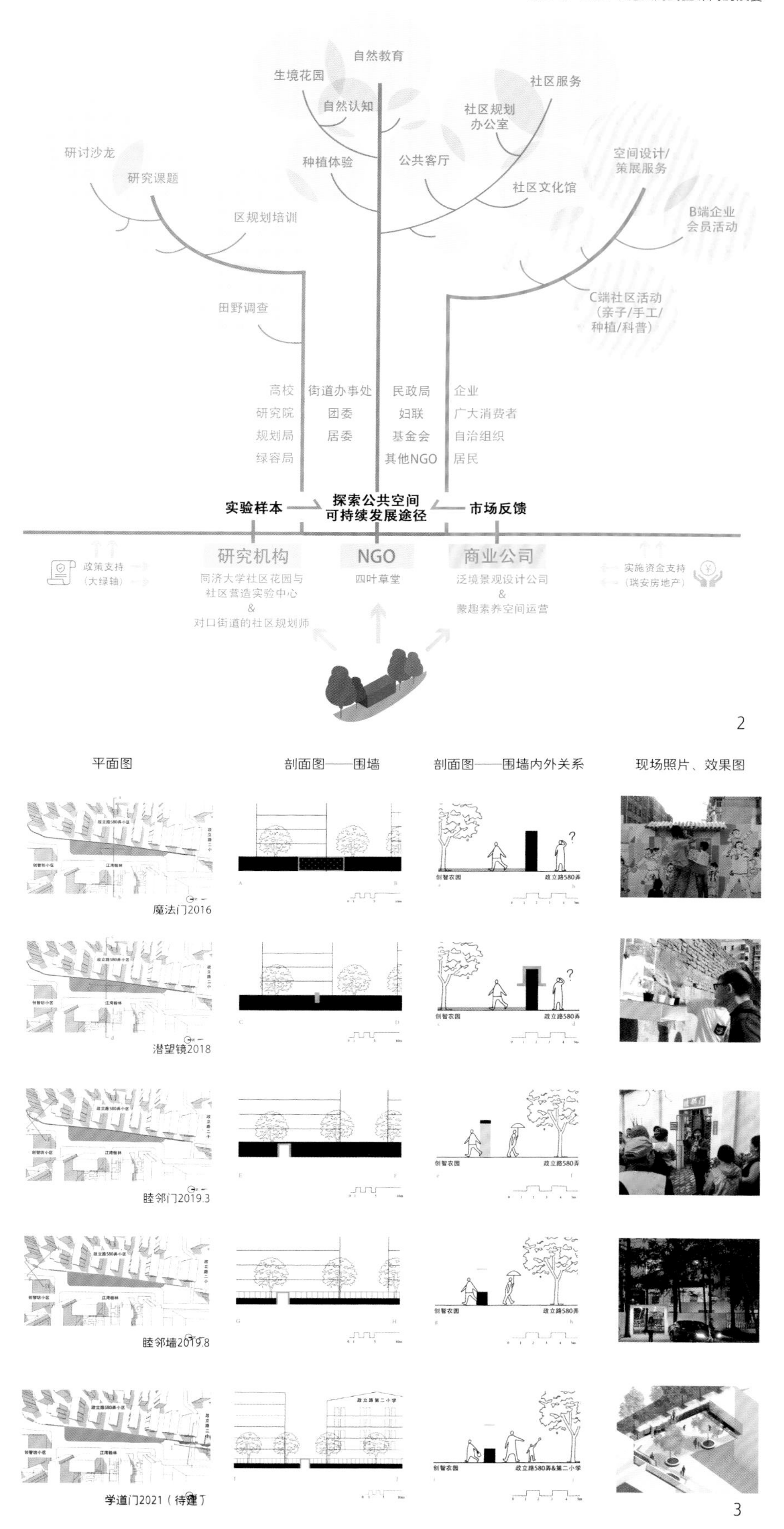

4.空间布局变化　5.东明路街道案例中各主体参与结构　6.2021年初孩子们自己设计建造的欢乐游戏场

有实践场景。

2016年夏天创智农园刚刚建成，位于新旧两个社区之间高高的实体围墙边的狭长绿地。社区艺术家发起了一个涂鸦项目，在居民的支持下，围墙上出现了一个画满社区愿景的“魔法门”，从那时开始，一个魔法的种子在大家心里种下。

2017年至2018年，四叶草堂引人同济大学建筑与城市规划学院的师生以大创智社区作为自己的研究对象，还邀请了多位不同专业背景的研究者，以新旧社区的融合以及空间提升为目标开展了多次工作坊和课题研究。其中有两个事件发生，一是2018年4月基于两个月的调研和参与式设计面向全体居民举办的社区互动日，征集广泛居民的意见，有超过500名居民参加，二是2018年7月在围墙上架起一个潜望镜的艺术装置在视觉上连通了两个社区，这些公众参与的事件促进了居民心中的种子萌发，让他们意识到自己的声音有被听到，自己的社区有改善的可能，还会开始对围墙另一面的生活产生好奇，对围墙开门产生期待。

2018年底，在街道、高校、社会组织、居委会、居民代表共同努力下，老社区获得了一笔区级财政资金用于改造社区环境，并在2019年3月在新旧两个社区之间开了一扇简陋的小门，把原本要步行20分钟的路程缩短为3分钟；自下而上推动的围墙开门的事件得到了上海市领导的重视，2019年8月，两个社区相接近100m的围墙变矮透空，简陋的小门也得到了更新升级。

2021年4月举办了新一轮的工作坊计划在社区最北段围墙再开一扇门，目前居民的观点还没有达成一致，后续还需要调研和讨论，让利益相关方进行更多的对话。

2.面向公众的推广普惠型的社区花园

2016年之后，社区花园的出现给社区公共空间的更新提供了新的思路，在保证合法性和公共性的同时，个人的创造性和能动性也能得以实现。基于以四叶草堂为代表的社会组织、高校研究团队等机构持续探索，上海社区花园在发展一个个社区花园参与式设计与营建的同时，也开始了多个花园成组团设计培训与营建演练、理论与实践工具包和出版社的开源共享，还有在社区规划师、小小规划师等培训方面的探索。其中，由四叶草堂团队撰写的《社区花园实践手册》销售已经过万，组织超过1000场社区花园工作坊，有效地改善了公共部门对居民私占公地现象一刀切的做法，支持个体都能成为行动者。

如何吸引城市中忙碌的人们停下脚步关注自己的社区，上海社区花园选择以孩子作为纽带联结亲子家庭参与社区事物。在社区花园中给孩子们留有一片自己去探索、发现和创造的自然空间。在这片小小的自然里，孩子们可以自己创想未来的理想社区、双手触摸着泥土种下种子、光着脚丫在水稻田里插秧、打着手电筒在黑夜里观察昆虫。在花园里长大的孩子，应该对生活更有观察和感受力，更理解一分耕耘一分收获，更会对待生命有同理心和关照能力，更会能适应社会的交往方式，这是社区花园的答案。

孩子作为纽带能把社区里的成年人连接起来。2018年，创智农园周边的一群家长们不想把孩子送到培训机构，在四叶草堂的支持下成立了社区互助夏令营委员会，通过社区共创的方式，委员会成员分布担任后勤保障、物料采购管理、课程安排、社区志愿者安排等组织管理的工作，邀请社区的妈妈们担任课程老师，社区里的大孩子担任助教、周边学校食堂负责配送午餐等，开启了社区共享养娃新模式。社区互助夏令营有越来越多的社区资源加入，2018年至今（除了疫情最严重的2020年）每年夏令营都人数爆满。

人们开始关注社区，赋能个体成为行动者便是下一步的挑战。2020年在整个社会停摆的疫情期间，四叶草堂发起了社区花园Seeding邻里守望互助计划，一方面提倡在种植中体验生命过程——种子破壳发芽的脆弱苦楚、苗株生长的生命力、花朵绽放的惊艳，以及土壤本身也是生命——基于城市绿化和收成食用的简单功利性。另一方面将种植营造为共同学习，拓展为社区花园的参与式设计和自管理，让生活在城市中的人能善意地感知身边的环境和人的存在，由此建构公共性中的温柔。Seeding计划以种子和植物为媒介传播和重建信任，通过线上赋能、开源种植工具包、定期组织线上交流等方式，共支持到来自全国的1000多位伙伴加入Seeding计划。在这个过程中，不仅仅是社区，企事业单位、学校、商铺等各类主体均有所行动。他们在自己的社区传递信念与力量，连接着人心，也为后疫情时代的社区生活创造了一种互助和可持续的生态关系。

3.政社伙伴关系的建立推动社区花园网络化

2020年四叶草堂以浦东新区东明路街道为试点，探索以自上而下的方式推动社区花园制度化建设的模式。基于广泛调研之后，街道政府与四叶草堂完成了顶层架构和空间规划（三年期），并以此作为指导，开始了能力建设和空间建设相结合的实践。具体做了以下四个步骤，目前东明路街道正在逐渐完善技术上、制度上、资金渠道上等多个条线的支持网络。

第一步：政府内部成立社区花园专项小组：街道党工委书记牵头，街道管理办、自治办、团工委等与社区规划有着密切关联的内设机构青年干部组织起来，建立青年社区规划和社区花园小组。定期同步社区花园网络的进展，共享资源与信息。考虑到部分创新型项目没有相应的经费出口，以综合事务办公室负责统筹与经费保障，落实责任主体。

第二步：利益相关者的多层级赋能：除了政府内部的专项小组，街道在各个居民区深度挖掘具有专业背景又积极投身于社区发展事务的在地青年社区规划师，建立社区规划师先锋队。与此同时，采取居委推荐、居民主动申请双向结合的方式，建立居民区内部的社区规划小队，并结合小小规划师夏令营等形式鼓励亲子家庭也参与社区规划与社区花园的提案。

政府的各级成员、青年专业者、社区成员、社会组织代表在参与以空间更新作为载体和公共议题的过程中，四叶草堂辅以民主议事、公众参与和空间设计的理论支持和工具指导，不同角色各司其职相互配合，在实践的过程中对社区花园与社区规划产生更深的理解，并共同完成社区更新的提案。

第三步：基于公共文化艺术节向民间募资：公众参与完成的提案的落地方式，除了申请政府财政支持，四叶草堂通过与联劝基金会达成专项合作获得公募权。计划在全街道开展公共文化艺术节，一方面让公众可以共同参与文化艺术空间和活动的共创，促进社区共识的形成，另一方面也是能为社区花园和社区规划提案募资，推动实施落地。

第四步：以建立制度性保障为目标：上海社区花园网络在处理与政府和民间的关系上，借力政府在制度建设上的保障力量又不依附于政府，重视民间无穷的创造潜力也能意识到松散的局限性。为了支持社区花园与社区规划能更可持续的发展，以同济大学为代表的学术研究团体正在以此为课题，推动常态化的制度的建立，具体包含以下内容：

（1）第一年以10个重点社区为试点，第二年形成可推广的社区花园经验后再复制至38个社区。

（2）给积极参与社区花园和社区规划的居民颁发“人民社区规划师”聘书，约定其参与社区事务的职责边界与权益，每年进行复评。

（3）三年内有一定的财政资金支持到赋能团队、专业团队、社区居民。

（4）人民社区规划师的社区更新提案实施经费需要有多元性，政府、企业捐赠、民间众筹多管齐下。

4.空间拓展：从单点发展成网络

在空间布局上整体呈现两个方向的趋势：第一个趋势是出现了面积小数量多分散分布的小型社区花园。由社区爱好种植和关心社区的人在获得一定许可的情况下（公共空间属于全体业主，社区花园一般来说需获得空间管理者如居委、业委的支持），从宅前屋后的小空地着手，通常是5~10m^{2}的小花园。据不完全统计，上海有超过700个小型社区花园。第二个趋势是出现了集中且结构化的社区花园网络。在一个街道行政区划内有大中小型的各类社区花园的有机组合。基层政府逐渐意识到社区花园的价值，并且可以作为将空间更新和社会治理融合的抓手，开始自上而下地推动社区花园网络的建设。政府把社区花园视为一种公共空间微基建，先在辖区范围做一轮广泛的社区调研，结合政府计划、居民和专家意见形成一版规划作为指导。有机地将街区公共绿地（500~1000m^2）、小区中心绿地（200m^2）与居民宅前屋后的小花园整合成网络。

三、问题分析

1.缺少常态化的制度性保障

虽然在东明路街道已经开始制度化的探索，但是在上海大多数地区都是以项目制的方式开展社区花园，这些项目制的花园往往重空间而非培育人，并且因为政府财政批复原因几乎都是一年内甚至是半年内的项目。项目制的方式还往往和政府官员中的决策者的价值观和喜好相关联，导致社区花园的项目会随着认可社区花园的政府官员的人事调动而发生转移。

而社区花园网络的形成往往需要3~5年时间，在地的力量能逐渐成长起来，作为载体的社区花园也能一点点焕发生机，而不是一蹴而就地“被设计出来”。这个困境需要将社区花园涉及人、财、空间等方面的问题都通过制度化确定下来，从而为社区花园的长期可持续发展创造良好的环境。

2.共治共建共享模式采购式空心化

上海社区花园初期是以政府单一部门采购的方式生长起来，容易形成政府购买社区组织服务输送给社区，社区被动接受的局面。虽然有呈现多方参与的趋势，但整体依赖以第三方组织为枢纽联络各个相关方提供服务的状态，造成信息和资源不对等，调动的资源和影响力只集中负责对接的部门权限范围之内。核心的原因在行政部门成员是家长式的给予思维，没有深入了解社区需求，同时社区居委会和居民把第三方组织的加入视为理所应该，甚至认为是行政任务。

3.公共空间中“公与私”边界不清晰

社区花园在“官方认证”和“个体游击战”之间扮演重要的缓冲调和角色，承接政府部门对于城市更新的空间颗粒度越来越细，以及空间可持续性的要求，也引导着社区居民游击战占领绿地的方式向公共性转变，并协助其正当合法地生长发展。

但由于政府的精细化管理程度无法关注到社区的“缝隙”，属于国家或者集体的公共用地长期被居民“私占”改造为私人阳台或私人菜园。政府及相关的管理单位，如居委、业委、物业等，常以“一刀切”的方式对待私占公地的现象，抹除了在绝对公共和完全私有化之间更多的可能性。长此以往，社区各利益相关方在探讨这些可能性的时候——关于“公与私”如何划分如何相互补充的空间——对彼此的权责利边界不明晰，导致信任的伙伴关系难以建立。

四、总结与展望

1.成长性：持续性探索与实践

不管是政府、社会组织还是公众的转变，都有赖于一步一个脚印的实践，在探索和实践中不断总结经验形成新的思路，推动社区花园网络朝向更有机生态的方向发展。社区花园在上海的快速发展形成网络，背后是各个主体在自己关注的领域持续不断地思考和尝试的结果。上海市政府持续探索公众参与城市建设的尺度和方式，2021年8月25日发布的《上海市城市更新条例》明确提出“建立健全城市更新公众参与机制，依法保障公众在城市更新活动中的知情权、参与权、表达权和监督权。”与“探索建立社区规划师制度，发挥社区规划师在城市更新活动中的技术咨询服务、公众沟通协调等作用，推动多方协商、共建共治”；以四叶草堂为代表的社会组织，也在不断调整自己的角色与定位，从设计支持到技能培训，再到现在以建立公众支持系统、开源课程架构为主要方向。

2.包容性：公共空间引导都市审美和价值观的转化

社区花园的包容性，体现在尊重城市是自然的一部分。社区花园是对“设计出来的精致生活”有一种抵抗与反对，通过自身作为案例呈现公共空间本身和植物动物一样也是有其自然生长规律，需要被看到和尊重。我们生活的城市和社区本就是自然不可分割的一部分，不要把“自然”工具化地视为那些精心修剪后被用作提升城市形象、完成创城指标的工具和摆设。社区花园根据自然界的生长规律进行种植，不用农药化肥，希望以此能引导公众理解植物有一年四季的生长与衰败，花园也是一样，享受春天的生机和秋天的收获的同时，也要学会欣赏夏天的酷暑与冬季的凋敝。把植物、花园看作是一个生命，也会影响每一个个体看待自己生命的方式，努力从环境汲取能量向阳生长，顺应天时，接受生活中的不确定性。

3.协同性：多元主体间的深度合作

上海社区花园初期是以政府单一部门采购的方式生长起来，容易形成政府购买社区组织服务输送给社区，社区被动接受的局面。虽然有呈现多方参与的趋势，但整体依赖以第三方组织为枢纽联络各个相关方提供服务的状态，造成信息和资源不对等，调动的资源和影响力只集中负责对接的部门权限范围之内。核心的原因在行政部门成员是家长式的给予思维，没有深入了解社区需求，同时社区居委会和居民把第三方组织的加入视为理所应该，甚至认为是行政任务。

社区花园网络让不同主体共同参与实践，在公共议题的对话和公共事件的共同经历中，促进行政力量深入社区成为积极行动者，以带动各个主体思考自己扮演的角色和能力，加深对“责任和权利”一体化的理解，从而促进不同主体之间从原来服务与被服务方的关系转变为协同合作的关系。

虽然还有很多社区公共空间受到现实条件的约束没有被改善；虽然还有很多社区花园正面临着各种各样的阻力和困境，但是社区花园网络通过系统化的支持和实践案例的呈现，向公众不断传递一个信念：我们每一个人对于我们生活的城市和社区的自由、多样、美好的诉求和想象，都是有渠道去表达，有能力去提案，有权利去改造的，这个城市也会因此而更有希望和未来。

作者简介

刘悦来，博士，同济大学建筑与城市规划学院副教授，上海城市更新及其空间优化技术重点实验室社区花园与社区营造实验中心主任，上海四叶草堂理事长；

尹科娈，上海四叶草堂研究专员；

孙　哲，上海财经大学社会学系助理教授；

毛键源，同济大学建筑与城市规划学院博士后。

城市天际线要素分析与导控方法初探
——以上海市静安区为例

Method Exploration of Urban Skyline Guideline Control and Elements Analysis —A Case of Jing'an District, Shanghai

莫 霞 管 娟 罗 镔
Mo Xia Guan Juan Luo Bin

[摘 要] 天际线与城市形象特色、整体风貌打造，以及品质提升等密切相关。凸显方法创新、实施对接，通过进一步深化空间属性研究、结构引导认识、多维分析手段、城市空间特色研究，充分认识、解读和分析上海市静安区的天际线要素构成，形成静安天际线的总体解析框架，并针对有利于天际线优化的具体地块与街坊，提出紧密衔接规划管控和指引的规划建议，可以有效促进城市更新过程中相关项目实践落实与建设管理。

[关键词] 天际线；要素；方法；上海市静安区

[Abstract] The presence of the skyline is closely bound up with city characteristics, overall scene and quality improvement. The methodological innovation as well as the specific implementation of the alignment are highlighted. By further deepening the study of spatial attributes, structure-led understanding, multi-dimensional analysis tools, and study of urban spatial characteristics, the skyline elements of Shanghai's Jing'an District are fully recognized, interpreted and analyzed, and a general analytical framework of the Jing'an skyline is formed. For the specific blocks and areas that are conducive to skyline optimization, planning recommendations are proposed that are closely aligned with planning controls and guidelines, which can effectively facilitate the implementation and construction management of relevant projects in the process of urban renewal.

[Keywords] skyline; element; method; Jing'an District, Shanghai
[文章编号] 2023-91-P-115

一、引言：城市天际线建构的内涵及意义

城市天际线， 本质上，构成了城市结构功能和精神蕴含的综合展现，是城市空间辨识的重要参照、深层历史文化的高度概括、城市整体意象的重要体现，无论是起伏的、平直的，抑或是有中心的天际线，都构成独一无二的城市指纹、余味无穷的城市表情，也反映着城市空间发展的动态过程。然而，伴随我国快速的城市化进程，许多城市在城市风貌、空间特色塑造上投入力度不够，天际线层次单一、杂乱无序，缺乏韵律和文化内涵，与城区特质和环境脱节，影响城市空间质量和品质提升。

城市天际线，技术上，则构成了我国城市规划中重要的空间评价要素、控制指标之一。天际线是与城市建设发展过程紧密相关的，不能单纯地从美学角度出发去定义，也不能仅仅通过天际线简单地去判断实际空间效果的优劣。然而，城市天际线在当前往往主要依靠专家的经验、简单的技术分析来予以确定，缺乏科学的、先进的辅助手段，具有主观随意性、目标单一性。

城市天际线是具有三维空间特征的指标，将其纳入三维立体环境下进行多维考察、复合分析，从理论上探讨城市天际线的组织原则、评价标准、控制要素，进而提炼合理天际线的提取方法，总结有效的城市天际线空间控制的方法，并与管理实施、建设引导紧密结合予以

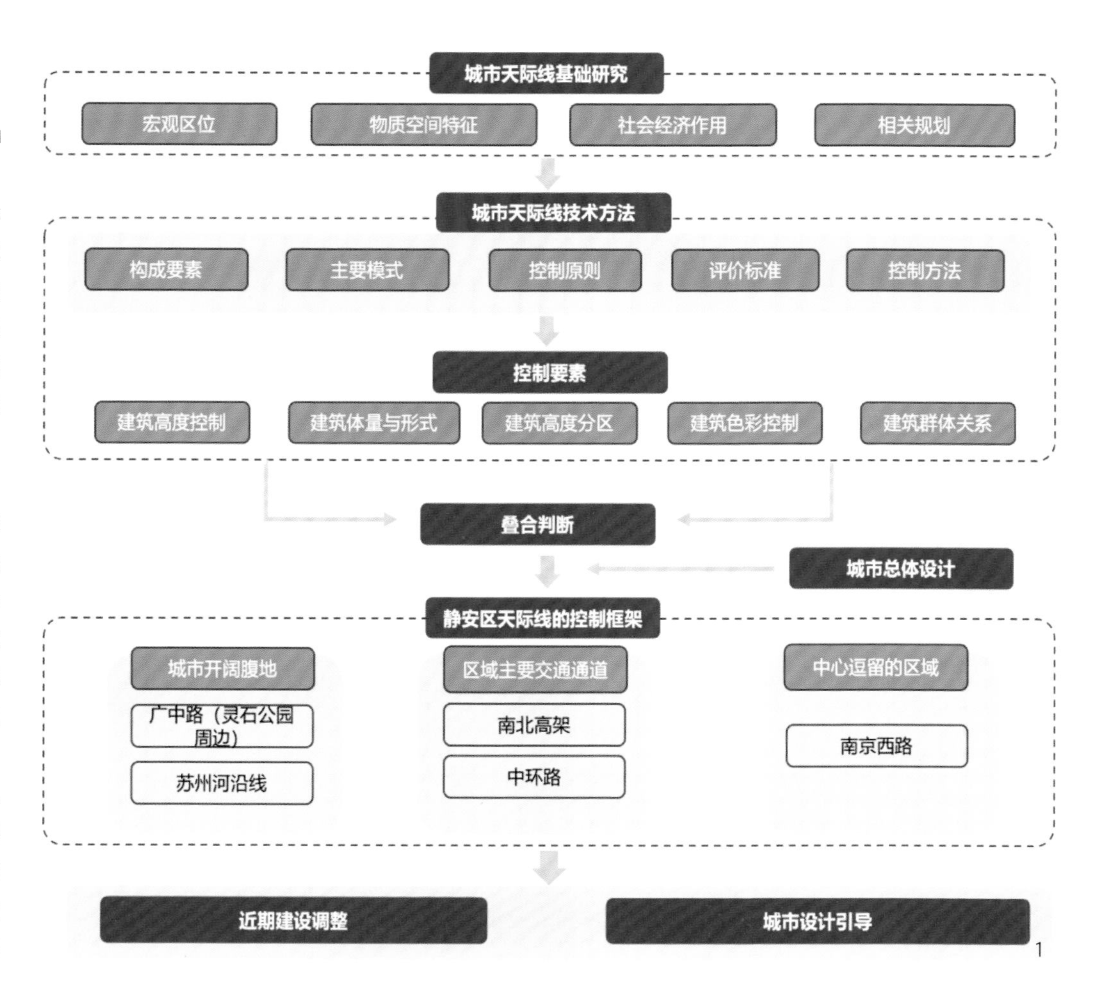

1.研究路径

表1 不同类型的城市天际线分析

名称	特点	图示
纽约 中央公园区	1.第一层界面建筑高度较为均质，高层建筑退后，周边超高层建筑较少，天际线较平缓； 2.原有街区肌理使得中央公园有良好的通透性，为远眺公园提供了较为开阔的视野； 3.帝国大厦作为地标性建筑，构成视觉中心	
纽约 第五大道	第五大道是美国纽约曼哈顿一条重要的南北向干道，是曼哈顿岛的中心地带；同时是纽约乃至世界的商业中心。 1.适宜的街道尺度； 2.标志性公共空间； 3.高密度建筑群； 4.标志性建筑	
纽约 曼哈顿岛	1.方正的城市格局显示出统一的韵律； 2.新世贸中心、帝国大厦、克莱斯勒大厦统领曼哈顿天际线，构成视觉中心	
密西根湖畔	1.高层建筑博览会；鼓励各具特色同时，对高层进行总体规划； 2.巨型开放空间缓冲了高层建筑群的压迫感； 3.超高层建筑基本集中在中心区域，符合人的视觉审美要求，也和水景相得益彰	
芝加哥湖	1.城市肌理的均质性保证了天际线的整体延续； 2.滨湖绿带、景观大道及密歇根湖的水上游线为人们提供了一种动态观察的线性途径，使得芝加哥的天际线呈现一种速度感； 3.线性景观走廊串联起流动的城市风景	
芝加哥 西尔斯大厦	堪萨斯高速是芝加哥西部地区进入芝加哥中心区的高速公路；丹莱恩高速是美国南部城市进入芝加哥的主要干道之一，承载着芝加哥门户形象的作用；道路近端高耸的芝加哥西尔斯大厦形成视觉中心、形成门户、有识别性，快速路形成良好的视线通廊	

表3 四个维度的城市天际线技术分析方法

分类	表达方式	实例	方案运用
立面分析法			
视觉中心分析法			
断面或剖面分析法	45° 30°		
群组关系分析法			

分析和评价，具有较大的理论意义和实用价值。

本文试图从城市空间整体意象的塑造着眼，在研究上海市静安区城区特色及规划背景的基础上，结合天际线优秀案例分析、技术要素提炼、控制方法考察等，明确静安区天际线的总体控制框架，进行结构优化与要素分析，并进一步衔接实施动态和控详规划，确定近期建设调控与实施落点，进行重点区域的设计导引，提出控制引导策略，积极探索当前城市更新背景下的城市天际线导控的方法路径。

二、静安区城市天际线的整体塑造与对象聚焦

上海总体规划提出了创建“全球卓越城市”，建设创新之城、人文之城、生态之城的目标。地处上海中心区中北部的静安区，借由新时期“一轴三带”发展战略，深化自身全球城市核心城区的内涵和功能支撑，构成体现上海城市空间魅力、转型发展亮点的重要承载。静安区城市天际线的整体塑造，也有待在新时期进一步提升与强化，凸显国际静安的鲜明城市意象，提升卓越的城市品牌影响力；其天际线未来的综合展现，可以说构成了上海城市空间质量和品质提升的重要方面。

事实上，当我们聚焦一定区域，可以说天际线对城市整体意向、城市特征的表现尤其起着重要的作用。它既是城市总体空间的一个表现方面，是城市在竖向度的空间形态。形态完整，结构清晰的天际线具有很强的意象识别性，起到加强城市整体意象的作用；同时，天际线也是潜在的城市艺术形象，反映了一个城市的特色所在。结合不同类型的城市天际线分析（表1），可以发现，较大尺度的广场、滨水区域，以及地形起伏的地带、视线开敞的高区等，往往可以更好地感受城市的天际线。此外，涉及历史文化保护的区域，往往则是进行天际线的控制与协调的。总结来看，形成具有标志性的公共空间及开敞区域，线性通廊的串联与展示、打造地标性建筑[①]、构建视觉中心，关注街区肌理、协调建筑尺度、结合不同建筑功能调控建筑高度分布等，这些都有利于天际线的塑造与形成。

结合上述的考察视角与策略借鉴，在对静安区的宏观区位、物质空间特征、社会经济作用、相关规划进行解读的基础上，了解规划背景和静安区城区特色，分析新静安区发展战略规划、静安区总体城市设计等相关规划设计内容，从城市整体空间意向的角度，可以将静安区城市天际线的整体塑造聚焦以下研究对象，来建立进一步进行要素分析落实的结构载体。

其一，具有开阔空间和腹地：广中路（大宁灵石

2-4.结合城市设计分析等所聚焦的天际线优化结构

公园周边）、苏州河沿线。其中，广中路南侧的大宁灵石公园，是浦西第二大的生态景观型城市公园，浦西最大的集中绿地，处于环上大创意集聚区，是凸显静安良好城市意向、塑造区域天际线的重要载体。苏州河两岸则作为人文休闲创业集聚带，对标芝加哥河，是静安区新地标打造的重要载体，结合一河两岸地区城市设计进行评估与叠合分析，可以为优化这一区域的天际线提供基础。

其二，进入区域的主要通道：连接城市区域的重要轴线、线性景观走廊南北高架及中环（汶水路）。南北高架及中环路可以说为人们提供了一种动态观察的线性途径，也是全面展示静安不同资源、不同文化、不同品质空间的重要载体，串联了正在规划的市北高新科创产业区、环上大文化创意集聚区、苏州河CAZ拓展区的核心区域，这一片区的天际线的塑造和研究，着重于对这一系列规划的评估，构成天际线塑造的主要的规划区域。

其三，中心的、经典的观赏和驻留空间：南京西路。南京西路两侧是高端商业商务集聚带，是静安核心区、经典的观赏和驻留空间，体现上海现代化国际大都市面貌，是未来最具标志性的区域。这一片区以城市更新为主，天际线的塑造和研究，有利于提升这一区域的城市品质。

三、静安区城市天际线的优化提升与要素分析

更为具体地，结合案例和相关理论中所提出的影响因素的考察，城市天际线的主要影响要素为建筑高度、建筑体量、标志性建筑、建筑屋顶形式、建筑密度、建筑色彩等。在实际进行天际线的研究和评价时，由于各类影响因素的可控制性存在差别且对城市天际线的影响不同，可能会有所取舍，或进行合并分析（表2）。

结合静安区城市空间特征与相关规划情况，本次聚焦高度、肌理、色彩、功能、动态五个主要要素，进行重点区域、重点建筑群的天际线调控设计，分片区展开具体化的分析，制定天际线控制的城市设计导则，对建筑高度、体量、形式、色彩、群体关系等提出具体要求。在此基础上，结合既有规划和评价标准，对静安城区天际线进行总体设计，形成静安区天际线优化提升的控制体系，力求有效促进特色彰显、融合整体、纵深层次丰富的城市天际线的形成。

表2　城市天际线空间形态影响要素

要素属性	空间形态影响要素	对天际线的影响程度
物质空间属性	建筑高度	高
	建筑体量与形式	高
	建筑高度分区	中
	建筑色彩	中
	标志性建筑	高
	建筑屋顶形式	中
非物质空间属性	天际线空间协调性	高
	天际线空间韵律感	高
	天际线层次感	中

城市天际线的分析可以有多种方式（表3），可以从不同的角度、针对不同的需求，结合相关影响因素的考察分析，优化提升城市的天际线构成。其中，立面分析法，主要用于滨水、开阔腹地，有利于展示优美的天际线，可以直观地体现天际线不同的层次感和韵律感；视觉中心分析法，则主要用于交通干线及滨

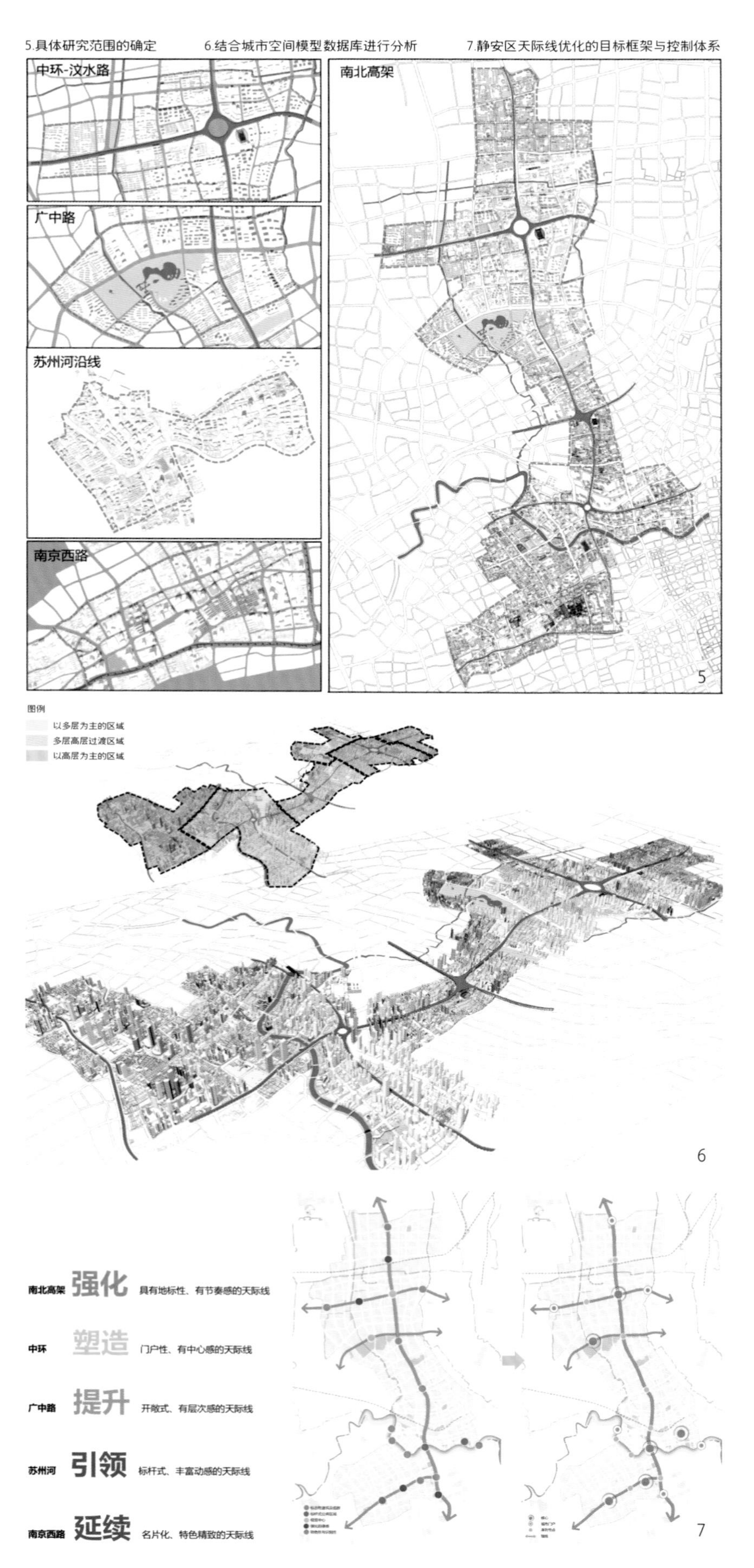

5.具体研究范围的确定　6.结合城市空间模型数据库进行分析　7.静安区天际线优化的目标框架与控制体系

水区域，在动态变化中观察天际线的变化，考察两侧天际线是否能形成城市门户，对景的标志性建筑是否和谐；断面或剖面分析法，强调从人的角度分析尺度、高度的变化，从人的感受影响建筑的立面，材质，色彩；群组关系分析法，从宏观整体的空间布局入手进行分析，判断空间格局是否合理，城市肌理是否和谐。

本次针对静安区城市天际线的实践研究，正是采用了上述四种分析方法，聚焦天际线整体塑造的结构载体——开阔空间、主要通道、驻留空间，并选取具体研究范围，开展比较分析与优化提升。研究考虑了主要沿街景观、沿线主要开发建设项目以及车速，依据车速控制在300~820m范围，沿街考虑2个街坊及以上的叠合观察区域，并将高层集聚的核心区域纳入重点观察范围。其中所采用的动态更新的城市空间模型数据库，可以为今后建设项目审批提供科学、有效的分析论证，促进城市形象与特色塑造；并进一步根据现状分析和规划策略，选取核心区域、城市门户、城市序列点进行优化设计，重点强化6核6门9节点，形成静安区天际线优化的目标框架与策略思路，提出朝向土地集聚合理、增强核心区空间集聚度与历史街区的识别性等更新转变的方向。

四、实施对接的城市更新地块规划管控及指引

在上述结构聚焦与优化分析的基础上，针对重点功能区域，结合轨道接通站点周边不同缓冲区范围街坊开发强度的评估，可以提出综合开发强度的规划建议。进一步地，结合实际建设的需要与控规指标的要求，具体化地城市更新内容，聚焦静安区范围内20个地块或街坊，涉及功能、高度、容量等要素方面的调整建议，并综合考虑实施难度情况，借助打造地标性建筑、构建视觉中心、关注街区肌理、关联调控建筑尺度等具体手段，来促成地块或街坊内标志性建筑的建构、标志性公共开敞空间的形成，注重增强识别性、突出层次感、韵律感和多样性，并协调统一性等，促成进入区域的重要通道、经典驻留空间的天际线等地控制引导与特色展示。

此外，结合四个维度的天际线分析方法，可以进行具体化的天际线优化设计比对，为规划管控和建设提供有益参考。例如，借由整体群组关系的分析，加强了南北高架与东西向主要道路汇聚核心区域的群组关系，突出空间聚集度，构建地标性，凸显了天际线层次性和多样性。再如，借助构建地标性建筑、调控建筑高度分布、增加层次性等具体手段，提出街道立面的优化设计建议。可以发现，结合清晰天际线优化的绩效目标、建议方式等，并结合三维实景技术予以分析验证，可以进行天际线导控有效的实证反馈。

五、结论

总体而言，天际线具有构建魅力城市的内在价值，与城市形象特色、整体风貌打造，以及品质提升等密切相关。目前已有的相关研究，大多聚焦于城市新区或更大区域的整体的天际线，研究的针对性和精细化有待进一步加强。

本文依托上海市静安区城市天际线专项规划研究内容，借助数据库模型分析、城市设计方案研究等，集成不同天际线分析方法的特点与优点，凸显方法创新、实施对接，考察静安区城区特色及规划背景，结合优秀案例分析、技术要素提炼、控制方法考察等，尤其借助深化空间属性研究，

明确静安区天际线的总体控制框架，并进一步衔接实施动态和控详规划，提出天际线优化相关的地块控制导引、提出具体化的实施建议，可以为城市天际线相关要素的深化认识与分析手段，对于城市空间特色研究、有效指导项目实践具有重要意义，可以提供有益的经验借鉴。

与此同时，以城市天际线提取与空间控制方法研究为契机，可以探索试点地区基于城市更新提升视角下空间要素的大数据平台建设，强化大数据平台对规划及建设项目的空间决策支持，为今后建设项目审批，特别是核心区地区、门户地段以及重要节点的建设项目，提供科学、有效的分析论证，以更好地把控和引导城市天际线，并为管理部门提供有效参考。

注释

①地标性建筑往往承载着城市的重要特征、具有标志性功能，构成城市的象征，并成为中国多数城市天际线的局部制高点。

参考文献

[1]叶耀先. 关于城市天际线及其整治的认知与思考[J]. 城市管理与科技，2018(4): 42

[2]吴吉等. 基于提高地标建筑显著性的城市天际线定量分析[J]. 江西测绘，2017(3): 38-42

[3]华建集团规划建筑设计院等. 静安区总体城市设计研究[R]. 2018

作者简介

莫　霞，博士，上海现代建筑规划设计研究院有限公司正高级工程师；

管　娟，上海同济城市规划设计研究院有限公司城市开发研究院所总工，高级工程师，注册城乡规划师；

罗　镔，上海现代建筑规划设计研究院有限公司教授级高级工程师。

8.综合开发强度的引导　9.借助整体群组关系分析的优化落点　10.城市天际线的立面优化方式比对

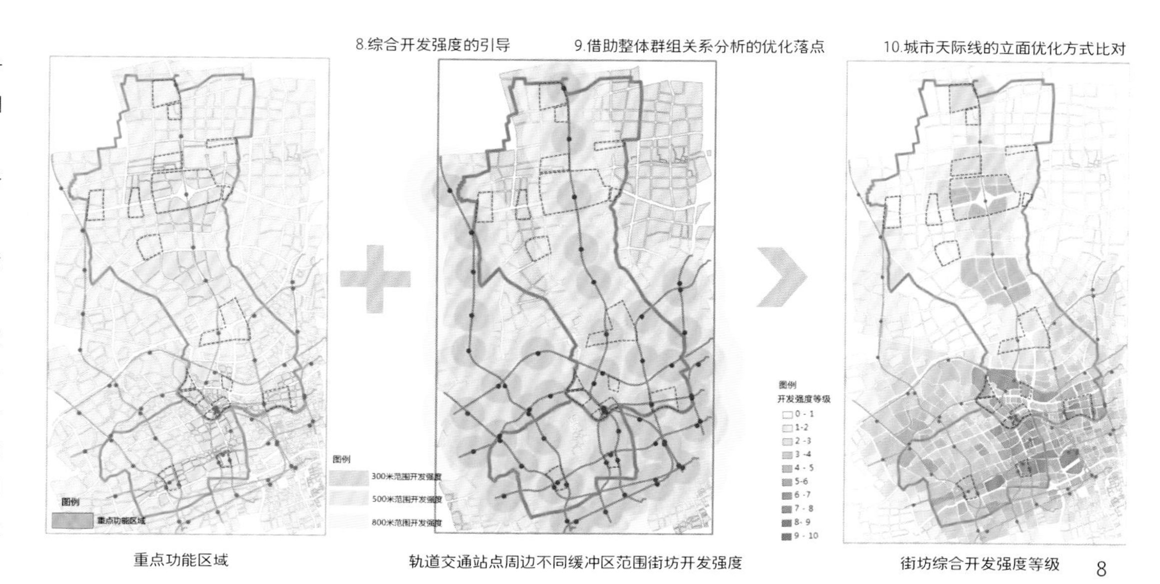

8

9

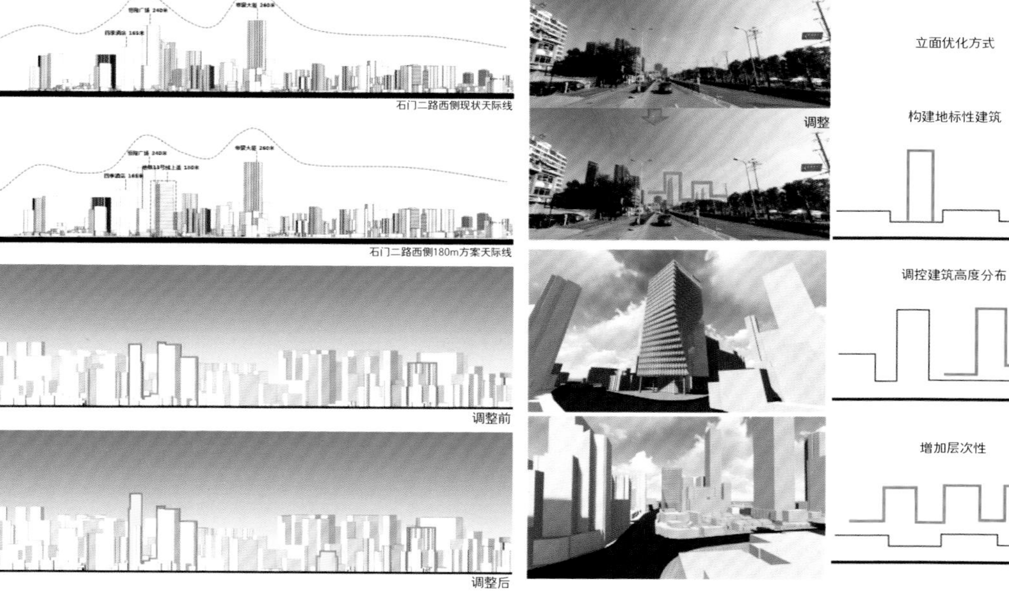

10

曹杨新村社区更新与规划实施

周俭，全国工程勘察设计大师，同济大学教授。

一、规划指导思想

曹杨新村共2.4km²，居住人口约10.4万人，是一个高密度的成熟社区。整个社区基本没有拆除新开发的空间，在这个前提下如何进行社区更新是我们思考的重点。

规划指导思想总结为“价值入手、做出特色、底线保障、正向引导”。更新规划需要强调与城市设计融合，具有一定的创造性，只有这样才能做出特色，包括空间的特色以及背后的经济、文化、功能或者业态的特色。“正向引导”包括智慧、绿色、人文、活力等方面。

规划调研分为两个方面的研究：第一是专业研究，如何找到社区的价值，我们称之为“长板”，空间、建筑、文化、历史都有他的特色。每个社区也会有现状挑战，或者说“短板”，比如设施配置的质量、数量类型不足。第二要进行社区调研，要摸清居民的需求。将专业研究与居民诉求统合在一起变成一张更新改造的需求清单，还要找到社区内可利用的空间资源，来解决社区现存的问题。

曹杨的社区价值很明显，当然也很特别，曹杨新村是中国首个以“邻里单位”思想因地制宜规划建设的居住社区。

1.价值1——规划思想：邻里单位理论的中国实践

以环浜为中心融合自然环境，建筑自由布局，两级绿地以及三级公共服务设施均衡布局。一个综合公共服务中心、4个居住片区以及多个工区（居住组团）构成一个完整的居住社区。整个呈现小街区密路

1.“邻里单位”图示
2.邻里单位的中国实践——曹杨新村1950年规划总平面
3.曹杨新村组团空间模式图
4.曹杨一村、四村鸟瞰（20世纪80年代）（材料来源：曹杨新村村史馆）
5.风貌保护道路——花溪路（1956年）（材料来源：曹杨新村村史馆）
6.20世纪50年代曹杨环浜与曹杨二村（材料来源：曹杨新村村史馆）

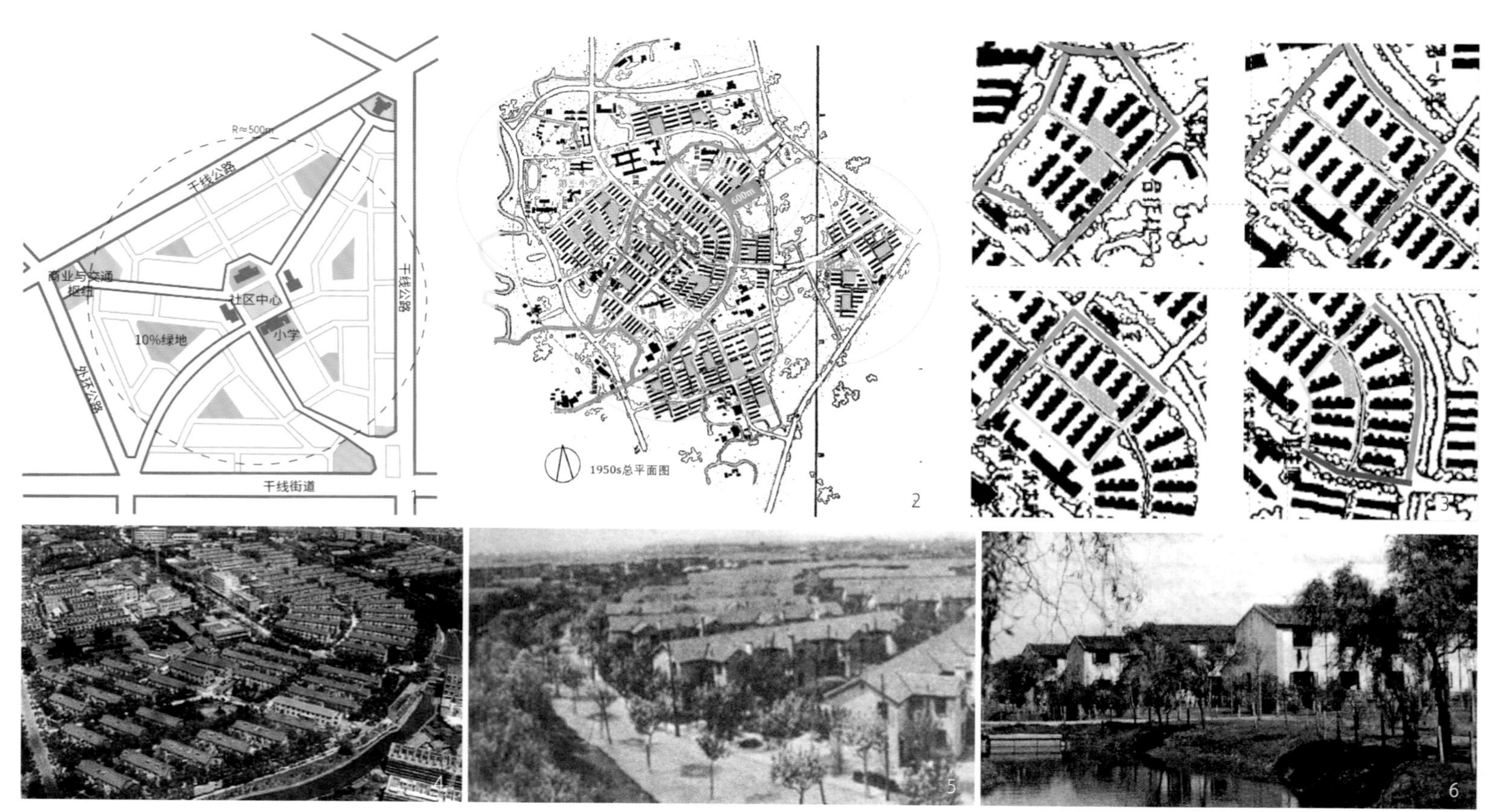

网、开放街区的组团空间模式，同时留存了很多的历史风貌，包括曹杨一村为代表的优秀历史建筑以及路网格局、蓝绿空间格局。

2.价值2——历史风貌

（1）行列式建筑——因循自然地形变化

（2）“弯窄密”林荫街道

（3）环浜风貌

曹杨新村还具有光荣的历史，或者说集体记忆。劳模文化、国际交流以及一批现存的集体记忆点，比如曹杨一村、曹杨二中、红桥等。

3.价值3——集体记忆

现状挑战包括邻里空间结构弱化，组团道路分段封闭化、组团绿地大量减少；环浜空间分段“私有化”，环浜步道需要贯通，沿河公共绿地可进入性需要提升；住区特色弱化，建筑色彩风貌较为混杂，缺乏秩序；住房和住区条件需要改善，部分住宅不成套；出行环境秩序不足，街道空间需要提升；公共空间使用效率不高，空间品质需要提升；服务设施品质一般。

同时也开展了前期的公众参与，进行了居民访谈、问卷调查。街道也组织了各种各样的参与活动，比如“社区征集令”，最后汇总成一张调研与需求清单。

规划师与街道一起梳理了社区内可利用的空间资源。包括原有的铁路市场等，明确了可以改造利用的项目。

二、规划编制

规划编制分为三个部分，首先要明确目标，其次要有相应的规划策略，最后是具体的规划措施。

曹杨新村更新规划的目标是建设一个人文、绿色、开放的共享社区，建设一个邻里单位实践的展示区、工人新村更新的典范区以及友好宜居的品质社区。

优化空间结构，形成一环双轴线的公共空间体系。凸显历史文化格局，形成三弯聚心的空间格局。

规划包括如下措施：

（1）凸显人文底蕴的住区风貌，具体项目包括曹杨一村成套改造、枫桥市场改造、红桥设立集体记忆标识；

（2）提升环浜公园品质，贯通环浜步道，提升水质，优化活动空间，提升空间愉悦性；

（3）恢复安全通达的慢行网络，风貌街道整体

7.村口的五星（1952年）
8.曹杨一村二工区入口的五星（2021年）
9.20世纪50年代邻里场地
10.曹杨一村一工区组团绿地更新后（2021年）
11.20世纪90年代的红桥
12.红桥（2021年）
13.曹杨公园（1954年）
14.曹杨公园（2021年）
15.曹杨二中（1954年）
16.曹杨二中（2021年）
17.曹杨特色价值与挑战

	价　值	挑　战
曹杨特色	• 邻里单位理论的中国实践 • 15分钟社区生活圈的雏形	• 邻里单位空间结构模糊
宜居	• 多样化的住宅类型 • 开放的组团空间模式	• 居住水平不高 • 住区特色逐渐弱化
宜业		• 社区功能单一
宜游	• 优秀历史风貌 • 淳厚的文化记忆 • 弯、窄、密的道路特色	• 历史风貌凸显不够 • 出行环境秩序不足 • 公共空间使用效率不高
宜养	• 完整的生活圈结构 • 分级配置各类公服设施	• 服务设施品质不高
宜学	• 各类高水平学校均布	

17

提升，三线入地，开放组团道路；

（4）恢复包容共享的居住环境，提升组团绿地；

（5）提升传统服务空间环境，桂巷坊步行街更新；

（6）传承文脉的公共空间营造，建设百禧公园；

（7）改善住区环境，通过住区综合修缮、住区成套改造项目全面提升各类住房及全龄关怀的宜居品质，合理布局住区停车设施；

（8）建设绿色开放、活力宜人的公共空间；

（9）形成完善便捷多层次的公共交通；

（10）提升街道空间品质，市政设施景观化。

三、实施：“一张规划蓝图”统筹项目

为了保证规划实施需要将更新规划的内容法定化，因为需要对原有的控规进行优化调整。可以以“一张规划蓝图”为依据，根据社区需要和部门计划，以空间为单位，列出项目库和年度项目表，并制定每个项目的实施目标和内容。然而即使有规划部门的更新实施规划在前，也需要“一个实施主体”来协调统筹项目的落实。

按照空间单元形成实施项目包，把相关部门在一个空间单元上的项目进行整合。按照统一的规划要求及设计方案一次实施。在同一个空间中，各条线的计划和项目各自开展，各个实施主体有自己的目标、任务和预算、时限。各条线的项目目标和内容往往与规划不一致，而规划在这类项目中往往缺乏整体统筹协调的力度。如何以空间为单元，整合各方项目资源，

18.曹杨新村空间潜力地图
19.一环双轴线——拓展公共空间体系
20.三弯聚核心——凸显历史文化格局
21.五叶连环浜——共享社区美好品质
22.曹杨新村“宜居”系统规划图
23.曹杨新村“宜游”规划图
24.曹杨新村社区巴士规划图

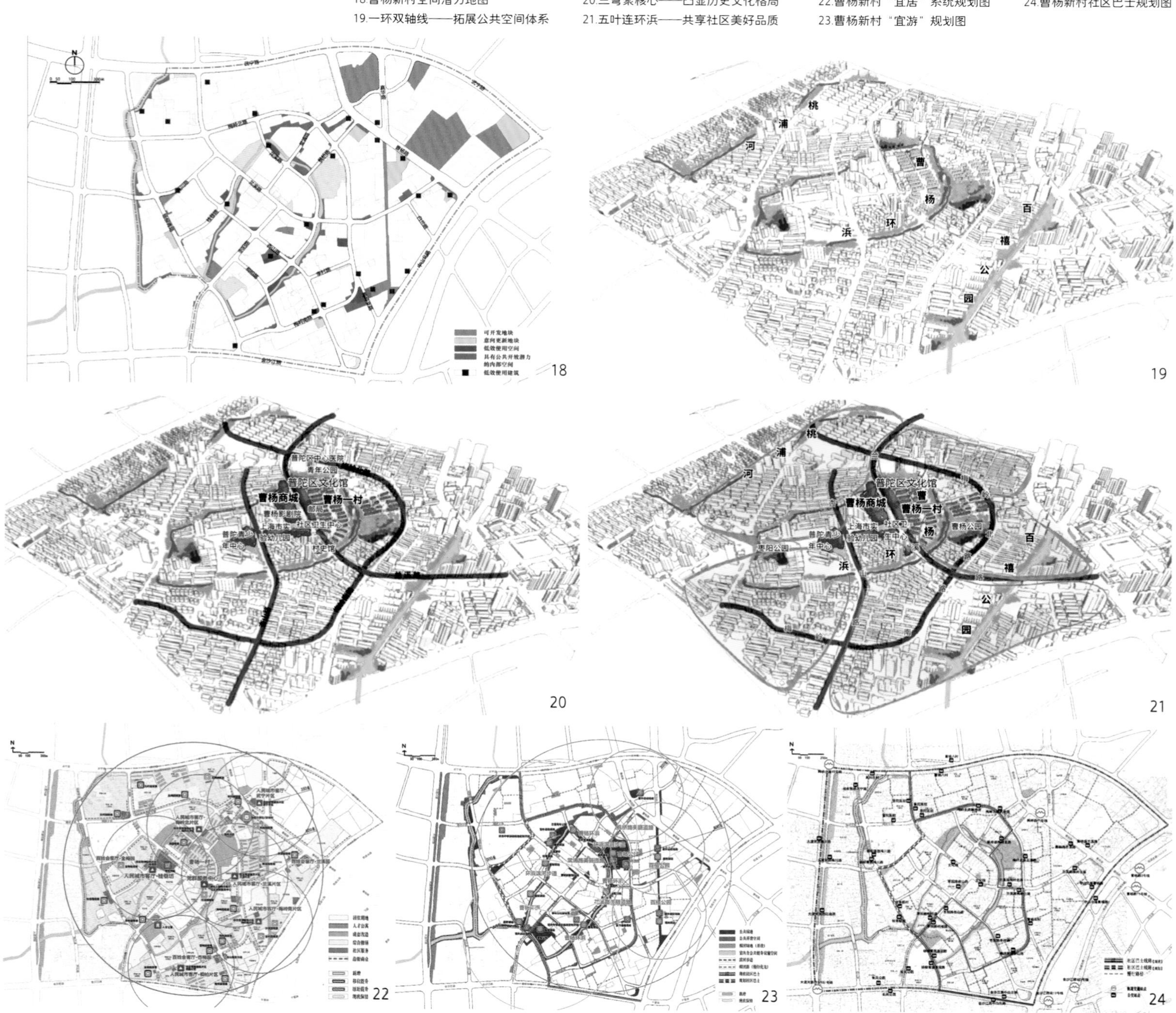

在“一张规划蓝图”下设计建设项目、调整项目计划、统筹项目资金、建立有效治理机制，以实现老旧小区（社区）生活空间品质一体化提升。

贯彻品质导向、精心设计、全程统筹的方式推动重点项目的实施，规划设计单位作为总控单位，把控项目定位与设计方案质量，协同不同专业的设计单位组建美好设计联盟，共同参与设计。

四、小结

社区更新方案首先要做强“长板”，凸显每个社区的特色，让社区居民对自己的社区有认同感，热爱自己的社区。其次补上“短板”，把老旧社区各方面的缺陷补齐，让居民更便利、更舒适。社区更新也需要各方共同参与，政府各部门、项目设计师、社会工作者、企业、居民，大家在“一张规划蓝图”的底板上协同工作，一步一步实施蓝图上大家共同确定的项目。在一个空间单元明确一个实施主体，对实施项目按照空间单元进行项目集成。

利用建成环境特征，保留并充分彰显地区的历史文脉和风貌特色；促进生态修复，充分提升公共空间品质；保障公共利益，充分提升公共设施水平；完善城市布局，优化产业结构；推动土地高效利用；多方参与提升综合治理能力。

不断实现人民群众日益增长的对美好生活的向往，提升人民的幸福感和获得感。

25.曹杨环浜设计总平面图（材料来源：上海市园林设计研究总院有限公司）
26-27.曹杨环浜更新后实景（材料来源：上海市园林设计研究总院有限公司）
28.桂巷坊步行街设计总平面图（材料来源：上海市园林设计研究总院有限公司）
29.美丽道路花溪路更新后实景
30-31.桂巷坊步行街更新后实景
32.百禧公园夜景（材料来源：上海城市公共空间设计促进中心）

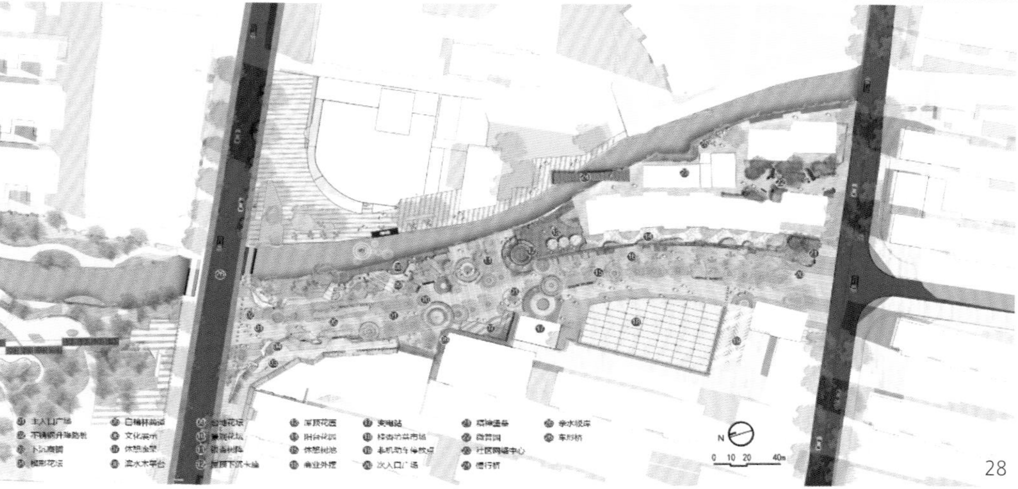

体现责任担当，助力新疆规划事业——新疆维吾尔自治区自然资源厅与我院签署两项合同

2023年1月9日上午在同济规划大厦408会议室，上海同济城市规划设计研究院有限公司（以下简称“我院”）与新疆维吾尔自治区自然资源厅共同签署了《国土空间规划技术合作框架协议》《新疆维吾尔自治区地（州、市）、县（市）国土空间总体规划技术审查援疆合同》。签约仪式由裴新生副院长主持，新疆维吾尔自治区自然资源厅领导为厅党组成员、副厅长刘兴广和新疆维吾尔自治区自然资源厅国土空间规划研究中心主任孙艳，我院院长张尚武、常务副院长王新哲、纪委书记王晓庆、副院长周玉斌、副院长江浩波、副院长裴新生、院副总工程师倪春、同济大学建筑城规学院副教授庞磊和自然资源部同济大学国土空间规划人才研究与培训中心主任张立共同参加了签约仪式。

张尚武院长介绍了我院基本情况，作为首批获得“城乡规划编制甲级资质”的高校规划设计机构，依托同济大学规划学科的优势，形成了以“产学研”平台服务社会的特色。自2010年起我院长期坚持对口规划援疆，体现了高校企业服务社会的责任担当，近年来积极参与了新疆多个地（州、市）、县（市）国土空间规划编制工作，高质量形成了阶段性规划成果，克服路途遥远、疫情影响等各种困难，努力为全疆国土空间规划工作顺利推进做出积极贡献。希望借助此次合作机会，更加深入推动我院服务新疆规划事业的能力，取得更大成效。

刘兴广副厅长代表新疆维吾尔自治区自然资源厅对同济规划院在新疆开展的工作表示感谢，介绍了近几年来全疆开展国土空间规划工作的总体情况。当前，新疆维吾尔自治区各级国土空间规划编制报批已进入关键时期，为贯彻中央第三次新疆工作座谈会精神，落实国家和自治区关于国土空间规划工作的决策部署，希望发挥同济规划院技术优势开展技术合作。通过项目合作、技术培训、课题研究和人才交流等方式，不断提高新疆维吾尔自治区国土空间规划业务水平及技术能力。

张尚武院长、裴新生副院长和刘兴广副厅长、孙艳主任分别代表双方，共同签署了《国土空间规划技术合作框架协议》和《新疆维吾尔自治区地（州、市）、县（市）国土空间总体规划技术审查援疆合同》。

最后，张尚武院长在总结发言中表示，同济规划院对此次援疆合作责无旁贷，将积极组织好力量，保障工作的顺利推进，建立有效沟通机制，发挥好同济规划院的技术优势，继续为新疆规划事业发展作出新贡献。

应对新需求，探索新实践——国土空间规划体系中的详细规划编制与研究研讨会顺利召开

随着各级各类国土空间规划编制工作的不断推进，详细规划成为国土空间规划领域的重要议题，当前实践中也出现了大量的探索和创新。为进一步深化对国土空间规划体系中详细规划的认识，加强详细规划学术研究与实践项目的结合，促进不同地区、不同类型项目之间的交流，近日，上海同济城市规划设计研究院有限公司在同济规划大厦408会议室召开了以“国土空间规划体系中的详细规划编制与研究”为主题的研讨会。会议以线上线下结合的方式同步进行。

我院城市开发规划研究院、城市设计研究院、空间规划研究院、成都分院、规划设计五所、规划设计七所、社区规划与更新设计所、城市景观风貌规划设计所等多个团队参加了研讨会，就“详细规划编制方法体系”“详细规划单元与传导问题”“小城镇和城郊地区详细规划”“存量地区和更新地区详细规划”“特殊空间详细规划”五个板块展开交流，涉及成都天府新区、杭州临空经济示范区、温州中心城、西安高新区、西宁东川工业园区、独山子老城、河北内丘县城、宁德蕉尾村、山西沁水矿区等不同地区、不同类型详细规划编制和研究案例。

我院院长张尚武、常务副院长王新哲、总规划师孙施文，同济大学建筑与城市规划学院栾峰、张立、程遥等专家参与本次研讨，就新形势下详细规划的定位作用、分层分类的编制重点，总体规划与详细规划的衔接传导，详细规划的实施运行等开展了充分的交流。张尚武院长最后做了总结发言，充分肯定了当前各团队的研究成果，并对下一阶段研究作出部署。张尚武院长指出，下一阶段的研究需要重点关注详细规划编制与运行的关系，要探讨详细规划动态化管理的制度设计。后续的工作还要加强详细规划编制关键环节的专题研究，探讨不同地区、不同类型详细规划在编制内容和管理方式上的差异，希望各团队在现有基础上，继续深化并加强交流，争取形成更为体系化的研究成果并在项目实践中推广应用。

同济大学建筑与城市规划学院与我院共同商讨推进产教融合

2023年2月6日上午，同济大学建筑与城市规划学院副院长袁烽教授、石邢教授、城市规划系系主任卓健教授，及学院建成环境技术中心、科研发展部等部门负责人专程造访我院，就产教融合、科研合作、学科发展等合作议题展开了讨论。上海同济城市规划设计研究院有限公司张尚武院长、周玉斌副院长及产教协同部等部门负责人参会。

袁烽副院长在讨论中指出：几代同济规划人共同搭建了学院和规划院合作平台，从产出思想、创新方法到应用实践，服务国家规划建设事业和学科建设，有着非常深厚的积累和良好的传统，未来要创造更多机会，形成合力。张尚武院长认为：当前处在城市规划学科和规划行业重大转型时期，需要通过产教协同、创研促进，加强规划工作的问题导向、行动导向和统筹协调，提升规划师的问题界定能力、解决问题的能力,以及学习创新的能力。双方一致认为要有更加宽阔视野务实推进产教融合，在重大科研、重大实践和重大平台方面形成新的突破。

会后，袁烽副院长还向张尚武院长赠送由同济大学和Digital FUTURES主办，袁烽教授担任主编的开放获取新刊《Architectural Intelligence》创刊号。参加会议的还有：学院建成环境技术中心副主任钮心毅教授、叶宇副教授、汪洁琼副教授、科研发展部部长赫磊副教授、张玉婷老师；规划院产教协同部科研办主任汪劲柏博士、陈涤，数字办王俊，创研中心刘振宇等。

全国首个邮轮制造产业规划——《外高桥地区邮轮产业发展规划》正式发布

2023年2月15日上午，外高桥地区邮轮产业规划、政策发布暨项目签约仪式在外高桥邮轮内装产业基地举行，《外高桥地区邮轮产业发展规划》（以下简称“《规划》”）正式发布。这是全国首个以邮轮制造为核心的邮轮产业发展规划。该规划充分发挥外高桥地区独特的保税功能和自贸试验区的制度创新优势，依托上海外高桥造船有限公司

（以下简称“外高桥造船”）聚焦邮轮制造，完善配套服务，形成以邮轮先进制造业为核心、以邮轮现代服务业为特色的邮轮产业体系，打造邮轮产业发展集群，实现邮轮制造自主可控和邮轮服务要素高度集聚，显著提升在全球邮轮产业分工和价值链的地位，全面建成先进制造业和现代服务业深度融合发展的世界级邮轮产业集聚区。

中国（上海）自由贸易试验区管委会保税区管理局、浦东新区科技和经济委员会联合上海外高桥集团股份有限公司、上海海事大学、上海同济城市规划设计研究院有限公司共同编制了《规划》。我院在产业定位部分与海事大学一同进行产业调研、企业走访、产业筛选；同时负责具体的空间落位与谋划。

《规划》提出，围绕“制造引领、功能融合，构建‘3+4’先进制造（生产总装、修造配套、设计研发）和现代服务（邮轮物供、邮轮消费、邮轮文旅、人才服务）融合发展的邮轮产业体系”；围绕“统筹发展、区域协调，构建一基地（外高桥邮轮制造基地）、三片区（贸易服务片区、商务服务片区、研发服务片区）的空间功能布局”；围绕“项目导向、效果导向，重点推进四项重点任务（提升邮轮制造总装配套能力、集聚邮轮产业市场主体、推动邮轮产业重要项目落地和优化邮轮产业宜商营业环境）”。到2025年，外高桥地区要初步建成世界级邮轮制造总装基地，服务全国并辐射亚洲的亚太邮轮物供基地，形成具有全球影响力的邮轮产业集聚区基本框架；到2035年，形成产业体系完善、高端制造领先及消费资源汇聚的世界级邮轮产业集聚区。

“情暖三月 与花同绽放”——同济规划院妇女节插花送祝福活动

“迟日江山丽，春风花草香。”为深入贯彻落实党的二十大精神，进一步丰富规划院女性职工的精神文化生活，2023年3月7日下午同济规划院工会举办了以“情暖三月与花同绽放”为主题的活动，庆祝第113个国际劳动妇女节，向院内女性同胞们送去真挚的祝福。

一捧芬芳，一室春色，一场欢愉。插花活动中，党委委员宋丽慧向女职工表达了美好的祝福，寄语“女人是半边天”，祝愿大家以更加饱满的热情投人工作与生活，绽放自信魅力。

在花艺老师的悉心讲解与满屋花香中，大家放松心情，在感受美、创造美中诞生了一簇簇别样意境的插花作品。

一枝枝小雏菊寄托着大家对生活的理解与对美的感悟，一朵朵玫瑰也传递着女同胞们对彼此真挚的问候与祝愿。

3月8日节日当天，我院党委副书记纪委书记王晓庆、党委委员宋丽慧、副院长江浩波、女工委委员们早早等候在规划院门口，向每位女职工送上一枝精美的玫瑰，向奋战在规划院各岗位的女性职工致以节日问候，赞扬巾帼不让须眉，感谢大家的拼搏贡献。

同济规划院举办城市设计训练营 开班仪式暨第一次集中培训

3月12日，同济规划院城市设计训练营开班仪式和第一次集中培训在同济规划大厦408会议室。本次训练营由江浩波副院长牵头，总工办和产教融合办共同组织策划。开办仪式上由张尚武院长致开幕词，同济规划院空间院副院长王颖主持。

张尚武院长指出：此次城市设计培训营将与规划院的人才培训战略紧密结合，充分利用优秀专家资源对团队进行指导，结合城市设计领域最新理念和技术方法，提升我院城市设计领域的综合竞争力。

本次训练营突出实战性，结合实际需要，采用“专业讲座”+“集中指导”相结合的方式推进。“专业讲座”板块将邀请周俭、唐子来教授等城市设计领域知名的专家，聚焦城市设计理念与方法、国内外主流竞赛单元讲解、优秀城市设计案例解析等不同主题举办公开讲座。“集中指导”板块采用真实团队和真实项目集中指导的方式，邀请城市设计领域经验丰富的专家，包括：城市设计院匡晓明常务副院长、建筑城规学院田宝江教授、城市设计院付磊副院长和刘文波总工，分别对口各个团队。

本次培训营通过遴选的方式选取了四个项目：《成都温江金马河运动休闲带整体规划与重点片区城市设计》《通化高铁生态新城城市设计》《庐山市主城区总体城市设计》《京杭大运河（惠山钱桥段）产业研究与城市设计项目》。项目类型具有典型性和代表性，分别涵盖大城市近郊地区、复杂地形地貌地区、整体城市设计、滨水区城市更新等不同细分类型。四位指导老师对项目提出了具体的改进建议和优化方向，未来将持续跟踪项目进度，帮助团队提高站位、理清思路、突出特色。

我院举办2023宣传工作专题会

2023年3月10日，“2023宣传工作专题会”在同济规划大厦203党员之家举办。专题会共有两项议程，分别为：同济大学新闻中心副主任程国政做《结合规划院实际，打造优秀宣传作品》讲座，同济规划院党委副书记肖达做《宣传工作管理细则宣讲》。我院党委书记童学锋、党委副书记王晓庆、各部门宣传员、微信公众号小编等出席本次会议。会议由肖达主持。

程国政以我院收集的5个写作问题为切入点，详细介绍了新闻稿件的写作方法，对我院发布的新闻案例进行了深入剖析，提出了针对性强、实用性强的建议。程国政指出：通讯员应围绕国家大政方针挖掘有价值的新闻。新闻报道应重视事实，做到简明、准确且通俗易懂，多用名词动词，少用形容词和副词。肖达副书记从“宣传管理实施细则”“宣传专员管理实施细则”“各公众号管理实施细则”三个方面，介绍了我院宣传工作方面的管理细则。

西宁市城东区人民政府与上海同济城市规划设计研究院有限公司签订战略合作协议

2023年3月28日上午，西宁市城东区人民政府与上海同济城市规划设计研究院有限公司签署战略合作协议。张尚武院长主持签约仪式并讲话。西宁市城东区区长薛翔青、区委常委组织部部长芦婷等出席并讲话。张尚武院长与薛翔青区长分别代表双方签约。同济规划院裴新生副院长等参加并与城东区与会领导就双方合作事宜进行了深入交流。

张尚武院长代表同济规划院向西宁市城东区政府对我院长期以来的信任与合作支持表示感谢。张尚武院长指出，同济规划院是国内城市规划领域知名和领先的专业咨询机构和规划设计单位。随着专业发展和城市转型的需要，规划需要进一步加强与地方的紧密、持续合作，建立长期机制，在高质量发展目标下发挥资源配置的作用。希望通过与地方政府建立一种全新的合作模式，同济规划院能够有针对性地结合地方发展目标与机遇挑战，在规划应对上产生更为有效的响应，从而更好发挥规划的引领作用。此外，协议将进一步拓展双方合作的广度，为未来建立人才培养桥梁和沟通培训机制等打下基础。

西宁市城东区区长薛翔青针对城东区的经济社会发展情况和区域地位进行了全方面介绍，并表示“东区稳则西宁稳，西宁稳则全省安”。近年来，在青海省委省政府的正确领导下，城东区以习总书记视察青海重要讲话精神为指引，对标总书记对青海的要求，认真落实中央决策部署和省市各项决策部署。他提出，希望同济规划院可以组织专家为城东区“把脉”，尤其是注重产业新发展、民生补短板和文化综合提升，为实现城东区多民族人民共同富裕提供便利条件和更优环境。同时，希望同济规划院在产业规划、城市建设、城市更新等关键领域提供技术支持，强优势，补短板，盘活利用闲置空间资源，为人民大众特别是困难群体提供更好的公共服务。会上，薛翔青区长表达了地方政府对于技术输入与人才培训的明确要求，并表示双方近期将落实城东区干部培训及同济规划院地方调研等具体工作。

会议最后，张尚武院长与薛翔青区长分别代表双方签署西宁市城东区人民政府及上海同济城市规划设计研究院有限公司战略合作框架协议及工作备忘录，推动定期常态交流与建立合作工作评估机制。

“十四五”国家重点研发计划项目“国土空间优化与系统调控理论与方法”项目组工作交流会成功举办

2023年3月19日，由同济大学牵头承担，隶属于国家十四五重点研发计划的“国土空间优化与系统调控理论与方法”（项目编号：2022YFC3800800）项目组工作交流会在上海同济君禧大酒店三楼多功能厅举行。

项目交流会由项目负责人、上海同济城市规划设计研究院有限公司院长、同济大学建筑与城市规划学院教授张尚武主持，来自同济大学建筑与城市规划学院、南京大学地理与海洋科学学院、中国科学院地理科学与资源研究所、国家基础地理信息中心、自然资源部第一海洋研究所、北京大学建筑与景观设计学院、浙江大学公共管理学院、中国城市规划设计研究院、上海同济城市规划设计研究院有限公司和浙江省国土空间规划研究院等项目参与单位的课题负责人、子课题负责人、课题骨干等40余名项目组成员参会。

同济大学建筑与城市规划学院晏龙旭助理教授汇报了课题一“国土空间多要素协同机理与系统调控理论方法体系”研究进展；南京大学地理与海洋科学学院杜培军教授汇报了课题二“国土空间多要素综合观测与感知关键技术”研究进展；中国科学院地理科学与资源研究所李宝林教授汇报了课题三“国土空间多目标智能诊断与格局优化关键技术”研究进展；同济大学建筑与城市规划学院钮心毅教授汇报了课题四“国土空间多场景综合效能评价与调控关键技术”研究进展，中国城市规划设计研究院教授级高级城市规划师罗彦汇报了课题五“多类型国土空间智能规划技术集成应用示范”研究进展。各课题汇报人一并对课题执行中存在的困难，以及与其他课题协同研究的需求等做了详细汇报。

项目组成员随后开展了充分的沟通交流，并就项目下一阶段的工作内容、组织模式和推进机制提出诸多建议。南京大学地理与海洋科学学院杜培军教授、中国科学院地理科学与资源研究所李宝林教授、同济大学建筑与城市规划学院钮心毅教授、中国城市规划设计研究院张菁总规划师、上海同济城市规划设计研究院有限公司王新哲常务副院长、自然资源部第一海洋研究所刘大海教授级高工、北京大学建筑与景观设计学院许立言研究员、浙江大学公共管理学院吴宇哲教授、中国城市规划设计研究院王佳文教授级高级规划师先后发言，讨论了各个课题之间衔接、数据共享、示范应用等方面。

最后，项目负责人张尚武教授做了总结发言，提出三点建议。一是在工作内容上，应重点聚焦国土空间“域”的尺度，城市内部尺度不是该项目研究重点，对于国家—区域—地方尺度要形成体系化的研究。二是要紧扣题目中的“理论与方法”，重点突破原理，数据精度服务于方法，对空间理论方法的正确认识比数据精确更重要，同时要把握好有限目标，做出有显示度、代表性的成果。三是在工作机制上，整个项目组要达成共识，一定要建立开放交叉的合作机制。项目办公室要发挥积极作用，在日常项目管理基础上，近期要积极推动各课题共同组建项目核心研究小组，通过核心组的频繁互动建立起日常性的沟通机制。

2023年自然资源部国土空间智能规划技术重点实验室学术委员会会议暨长三角城市群智能规划省部共建协同创新中心理事会会议举办

2023年3月26日，自然资源部国土空间智能规划技术重点实验室学术委员会会议暨长三角城市群智能规划省部共建协同创新中心理事会会议在同济规划院三楼报告厅以线上线下结合的方式成功举办。来自同济大学建筑与城市规划学院、上海同济城市规划设计研究院有限公司，以及上海市城市规划设计研究院、江苏省城市规划设计研究院、浙江省国土空间规划研究院、安徽省城乡规划设计研究院有限公司等共建单位的40余名成员参会。

会议由同济大学建筑与城市规划学院副院长石邢主持，同济大学党委副书记彭震伟、中国工程院院士陈军、中国工程院院士吴志强分别致辞。与会专家包括中国工程院院士、国家基础地理信息中心陈军教授，中国工程院院士、同济大学吴志强教授，中国城市规划协会孙安军副会长，同济大学党委副书记彭震伟教授，上海城市规划行业协会会长、同济大学杨东援教授，中国国土勘测规划院邓红蒂副院长，江苏省自然资源厅陈小卉总规划师。

陈军院士担任专家组组长主持工作和学术进展汇报。自然资源部国土空间智能规划技术重点实验室主任、长三角城市群智能规划省部共建协同创新中心主任（拟任）张尚武教授对协同创新中心和重点实验室建设历程与概况进行简要介绍，并重点从研究进展、主要成果、知识网络、应用转化等方面对2022年度工作进行详细汇报。其后，同济大学建筑与城市规划学院甘惟博士、何睿博士代表吴志强院士团队做了《CIMAI：城市智能推演技术的研究进展》《从icity到ispace-城市智能空间营造》的学术进展报告。同济大学建筑与城市规划学院钮心毅教授、刁弥教授分别做了《时空大数据支持的上海都市圈跨城通勤监测》《低碳交通规划研究》的学术进展报告。

专家组成员对协同创新中心和重点实验室年度工作和学术进展进行了点评，认为工作和学术进展的汇报内容丰富，两个平台的建设成果和目标较为清晰，在智能规划等具有挑战性的领域产生了重要影响。各位专家也对两个平台建设给予了宝贵意见和建议，提出应该充分发挥创新平台作用，推动学科协同交叉创新，寻求多元合作方式，促进时空信息和国土空间规划深度融合。当前，我国正在开展的国土空间规划是国际上最大规模的可持续发展行动，这不仅仅是规划行业的转变，更和国家发展息息相关，要通过智能规划转型引领整个行业的发展，带动国家高质量发展。

2023年《理想空间》系列丛书编委会会议举办

2023年4月3日上午9点，我院主办的《理想空间》系列丛书2023年度编委会会议在同济规划大厦401会议室成功举办。我院张尚武院长、周玉斌副院长、江浩波副院长、裴新生副院长、编委会主任夏南凯教授、编委会专家赵民教授、唐子来教授以及近期主编特邀专家孙施文教授、卓健教授、黄怡教授、张立教授、匡晓明教授、张迪昊所长，编辑部成员出席了本次会议。本次会议由编辑部主任俞静主持。

《理想空间》系列丛书主要负责人管娟汇报了2020—2023年以来编辑部主要工作及未来2~3年《理想空间》系列丛书的选题安排。与会领导、专家围绕《理想空间》系列丛书的自身定位、品牌塑造及未来发展方向展开了热烈讨论。

编委会肯定了《理想空间》系列丛书一辑一主题、理论与实践相结合的特色，指出《理想空间》系列丛书作为伴随一代规划人成长的经典读物，如何在规划行业发展的过程中与时俱进、积极创新，是新时代对系列丛书提出的一次考验，在如何提升系列丛书品质和品牌价值方面提出了多方面的建议。在巩固出版质量的基础上，须立足自身品牌特色，坚持以实践为导向的基本方针，在同类书刊中做出差异化，推进中国知网等数据库上线，积极与同济大学、金经昌中国青年规划师创新论坛联动，多方合作，强化产教融合，把握时代脉搏，扩大行业影响力，更好地搭建展示同济规划专业实力的优质平台。

会议最后，夏南凯教授作为丛书的创刊者，感谢各位专家提出的宝贵意见，今后将进一步发挥编委会作用，积极指导《理想空间》系列丛书发展。在夏南凯教授发言之后，张尚武院长做了总结。张院长强调《理想空间》系列丛书由我院主办，以实践性案例为主，作为出版20多年，持续近100期的纸质媒体，独一无二，应该坚定不移地办下去，办好刊物。继续发挥同济规划对规划行业的带头影响力，开放办刊，多交流，多联动，滋养规划行业的新一代青年。

主编简介

刘悦来

同济大学建筑与城市规划学院副教授。长期从事可持续景观规划设计，社区花园、社区规划与社区营造、景观管治与公众参与研究。撰写了多篇公众参与论文，发表在《中国园林》《风景园林》《社会治理》等期刊。曾获得中国风景园林学会科技进步奖、上海市优秀城乡规划二等奖、三联人文城市奖等奖项。创智农园&百草园、社区花园绿色参与网络、上海SEEDING和东明参与式社区规划实验分别入选2017、2018、2020、2021年度联合国人居署、国际展览局和上海市人民政府联合主编的《上海手册：21世纪城市可持续发展指南》。

毛键源

同济大学建筑与城市规划学院博士后。长期从事城市更新、社区更新、社区营造、建筑设计和理论研究；撰写20余篇社区研究论文，发表在《建筑学报》《时代建筑》《风景园林》《新建筑》等期刊上。同时负责、参与多项城市设计和建筑设计等实践项目。

理事单位

上海市城市规划设计研究院

负责人：张帆 职务：院长
Tel：021-62475904
Fax：021-62477739
地址：上海市铜仁路 331 号
邮编：200040
网址：http://www.supdri.com

北京市城市规划设计研究院

负责人：马良伟 职务：副院长
联系人：陈少军《北京规划建设》编辑部
Tel：010-68020386
Fax：010-68021880
地址：北京市西城区南礼士路 60 号
邮编：100045
网址：http://www.bmicpd.com